Teubner Studienbücher der Geographie

Bahrenberg/Giese/Nipper

Statistische Methoden in der Geographie

Band 1 Univariate und bivariate Statistik

Teubner Studienbücher der Geographie

Herausgegeben von

Prof. Dr. W. D. Blümel, Stuttgart
Prof. Dr. Ch. Borcherdt, Stuttgart
Priv.-Doz. Dr. F. Kraas, Bonn
Prof. Dr. E. Löffler, Saarbrücken
Prof. Dr. Dr. h.c. E. Wirth, Erlangen

Die Studienbücher der Geographie wollen wichtige Teilgebiete, Probleme und Methoden des Faches, insbesondere der Allgemeinen Geographie, zur Darstellung bringen. Dabei wird die herkömmliche Systematik der Geographischen Wissenschaft allenfalls als ordnendes Prinzip verstanden. Über Teildisziplinen hinweggreifende Fragestellungen sollen die vielseitigen Verknüpfungen der Problemkreise wenigstens andeutungsweise sichtbar machen. Je nach der Thematik oder dem Forschungsstand werden einige Sachgebiete in theoretischer Analyse oder in weltweiten Übersichten, andere hingegen in räumlicher Einschränkung behandelt. Der Umfang der Studienbücher schließt ein Streben nach Vollständigkeit bei der Behandlung der einzelnen Themen aus. Den Herausgebern liegt besonders daran, Problemstellungen und Denkansätze deutlich werden zu lassen. Großer Wert wird deshalb auf didaktische Verarbeitung sowie klare und verständliche Darstellung gelegt. Die Reihe dient den Studierenden zum ergänzenden Eigenstudium, den Lehrern des Faches zur Fortbildung und den an Einzelthemen interessierten Angehörigen anderer Fächer zur Einführung in Teilgebiete der Geographie.

Statistische Methoden in der Geographie

Band 1
Univariate und bivariate Statistik

Von Dr. rer. nat. Gerhard Bahrenberg
Professor an der Universität Bremen

Dr. rer. nat. Ernst Giese
Professor an der Universität Gießen

Dr. rer nat. Josef Nipper
Professor an der Universität Köln

4., überarbeitete Auflage
Mit 81 Abbildungen, 44 Tabellen
und einem Tafelanhang

B. G. Teubner Stuttgart · Leipzig 1999

Prof. Dr. rer. nat. Gerhard Bahrenberg

1943 geboren in Bad Kreuznach; 1962–1969 Studium der Geographie und Mathematik in Münster; 1969 1. Staatsexamen und Promotion; 1969–1975 Wissenschaftlicher Assistent am Seminar für Geographie und ihre Didaktik der Gesamthochschule Duisburg; 1974 Habilitation für Geographie und ihre Didaktik; 1975 Wissenschaftlicher Rat und Professor an der Gesamthochschule Duisburg; seit Ende 1975 Professor für Sozial- und Wirtschaftsgeographie an der Universität Bremen.

Prof. Dr. rer. nat. Ernst Giese

1938 geboren in München; 1958–1964 Studium der Fächer Geographie und Mathematik in München und Münster; 1964 1. Staatsexamen und 1965 Promotion in Münster; 1965–1971 Wissenschaftlicher Assistent am Institut für Geographie und Länderkunde der Westfälischen Wilhelms-Universität in Münster; 1971 Habilitation für Geographie in Münster; 1971–1973 Wissenschaftlicher Rat und Professor an der Westfälischen Wilhelms-Universität in Münster; seit 1973 Professor für Wirtschaftsgeographie an der Justus-Liebig-Universität in Gießen.

Prof. Dr. rer. nat. Josef Nipper

1947 geboren in Vestrup; 1968–1973 Studium der Fächer Geographie, Mathematik und Mathematische Logik in Münster; 1973 1. Staatsexamen und 1975 Promotion in Münster; 1973–1978 Wissenschaftlicher Angestellter, anschließend bis 1984 Hochschulassistent am Geographischen Institut der Universität Gießen; 1983 Habilitation für Wirtschafts- und Sozialgeographie; 1983–1984 Gastprofessor an der Wilfrid Laurier University in Waterloo (Ontario, Kanada); 1984–1986 Professor für Stadtgeographie an der Justus-Liebig-Universität in Gießen; seit 1986 Professor für Sozial- und Wirtschaftsgeographie an der Universität Köln

Die Deutsche Bibliothek – CIP-Einheitsaufnahme

Bahrenberg, Gerhard:
Statistische Methoden in der Geographie / von Gerhard Bahrenberg ;
Ernst Giese ; Josef Nipper. – Stuttgart ; Leipzig : Teubner.
(Teubner Studienbücher der Geographie)
Früher u.d.T.: Bahrenberg, Gerhard: Statistische Methoden und
ihre Anwendung in der Geographie
Bd.1. Univariate und bivariate Statistik : mit 44 Tabellen.
4. überarb. Aufl. – 1999
ISBN 3-519-23421-1

Printed in Germany
Druck und Bindung: Präzis-Druck GmbH, Karlsruhe

Vorwort zur zweiten Auflage

Fast 10 Jahre sind seit dem Erscheinen der 1. Auflage dieses Buches vergangen. In dieser Zeit hat sich das „Umfeld" für eine Einführung in die Anwendung statistischer Methoden in der Geographie erheblich verändert, so daß diese 2. Auflage vollkommen neu bearbeitet werden mußte.

Statistische Methoden gehören mittlerweile zum Standardinstrumentarium in der Geographie, und es gibt wohl keinen Kollegen, der die Notwendigkeit ihres Einsatzes in der empirischen Forschung ernsthaft bestreitet. Dementsprechend ist heute die Beherrschung der Prinzipien statistischen Denkens für jeden Studenten unumgänglich, will er wenigstens in der Lage sein, die Fachliteratur kritisch zu lesen. Einführende Kurse in die Statistik gehören deshalb seit einigen Jahren zu den Pflichtveranstaltungen für Geographiestudenten. Sie sind jedoch mit großen didaktischen Schwierigkeiten verbunden, da viele Studenten nur schwer Zugang zum mathematisch-formalen Denken finden.

Diesem Umstande Rechnung tragend haben wir jetzt das Lehrbuch in zwei Bände aufgeteilt. Der vorliegende 1. Band behandelt die Grundlagen statistischen Denkens am Beispiel univariater und bivariater Methoden und entspricht damit weitgehend dem Inhalt eines einführenden Statistikkurses. Charakteristisch für diesen 1. Band ist der gleichgewichtige Anteil deskriptiver und analytischer Methoden. Wir folgen damit einer Tendenz, die sich generell in der Geographie beobachten läßt, nämlich der zunehmenden Bedeutung von Stichprobenerhebungen und damit der analytischen Statistik. Der 2. Band wird dagegen vorwiegend der klassischen multivariaten Statistik und der Analyse diskreter „Daten" gewidmet sein.

Denkbar wäre auch eine Aufteilung in deskriptive Statistik (Band 1) und analytische Statistik (Band 2) gewesen. Doch erscheint es uns wichtig, schon in einem einführenden Kurs den spezifischen Denkansatz der Statistik, dessen Kern die auf der Wahrscheinlichkeitstheorie beruhende analytische Statistik darstellt, herauszuarbeiten, zumal wenn dieser Kurs der einzige Pflichtkurs im Laufe des Studiums bleibt.

Ungeachtet dieser Intention ist es durchaus möglich, den 1. Band in einer verkürzten Form allein als eine Einführung in die deskriptive Statistik zu benutzen. In diesem Fall sollte das Kapitel 5, in dem die Grundlagen der analytischen Statistik behandelt werden, überschlagen werden. Das anschließende Kapitel 6 zur linearen Regressions- und Korrelationsanalyse sollte dann unter Ausklammerung der analytisch-statistischen Probleme bearbeitet werden. Eine gewisse Berechtigung für ein solches Vorgehen ergibt sich daraus, daß ein erheblicher Teil geographischer Untersuchungen nach wie vor nicht auf Stichprobenerhebungen basiert, sondern in Form von fallstudienartigen Untersuchungen mit Totalerhebungen operiert, ohne verallgemeinernde Schlüsse von einer Stichprobe auf eine Grundgesamtheit zu ziehen.

Das veränderte „Umfeld" zeigt sich auch in den Literaturhinweisen. Wir haben uns auf wenige Lehrbücher der Statistik beschränkt, die gut zugänglich sind. Darüber hinaus ist am Ende der Kapitel die im Text nur spärlich zitierte Literatur aufgeführt. In den Anfangskapiteln finden sich auch Hinweise auf „weiterführende" Literatur, wenn Fragen angesprochen werden, die über die Statistik hinausgehen. Dieses Vorgehen ist deshalb zu rechtfertigen, weil die hier vorgestellten Methoden zum statistischen Standardrepertoire gehören.

Schließlich soll erwähnt werden, daß wir im Vergleich zur 1. Auflage auf zahlreiche Rechenbeispiele verzichtet haben. Insbesondere fehlen jetzt Hinweise für eine einfache „per-Hand-Berechnung" der verschiedenen Parameter. Diese Hinweise erscheinen uns angesichts der weitverbreiteten statistischen Programmpakete an den Universitätsrechenzentren und der leistungsfähigen Taschen- und Tischrechner überflüssig.

Zahlreiche Kollegen haben uns nach dem Erscheinen der 1. Auflage kritische Hinweise und Verbesserungsvorschläge gegeben. Sie alle aufzuführen, würde an dieser Stelle zu weit führen. Wir möchten ihnen aber unseren herzlichen Dank für die Hilfe aussprechen.

Unser Dank gilt schließlich Herrn B. Fistarol (Lengerich) für die sorgfältige Reinzeichnung der Abbildungen sowie den Herausgebern der Reihe „Studienbücher der Geographie", insbesondere Herrn Prof. Dr. Chr. Borcherdt, für die Betreuung der Arbeit und dem Verlag B.G. Teubner, der die verlegerischen Arbeiten gewohnt zuverlässig erledigte.

Bremen, Gießen, September 1984

Gerhard Bahrenberg
Ernst Giese
Josef Nipper

Vorwort zur dritten Auflage

Die überwiegend freundliche Aufnahme der zweiten Auflage hat uns bewogen, diese dritte Auflage im wesentlichen unverändert zu lassen. Wir haben uns auf die Korrektur offensichtlich unvermeidlicher Fehler beschränkt. Darüberhinaus wurden einige Umstellungen und Ergänzungen vorgenommen.

Wir möchten uns bei allen bedanken, die uns durch Rezensionen, schriftliche oder mündliche Hinweise auf Fehler aufmerksam gemacht haben, und bitten alle Leser auch bei dieser Auflage um entsprechende Hinweise.

Bremen, Gießen, Köln, April 1990

Gerhard Bahrenberg
Ernst Giese
Josef Nipper

Vorwort zur vierten Auflage

Die vierte Auflage stellt eine überarbeitete Fassung der dritten Auflage dar. Offensichtlich sind vollkommen fehlerfreie Bücher nicht möglich. Umso mehr danken wir all denjenigen, die uns auf Fehler hingewiesen haben. Wir haben uns bemüht, diese und andere Fehler zu korrigieren.

Darüber hinaus beschränkt sich die Überarbeitung auf kleinere Ergänzungen und Umstellungen.

Bremen, Gießen, Köln, Juni 1998

Gerhard Bahrenberg
Ernst Giese
Josef Nipper

Inhalt

1 Die Stellung der Statistik in der empirischen Forschung

In den empirischen Wissenschaften geht es darum, beobachtbare (empirische) Sachverhalte (Phänomene, Ereignisse) zu beschreiben und zu erklären, und zwar in einer Weise, die intersubjektiv nachprüfbar ist. Das bedeutet, die Aussagen über Sachverhalte, die von einem Wissenschaftler gemacht werden, sollen von einem anderen, der über den gleichen Kenntnisstand, die gleichen Informationen und die gleichen Hilfsmittel verfügt, nachvollzogen, überprüft, kritisiert und gegebenenfalls als falsch zurückgewiesen werden können.

Diese Forderung ist allerdings leichter zu stellen als zu erfüllen. Man denke etwa an das folgende Beispiel. Im Rahmen einer Analyse von Kundeneinzugsbereichen von Geschäften in einer Stadt *S* wird die Behauptung (Vermutung) geäußert: Der Kundeneinzugsbereich des Geschäfts *A* ist größer als derjenige des Geschäfts *B*.

Um diese Behauptung zu überprüfen, müssen wir zunächst die in ihr auftretenden unklaren oder gar unverständlichen Begriffe präzisieren. Ein solcher Begriff ist offensichtlich „Größe des Kundeneinzugsbereichs (eines Geschäftes)". Mehrere Fragen stellen sich bei diesem Begriff.

F1: Was wollen wir unter „Kunden" verstehen?

A: Personen, die sich das (die) Schaufenster des Geschäfts ansehen,

B: Personen, die das Geschäft wenigstens betreten,

C: Personen, die in dem Geschäft tatsächlich etwas kaufen,

D: Personen, die sich selbst als „Kunden" des Geschäfts bezeichnen.

Haben wir uns für eine Alternative entschieden, müssen wir überlegen, wie wir die „Größe des Kundeneinzugsbereichs" bestimmen können. Intuitiv haben wir die Vorstellung, ein Kundeneinzugsbereich sei größer, wenn die Kunden aus weiter entfernten Wohngebieten kommen. Damit bieten sich die Entfernungen zwischen Kundenwohnungen und Geschäft als Kriterium an.

Wir wollen sie im folgenden kurz „Entfernungen" nennen und müssen uns fragen:

F2: Wie sollen wir die jeweilige Entfernung messen?

A: als Luftlinienentfernung,

B: als straßenkilometrische Entfernung,

C: als Zeitaufwand, der benötigt wird, um mit dem Pkw von der Wohnung zum Geschäft zu kommen (einschließlich des Zeitaufwands für die notwendigen Fußwege, die Parkplatzsuche usw.),

D: als Zeitaufwand, der bei Benutzung öffentlicher Verkehrsmittel für den Weg Wohnung–Geschäft benötigt wird.

Die Ausgangsbehauptung betrifft nun nicht einen einzelnen Kunden, sondern ein Kollektiv, eine sogenannte Grundgesamtheit, nämlich jeweils *alle* Kunden des Geschäftes, da die Größe des Einzugsbereichs ja durch die Entfernungen zwischen *allen* Kundenwohnungen und dem Geschäft bestimmt werden soll. Es stellt sich mithin die Frage:

F 3: Wie können wir die einzelnen Entfernungen zu einem Maß aggregieren, das die Gesamtheit aller Entfernungen und damit die Größe des Einzugsbereichs charakterisiert?

Denkbare Maße sind

A: die durchschnittliche Entfernung aller Kunden,

B: die Entfernung desjenigen Kunden, der am weitesten vom Geschäft entfernt wohnt,

C: die Entfernung zwischen dem Geschäft und demjenigen Stadtteil, aus dem die meisten Kunden kommen.

Haben wir uns für ein Maß entschieden, müssen wir für alle Kunden des Geschäfts die Entfernungen bzw. das Wohngebiet feststellen, was z.B. durch eine Befragung geschehen kann. Es ist jedoch aus Kosten- und Zeitgründen unmöglich, alle Kunden zu befragen. Wir müssen uns mit einem Teil der Kunden zufrieden geben und diesen Teil der zu befragenden Kunden so auswählen, daß man mit hinreichender Sicherheit sagen kann: Die Größe des Einzugsbereichs der befragten Kunden entspricht mit hinreichender Genauigkeit der Größe des Einzugsbereichs aller Kunden. Die Menge der befragten Kunden nennt man eine Stichprobe der Grundgesamtheit „alle Kunden". Eine Stichprobe, deren Eigenschaften man auf die Grundgesamtheit übertragen kann, heißt repräsentative Stichprobe, und es erhebt sich die Frage:

F 4: Wie ist eine Stichprobe auszuwählen, damit sie repräsentativ ist?

Wir wollen dieser Frage jetzt nicht ausführlich nachgehen, sondern nur auf einige Schwierigkeiten bei der Stichprobenauswahl hinweisen. Notwendig für die Stichprobenauswahl ist es zu wissen, aus welchen Elementen die Grundgesamtheit besteht. Sollen z.B. die Wohnortwünsche der über 65-jährigen Bundesbürger untersucht werden, ist die Grundgesamtheit eindeutig definiert. In unserem Beispiel des Kundeneinzugsbereichs ist jedoch die Grundgesamtheit unbekannt, da keine zeitliche Festlegung in der Ausgangsbehauptung vorgenommen wurde, Einzugsbereiche von Geschäften aber regelmäßigen wie unregelmäßigen zeitlichen Schwankungen unterliegen. Es ist zu vermuten, daß die Größe des Einzugsbereichs eines Geschäftes 1960 und 1984 unterschiedlich ist, daß sie montags anders ist als samstags und am frühen Vormittag anders als kurz nach Büroschluß. Wir müssen also unsere Ausgangsbehauptung in zeitlicher Hinsicht präzisieren und nehmen an, sie laute: Der Kundeneinzugsbereich des Geschäftes *A* ist übers ganze Jahr 1984 gesehen größer als derjenige des Geschäftes *B*. Wir benötigen dann einen Plan für eine Stichprobenauswahl, die die im Laufe des Jahres, der Woche und des Tages auftretenden systematischen Verzerrungen ausschließt, die also für 1984 repräsentativ ist. Außerdem müssen wir überlegen, wieviele Kunden wir befragen wollen: Reichen 10, müssen es wenigstens 100 oder gar 1000 sein, um von unserer Stichprobe „guten Gewissens" auf die Grundgesamtheit schließen zu können.

F 5: Die Frage ist also nach der Größe der Stichprobe bzw. nach dem sogenannten Stichprobenumfang.

Wir wollen annehmen, wir hätten jeweils 30 Kunden als repräsentative Stichprobe ausgewählt, als Entfernung hätten wir die straßenkilometrische Entfernung, als Maß für die Größe des Einzugsbereichs hätten wir die durchschnittliche (straßenkilometrische) Entfernung gewählt und das Resultat unserer Stichprobenuntersuchung sei: Die durchschnittliche Entfernung der 30 Kunden

des Geschäfts A ist $d_A = 5{,}5$ km,

des Geschäfts B ist $d_B = 5{,}4$ km.

Für die beiden Stichproben wäre die Ausgangsbehauptung damit „richtig".

Es stellt sich nun die Frage

F 6: Können wir das Stichprobenergebnis auf die Grundgesamtheit übertragen?

Vielleicht erscheint uns die 100-m-Differenz angesichts der „nur" 30 befragten Kunden als nicht groß genug, sondern ist eher als zufälliges Resultat einer „unglücklichen" Kundenauswahl anzusehen. Wir benötigen offensichtlich ein methodisches Instrumentarium, um von Stichproben auf Grundgesamtheit „zu schließen".

Vergegenwärtigen wir uns den geschilderten Ablauf der hypothetischen Untersuchung, so lassen sich folgende Arbeitsschritte unterscheiden (vgl. Abb. 1).

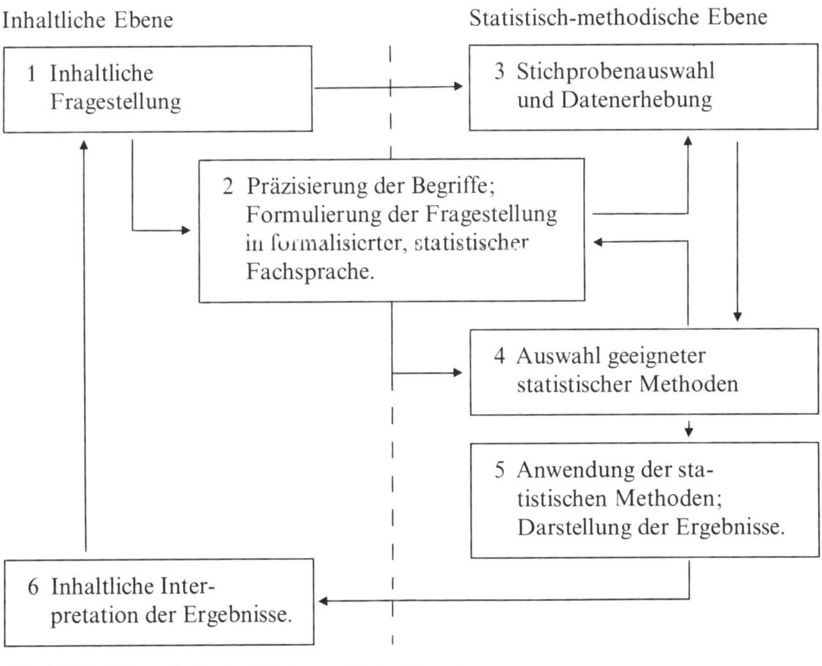

Abb. 1 Die Stellung der Statistik in der empirischen Forschung

Wir begannen zunächst mit einer inhaltlichen Fragestellung zur Größe der Kundeneinzugsbereiche zweier Geschäfte (1). In einem zweiten Schritt erfolgte dann die Präzisierung der Begriffe „Kunde“ (F 1) und „Entfernung (zwischen Kundenwohnung und Geschäft)“ (F 2). Diese begriffliche Präzisierung ist ausschließlich inhaltlich bestimmt, indem wir uns klar werden, worüber wir eigentlich Aussagen machen wollen. Bei unserer Frage F 3 geht es darum, unsere Fragestellung bzw. Behauptung in eine formalisierte Sprache (in diesem Fall diejenige der Statistik) zu übersetzen. Aus der Behauptung „Der Kundeneinzugsbereich des Geschäftes *A* ist größer als derjenige des Geschäftes *B*“ wird bei Wahl der Alternative *A* die Behauptung „Die durchschnittliche Entfernung der Kunden des Geschäftes *A* ist größer als diejenige der Kunden des Geschäftes *B*“. Wir wählen eine geeignete statistische Methode (die „Durchschnittsbildung“) aus, um eine Grundgesamtheit zu charakterisieren. Die Auswahl einer Alternative bei F 3 ist zwar inhaltlich bestimmt, aber man muß bereits etwas „Statistik kennen“, um sie angemessen vornehmen zu können. Insofern ist der Schritt 2 zwischen der inhaltlichen und der statistisch-methodischen Ebene angesiedelt. Hinzuweisen ist bei diesem Schritt aber auch auf eine Gefahr, die gelegentlich übersehen wird. Die Übersetzung der inhaltlichen Fragestellung in eine formalisierte statistische Sprache hängt davon ab, was man an statistischen Methoden bereits „im Kopf hat“, d.h. sie wird durch das vorhandene statistische Instrumentarium möglicherweise unangemessen determiniert. Insofern ist der Schritt 2 mit seiner zweiseitigen Beziehung zu Schritt 4 besonders kritisch.

Statistische Methoden zur Charakterisierung von Grundgesamtheiten entsprechend F 3 werden im übrigen unter dem Begriff deskriptive bzw. beschreibende Statistik zusammengefaßt und bilden den Inhalt des 4. Kapitels dieses Buches.

Schritt 3 in Abb. 1 dient zur Beantwortung unserer Fragen F 4 und F 5 und wird u.a. in Kapitel 2 behandelt. Die Auswertung der erhobenen Stichprobendaten (Schritte 4 und 5) erfolgt mittels geeigneter Methoden, wobei vor allem der Schluß von Eigenschaften der Stichprobe auf Eigenschaften der Grundgesamtheit (vgl. unsere Frage F 6) zentrale Bedeutung hat. Die analytische bzw. schließende Statistik, Gegenstand vor allem des 5. Kapitels, beschäftigt sich mit den Möglichkeiten und Problemen derartiger Schlüsse.

Am Ende unserer hypothetischen Untersuchung könnte als Ergebnis stehen: Der Kundeneinzugsbereich des Geschäfts *A* ist 1984 insgesamt größer als derjenige des Geschäfts *B*. Dieses Ergebnis wäre nun noch zu interpretieren (Schritt 6), indem man nach Begründungen sucht (falls das noch nicht in Schritt 1 geschehen ist), Vergleiche mit ähnlichen Untersuchungen in anderen Städten anstellt oder differenziertere Untersuchungen über den Einfluß verschiedener Faktoren wie Lage, Güterangebot, Betriebsform der Geschäfte auf den Kundeneinzugsbereich beginnt und sich damit „neuen“ inhaltlichen Fragestellungen widmet.

Wir wollen betonen, daß die Statistik „nur“ ein Hilfsmittel für die empirische Forschung ist, allerdings ein unentbehrliches. Sie ist notwendig für die empirischen Wissenschaften, aber nicht hinreichend für „qualitativ gute“ Forschung. Denn die „Qualität“ einer empirischen Untersuchung hängt zum gleichen Teil von der inhaltlichen Fragestellung ab; stellt man „falsche", uninteressante Fragen, kann man auch unter Anwendung „bester" statistischer Methoden keine „richtigen", interessanten Antworten erwarten.

Literatur

Weiterführend

Atteslander, P. (1974): Methoden der empirischen Sozialforschung. Berlin. S. 7–52

Bartels, D.; Hard, G. (1975): Lotsenbuch für das Studium der Geographie. 2. Aufl. Bonn, Kiel. S. 14–48

Friedrichs, J. (1973): Methoden der empirischen Sozialforschung. Reinbek. S. 13–110

Mayntz, R.; Holm, K.; Hübner, P. (1971): Einführung in die Methoden der empirischen Soziologie. 2. Aufl. Opladen. S. 9–32

Prim, R.; Tilmann, H. (1979): Grundlagen einer kritisch-rationalen Sozialwissenschaft. Heidelberg

2 Grundbegriffe der Statistik

2.1 Untersuchungselemente, Variablen

Die Gegenstände empirischer Untersuchungen sind einzelne Untersuchungselemente oder Mengen von Untersuchungselementen. Die Untersuchungselemente können je nach Fragestellung Menschen, Familien, Pflanzen, Tiere, Gesteine, Klimastationen, Verwaltungsbezirke, Staaten, Geschäfte, Kraftfahrzeuge, Bodenarten, Häfen, Raumeinheiten (Punkte oder Flächen), Zeiteinheiten (Punkte oder Intervalle) o. ä. sein. Statt Untersuchungselement sagen wir auch Untersuchungseinheit, Proband, Merkmalsträger.

Über Untersuchungselemente Aussagen zu machen, bedeutet, ihnen bestimmte Eigenschaften zuzuschreiben. Solche Eigenschaften können als Ausprägungen (= Werte) von Variablen (= Merkmalsdimensionen) aufgefaßt werden. Sagt man z. B., die Person A sei 1,83 m lang, so haben wir dem Untersuchungselement „Person A" den Wert „1,83" der Variablen „Körperlänge in m" zugewiesen.

Genauer können wir eine Variable wie folgt definieren: Eine Variable (Merkmalsdimension) ist eine Funktion, die jedem in Frage kommenden Untersuchungselement genau einen Wert (= Variablenwert) zuordnet.

Die Variablenwerte nennt man auch Daten.

Wir beschäftigen uns nur mit solchen Variablen, deren Werte (reelle) Zahlen sind. Betrachten wir z.B. die Variable „Stellung im Beruf“ mit den 5 Ausprägungen „Beamter“, „Angestellter“, „Arbeiter“, „Selbständiger“, „sonstiger Beruf“, so können wir diesen Ausprägungen die Zahlen

1 für Beamter, 2 für Angestellter, 3 für Arbeiter,

4 für Selbständiger, 5 für sonstiger Beruf

zuweisen. Die Variable „Stellung im Beruf“ kann also die Werte 1, 2, 3, 4, 5 annehmen.

Variablen werden immer mit großen Buchstaben bezeichnet, z.B. X, Y, Z, ihre Werte mit kleinen Buchstaben, z.B. x_i, x_j, y_i, z_k, wobei

x_i = Wert der Variablen X für das Untersuchungselement i,

x_j = Wert der Variablen X für das Untersuchungselement j,

y_i = Wert der Variablen Y für das Untersuchungselement i,

z_k = Wert der Variablen Z für das Untersuchungselement k.

Variablen werden nach der Art ihrer Werte in qualitative (artmäßige) und quantitative (zahlenmäßige) Variablen unterschieden.

Unter qualitativen Variablen verstehen wir solche wie Geschlecht (männlich, weiblich), Familienstand (ledig, verheiratet, verwitwet, geschieden), Stellung im Beruf (s. o.), Wohnort (Hamburg, Kiel, Bremen, Frankfurt, ...). Die Ausprägungen entsprechen dann verschiedenen Zuständen, Situationen usw.. Selbst wenn die Ausprägungen durch Zahlen gekennzeichnet werden – wie oben im Fall der Variablen „Stellung im Beruf“ –, stellen die Zahlen keine Größenangaben dar, sondern nur eine andere Art der Bezeichnung bzw. Namensgebung. Man könnte schließlich die Ausprägungen anstatt durch Zahlen durch andere Symbole, z.B. durch Buchstaben, kennzeichnen.

Quantitative Variablen sind solche wie das Gewicht einer Person, das Haushaltseinkommen, die Entfernung der Wohnung eines Kunden vom Geschäft A, die Größe eines Gebietes oder Zensuren. Bei ihnen erfolgt die Zuordnung der Werte mit Hilfe einer Meßskala, so daß Vergleiche im Sinne einer Größer/Kleiner-Relation (schwerer/leichter, höher/tiefer, weiter/näher, besser/schlechter) möglich sind.

Quantitative Variablen unterscheidet man desweiteren in diskrete und stetige Variablen. Diskret nennt man Variablen, die nur endlich oder abzählbar unendlich viele Werte annehmen können, während bei stetigen Variablen der Wertebereich ein ganzes Intervall der reellen Zahlen umfaßt und damit überabzählbar unendlich viele Werte enthält.

Beispiele sind

für diskrete Variablen:	Zensuren, Anzahl der Einwohner einer Stadt, Anzahl der Mitglieder eines Haushalts
für stetige Variablen:	Temperaturen, Gewichte, Längen.

Aufgrund der begrenzten Genauigkeit der entsprechenden Meßinstrumente werden viele, eigentlich stetige Variablen „diskretisiert", indem man z. B. Temperaturen nur auf 0,1 °C genau angibt.

Umgekehrt behandelt man häufig diskrete Variable wie stetige, wenn zum Beispiel für die diskrete Variable „Anzahl der Einwohner in den Gemeinden einer Region" die mittlere Anzahl der Einwohner in den Gemeinden berechnet wird und in einem Wert von z. B. 1108,6 resultiert.

Es kann im Einzelfall von der inhaltlichen Fragestellung abhängen, ob man eine Variable als diskret oder stetig ansieht und behandelt.

2.2 Skalenniveaus von Variablen

Die Maßskalen zur Messung der Variablen sind für die Anwendung statistischer Methoden von grundlegender Bedeutung, da viele Verfahren nur auf Daten eines bestimmten Skalenniveaus anwendbar sind. Wir unterscheiden nach der Skalierungsart folgende Skalenniveaus

Nominalskala
Ordinalskala
Metrische Skalen ↓ zunehmender Informationsgehalt
– Intervallskala
– Rationalskala

und sprechen von nominalskalierten, ordinalskalierten, . . . Variablen bzw. von Nominaldaten, Ordinaldaten, metrischen Daten usw. . Metrische Skalen werden auch als Kardinalskalen bezeichnet.

Die Skalenniveaus bilden in der genannten Reihenfolge eine hierarchische Stufung mit zunehmendem Informationsgehalt. Eine Variable mit einem bestimmten Skalenniveau kann auch in eine Variable mit einem niedrigeren Skalenniveau umgewandelt werden. Der umgekehrte Schritt ist nicht möglich.

Nominalskala (nominal scale): Stellen die Ausprägungen (Werte) einer Variablen nur „Namen" im Sinne einer Bezeichnung durch ein Wort, einen Buchstaben oder eine Zahl dar und sind die Ausprägungen nicht im Sinne einer Größer/Kleiner-Relation vergleichbar, handelt es sich um eine nominalskalierte Variable. Beispiele sind die „Stellung im Beruf", der „Wohnort", das „Geschlecht". Ersetzt man die beiden Ausprägungen „männlich" und „weiblich" der Variablen „Geschlecht" durch die Zahlen 0 und 1, so stellen die Zahlen lediglich eine kürzere Bezeichnung dar, sie können aber nicht als Zahlen im üblichen Sinn interpretiert werden. Insbesondere ist es in diesem Zusammenhang sinnlos zu sagen, die „1" sei größer oder mehr als die „0".

Variablen mit nur zwei möglichen Ausprägungen (z. B. männlich-weiblich bei der Variablen „Geschlecht") bezeichnet man im übrigen als binär bzw. dichotom, solche mit mehr als zwei Ausprägungen (z. B. Arbeiter, Angestellter, Beamter, Selbständiger) als polytom.

Ordinalskala (ordinal scale): Können die möglichen Ausprägungen einer Variablen untereinander daraufhin verglichen werden, ob sie kleiner/größer als eine andere (oder gleich einer anderen) Ausprägung sind, und auf diese Weise in eine Rangordnung gebracht werden, spricht man von einer ordinal- oder rangskalierten Variablen. Die Rangordnung gibt allerdings keinen Aufschluß darüber, wie groß der Unterschied zwischen zwei Rangplätzen ist. Das bedeutet vor allem, man kann keine sinnvollen Differenzen bei rangskalierten Daten bilden.

Läßt man z.B. die Schüler einer Klasse 1000 m wettlaufen, ohne die jeweils benötigte Zeit zu nennen, erhält man eine Rangordnung der Schüler nach der Reihenfolge des Einlaufs. Man kann dann hinterher nicht mehr feststellen, wie groß die Abstände zwischen den einzelnen Schülern waren. Insbesondere gilt nicht, daß der zeitliche Abstand zwischen dem ersten und dem zweiten etwa gleich dem zeitlichen Abstand zwischen dem neunten und zehnten Schüler ist, auch wenn die Differenz der Rangplätze jeweils 1 ist.

Metrische Skalen: Ihnen liegt eine konstante Maßeinheit zugrunde (z.B. 1 m, 1 g, 1 °C), so daß Differenzen und Summen von zwei oder mehreren Werten sinnvoll gebildet werden können. Dadurch werden Aussagen möglich wie „Element A ist um x Einheiten größer (höher, besser) als Element B“. Das bedeutet, man kann im Unterschied zur Ordinalskala nicht nur feststellen, ob ein Element A einen größeren Variablenwert als ein Element B hat, sondern darüberhinaus ist auch angebbar, um wieviel größer der Variablenwert von A bzw. wie groß der Unterschied zwischen den beiden Variablenwerten A und B ist.

Metrische Skalen werden unterschieden in die Intervall- und in die Rationalskala.

Intervallskala (interval scale): Intervallskalierte Variablen besitzen keinen absoluten Nullpunkt, es wird höchstens ein Nullpunkt nach Übereinkunft festgelegt. Dadurch lassen sich keine interpretierbaren Multiplikationen und Divisionen von Variablenwerten durchführen; insbesondere lassen sich keine Aussagen machen wie „Der Variablenwert des Elementes A ist x-mal so groß wie derjenige des Elements B“. Die in °C gemessene Temperatur ist intervallskaliert. Ein Temperaturwert von 30 °C bedeutet in physikalischem Sinn nicht, daß es doppelt so warm ist wie bei 15 °C.

Rationalskala (ratio scale): Hier ist der Wert 0 der absolute Nullpunkt. Das Vielfache eines Variablenwertes kann auch inhaltlich als Vielfaches interpretiert werden; es sind Multiplikationen und Divisionen von Variablenwerten möglich und sinnvoll. Beispiele für intervallskalierte Variablen sind die Größe von Gebieten in km^2, die Entfernung zwischen Orten in km, die Anzahl der Einwohner in Gemeinden.

Der höhere Informationsgehalt metrischskalierter Variablen macht ihre Umwandlung in niedriger skalierte Variablen leicht möglich. Davon macht man vor allem dann Gebrauch, wenn unterschiedlich skalierte Variablen gleichzeitig untersucht werden sollen und dafür gleiches Skalenniveau Voraussetzung ist.

Tabelle 1 faßt die Eigenschaften der verschiedenen Skalenniveaus zusammen:

Tab. 1 Charakterisierung von Skalenniveaus

Skalen-niveau	Zweck	Mögliche Relationen und Operationen	Beispiele
Nominal-skala	Identifikation von Untersuchungs-elementen i, j	$x_i = x_j$ $x_i \neq x_j$	Geschlecht, Stellung im Beruf
Ordinal-skala	Identifikation und Ordnung (der Größe nach) von Untersuchungs-elementen i, j	$x_i = x_j$ $x_i < x_j$ $x_i > x_j$	Städte der Größe nach geordnet, Schüler der Leistung nach geordnet
Intervall-skala	Identifikation, Ordnung und Bewertung von Untersuchungselementen, so daß Aussagen wie „i ist um a Einheiten größer/kleiner als j" möglich sind	wie oben und zusätzlich $x_i = x_j + a$ $x_i = x_j - b$ $x_i + x_j = c$	Temperatur in °C
Rational-skala	Identifikation, Ordnung und Bewertung von Untersuchungselementen, so daß zusätzlich Aussagen wie „i ist a-mal so groß wie j" möglich sind	wie oben und zusätzlich $x_i = a \cdot x_j$ $x_i = x_j/b$ $x_i \cdot x_j = c$	Größe von Gebieten in km^2, Länge von Wegen in km

2.3 Die Problematik Grundgesamtheit – Stichprobe

Die Menge aller Untersuchungselemente, für die eine Aussage gemacht werden soll, heißt Grundgesamtheit oder Population (population). Wie das einführende Beispiel der Kundeneinzugsbereiche zeigte, ist die Definition einer Grundgesamtheit nicht immer sehr leicht. Sie setzt vor allem eine genaue Formulierung der Fragestellung voraus.

Grundgesamtheiten können endlich oder unendlich groß sein, je nachdem, wieviele Elemente sie enthalten.

Die Menge der Zeitpunkte in einem Jahr an einer Klimastation, für die der Jahresgang der Temperatur beschrieben werden soll, ist unendlich, zumindest theoretisch, wenn auch die Temperatur nur zu endlich vielen Zeitpunkten tatsächlich gemessen wird.

Die Menge der Kunden eines Geschäfts ist zwar endlich, aber ohne Angabe eines Zeitraums unbekannt. Dagegen ist die Grundgesamtheit der Kunden eines Geschäfts im Jahr 1984 endlich, und ihre Größe ist feststellbar, wenn auch nur mit einigem Aufwand.

Eine Untersuchung der Grundgesamtheit ist entweder unmöglich (wenn die Grundgesamtheit unendlich ist) oder häufig aus Zeit- und/oder Kostengründen nicht durchführbar. Wie in dem einführenden Beispiel kann man in solchen Fällen nur eine Teilmenge der Grundgesamtheit untersuchen. Das Ziel ist dabei, von den Eigenschaften der Teilmenge auf entsprechende Eigenschaften der Grundgesamtheit zu schließen. Eine Teilmenge, die solche Schlüsse zuläßt, heißt repräsentativ. Man hat für sie den Begriff der Stichprobe (sample) eingeführt:

Eine Stichprobe ist eine endliche Teilmenge der Grundgesamtheit, die nach bestimmten Regeln (Stichprobenauswahlverfahren) so zu entnehmen ist, daß sie für die Grundgesamtheit repräsentativ ist.

Methoden der deskriptiven, beschreibenden Statistik können sowohl auf Grundgesamtheiten als auch auf Stichproben angewendet werden, Methoden der analytischen, schließenden Statistik jedoch nur auf Stichproben. Allerdings ist bei geographischen Untersuchungen häufig zu beobachten, daß Methoden der analytischen Statistik auf Grundgesamtheiten angewandt werden, etwa wenn getestet wird, ob Eigenschaften einer Grundgesamtheit statistisch signifikant sind. Eine solche Praxis ist zumindest sehr fragwürdig, auch wenn man sie rechtfertigt mit dem Argument, eine gegebene Grundgesamtheit könne aufgefaßt werden als eine Realisierung von unendlich vielen, theoretisch denkbaren Grundgesamtheiten (vgl. zu dieser Kontroverse die Anmerkungen von SUMMERFIELD 1983 mit weiterführender Literatur).

Die Repräsentativität der Stichprobe hängt von dem Stichprobenumfang (der Größe der Stichprobe) und dem Stichprobenauswahlverfahren ab.

Stichprobenumfang (sample size): Allgemein gilt das „Gesetz der großen Zahl". Danach nähern sich die Eigenschaften der Stichprobe mit wachsendem Stichprobenumfang den Eigenschaften der Grundgesamtheit. Daher sollten möglichst große Stichproben gewählt werden. Andererseits möchte man aus Zeit- und/oder Kostengründen den Stichprobenumfang möglichst gering halten.

Eine allgemein verbindliche Untergrenze für den notwendigen Stichprobenumfang gibt es nicht. Wir können nur einige Anhaltspunkte für die Bestimmung des Stichprobenumfangs geben.

- Je stärker die Werte der untersuchten Variablen streuen, desto größer sollte der Stichprobenumfang sein.
- Stichprobenumfänge von weniger als 30 gelten allgemein als zu klein, um Repräsentativität zu erreichen. Es gibt jedoch einige Verfahren der analytischen Statistik, die auf Stichproben extrem kleinen Umfangs anwendbar sind.
- Für die Repräsentativität einer Stichprobe ist weniger der relative Anteil der Stichprobengröße an der Größe der Grundgesamtheit von Bedeutung, sondern vielmehr die absolute Größe der Stichprobe.

Stichprobenauswahlverfahren: Nur zufällige Auswahlverfahren, bei denen jedes Element der Grundgesamtheit die gleiche Chance hat, in die Stichprobe aufgenommen zu werden, gewährleisten die Repräsentativität der Stichprobe und erlauben eine Schätzung der in der Stichprobe gegenüber der Grundgesamtheit auftretenden „Fehler". Deshalb werden nur sie kurz vorgestellt.

1. Reine Zufallsstichprobe: Sie ist auf endliche Grundgesamtheiten anwendbar. Eine Methode, reine Zufallsstichproben zu erzeugen, bietet das Lotterieverfahren. Soll z.B. aus der Grundgesamtheit von 139 Oblasti der Sowjetunion (Tab. 2) eine Stichprobe von 10 Elementen gezogen werden, so numeriert man die Oblasti von 1 bis 139 durch und fertigt 139 Zettelchen an, auf denen jeweils eine der Zahlen 1 bis 139 steht. Diese Zettelchen werden in einen Behälter (Urne) gelegt. Anschließend werden 10 Zettelchen herausgezogen. Die Oblasti, die auf den gezogenen Zettelchen durch die Nummer angegeben sind, sind die Elemente der Stichprobe.

Einfacher lassen sich Zufallsstichproben mit Hilfe einer Tafel von Zufallszahlen (Tafel 1, Anhang) ziehen. Notiert sind in dieser Tafel jeweils fünfstellige Zahlengruppen (bzw. 2500 Ziffern in 50 Zeilen und 50 Spalten). Soll nun eine Stichprobe von 10 Elementen aus den 139 Oblasti gezogen werden, so heißt das: es werden 10 Zufallszahlen kleiner als 140 benötigt. Wenn wir nun beispielsweise rein zufällig mit der Bleistiftspitze in der 6. Zeile von oben die 11. Spalte treffen, so erhalten wir die Ziffer 2. Da wir auf Grund der Zahl der Oblasti (insgesamt 139) lediglich dreistellige Zufallszahlen benötigen, liest man in der getroffenen Zahlenreihe von der Ziffer 2 an nach rechts weiter, und zwar in jeweils Dreizifferngruppen. So ergeben sich die Dreizifferngruppen: 248 – 921 – 308 – 900 – 410 – 814 – ff.. Diejenigen dreistelligen Zahlen, die innerhalb der obigen Zahlenfolge kleiner sind als 140, sind die gesuchten Zufallszahlen. Als erste in Frage kommende Zufallszahl ergibt sich die Zahl 18. Insgesamt erhalten wir folgende 10 Zufallszahlen: 18, 102, 57, 33, 10, 13, 88, 6, 40, 65.

Allgemein kann folgende Vorschrift befolgt werden, wenn aus einer Grundgesamtheit von N Elementen eine Stichprobe von n Elementen ausgewählt werden soll:

a) Ordne den Elementen der Grundgesamtheit Zahlen von 1 bis N zu.
b) Wähle eine beliebige Ziffer der Tafel zum Ausgangspunkt und lies die folgenden Ziffern jeweils in Gruppen zu z Ziffern, falls N eine z-stellige Zahl ist.
c) Ist eine so gefundene Ziffernfolge als Zahl kleiner als $N + 1$, so ist das durch diese Zahl bezeichnete Objekt Element der Stichprobe. Ist die abgelesene Zahl größer als N oder ist das Element schon in die Stichprobe aufgenommen, dann wird diese Zahl nicht berücksichtigt. Man wiederholt den dargestellten Prozeß, bis die n Elemente der Stichprobe ausgewählt sind.

Man kann sich auch Tafeln mit Zufallszahlen von einem Computer ausgeben lassen. Sie werden mit Hilfe eines sogenannten Zufallszahlengenerators erzeugt.

Die folgenden Auswahlverfahren sind Modifikationen der reinen Zufallsauswahl.

2. Systematische Stichprobe: Sie wird erreicht, indem man die Elemente in eine Rangordnung bringt, die zufällig sein kann oder den Ausprägungen einer bestimmten Variablen folgt. Anschließend wird dann jedes x-te Element ausgewählt. Diese Stichprobe ist dann eine Zufallsstichprobe, wenn die Variable, nach der die Reihenfolge bestimmt wurde, unabhängig ist von der oder den Variablen, die untersucht werden sollen. Sie wird häufig angewandt, da sie leicht zu gewinnen ist. Wählt man z.B. aus einer alphabetisch geordneten Liste von Studenten einer Universität jeden 20. aus, erhält man eine systematische Stichprobe.

3. Geschichtete Stichprobe: Die Elemente einer endlichen Grundgesamtheit werden in Klassen (Schichten) zusammengefaßt, wobei angenommen wird, daß die Elemente aus der gleichen Klasse hinsichtlich der untersuchten Frage ein ähnliches „Verhalten" zeigen und daß sich Elemente aus verschiedenen Klassen unterschiedlich verhalten. Anschließend wird aus jeder Klasse (Schicht) eine reine Zufallsstichprobe gezogen.

Will man z.B. das Freizeitverhalten der Bevölkerung untersuchen, ist es sinnvoll, die Bevölkerung zunächst nach dem Alter in Schichten aufzuteilen, um dann aus jeder Schicht eine Zufallsstichprobe zu ziehen. Grundlage dafür ist die Annahme, daß sich das Freizeitverhalten mit dem Alter der Personen ändert.

Zur Bildung von Schichten können natürlich auch mehrere Variablen herangezogen werden. Man erhält dann Mehrfach-Schichtungen.

4. Klumpenstichprobe: Voraussetzung ist, daß die Grundgesamtheit schon in gleichsam „natürliche" Gruppen aufgeteilt ist. Eine dieser Gruppen (Klumpen) wird dann als Stichprobe gewählt. Bei einer Untersuchung über das Freizeitverhalten der deutschen Großstadtbewohner werden die Bewohner *einer* Großstadt, z.B. Frankfurts, als Stichprobe ausgewählt. Von dem Verhalten der Frankfurter soll dann auf das Verhalten der deutschen Großstadtbewohner geschlossen werden.

An diesem Beispiel wird deutlich, daß Klumpenstichproben am stärksten von reinen Zufallsstichproben abweichen und nur selten repräsentativ sind. Denn Frankfurt kann ja möglicherweise über ein das Freizeitverhalten beeinflussendes Freizeitangebot verfügen, das nicht typisch für „die" deutsche Großstadt ist. Damit wären auch die Frankfurter in ihrem Freizeitverhalten nicht repräsentativ für deutsche Großstadtbewohner. Es ist bei Klumpenstichproben daher genau zu prüfen, ob der ausgewählte Klumpen nicht die Fragestellung betreffende „Verzerrungen" aufweist, die seine Eignung als repräsentative Stichprobe in Frage stellen.

Zusammenfassend läßt sich sagen:

1. Die Definition der Grundgesamtheit für eine empirische Untersuchung ist sehr problematisch und sollte sehr sorgfältig vorgenommen werden.
2. Wird eine Stichprobe gezogen, um mit ihrer Hilfe Aussagen über die Grundgesamtheit zu treffen, muß die Stichprobe repräsentativ sein.
3. Die Repräsentativität einer Stichprobe hängt von dem Stichprobenumfang und von dem Stichprobenauswahlverfahren ab. Klumpenstichproben sind am wenigsten repräsentativ. Reine Zufallsstichprobe, systematische Stichprobe und geschichtete Stichprobe liefern in der Praxis annähernd gleich „gute" Ergebnisse. Für welche dieser drei man sich entscheidet, hängt von den Umständen des Einzelfalles ab, nicht zuletzt auch von den zur Verfügung stehenden Ressourcen.

Eine gute Möglichkeit zur wenigstens groben Überprüfung der Repräsentativität einer Stichprobe ist die Prüfung, ob die Stichprobe ähnliche Eigenschaften wie die Grundgesamtheit hinsichtlich von Variablen aufweist, die mit der untersuchten Variablen in Beziehung stehen. Voraussetzung dafür ist allerdings, daß entsprechende Daten zur Verfügung stehen.

Literatur

Zitiert

Summerfield, M.A. (1983): Populations, samples and statistical inference in geography. The Professional Geographer 35. S. 143–149

Weiterführend

Atteslander, P. (1974): Methoden der empirischen Sozialforschung. Berlin

Böltken, F. (1976): Auswahlverfahren. Eine Einführung für Sozialwissenschaftler. Stuttgart

Cochran, W.G. (1972): Stichprobenverfahren. Berlin

Dalton, R. u.a. (1975): Sampling techniques in geography. London

Dixon, C.; Leach, B. (1977): Sampling methods for geographical research. Norwich (=CATMOG 17)

Mayntz, R.; Holm, K.; Hübner, P. (1971): Einführung in die Methoden der empirischen Soziologie. 2. Aufl. Opladen

3 Typische geographische Fragestellungen und statistische Methoden

In den empirischen Wissenschaften stehen bei der Analyse von Daten (= Werte einer Variablen) in der Regel zwei Fragen im Mittelpunkt.

1. Wie variieren die Variablenwerte innerhalb der Grundgesamtheit bzw. wie verteilen sie sich auf die Elemente der Grundgesamtheit?
2. Wie kann eine beobachtete Verteilung einer Variablen begründet werden?

Die erste Frage zielt auf eine Beschreibung, die zweite auf eine Erklärung.

Die verschiedenen Disziplinen unterscheiden sich weitgehend dadurch, welche Elemente bzw. Grundgesamtheiten sie zum Gegenstand ihrer Untersuchungen machen und welche Variablen sie betrachten. Wir wollen an dieser Stelle nicht die in den letzten Jahren intensiv geführte Diskussion um die Inhalte geographischer Forschung fortsetzen. Überblickt man die geographische Fachliteratur der jüngeren Zeit, so läßt sich jedoch folgendes feststellen: Die Geographie beschäftigt sich mit einer großen Vielfalt von Objekten und Variablen und hat darum enge Beziehungen zu fast allen empirischen Wissenschaften. Wenn man überhaupt einen „Kern“ der geographischen Forschung ausmachen kann, so dürfte er wohl in der Beschreibung und Erklärung von Sachverhalten hinsichtlich ihrer erdoberflächlichen Verbreitung, Verteilung, Ausbreitung und Verknüpfung liegen. Das bedeutet, in der Geographie werden häufig Variablen hinsichtlich der räumlichen (erdoberflächlichen) Lokalisierung ihrer Ausprägungen betrachtet, mit anderen Worten, die Untersuchungselemente der Geographie sind häufig Raumeinheiten (Punkte, linienhafte Elemente oder Flächen).

Beachtet man außerdem, daß in allen empirischen Untersuchungen die Ausprägungen einer Variablen auch zeitlich fixierbar sind, so können wir die in der Geographie häufig auftretenden Datenmengen in einem Quader anordnen (vgl. Abb. 2).

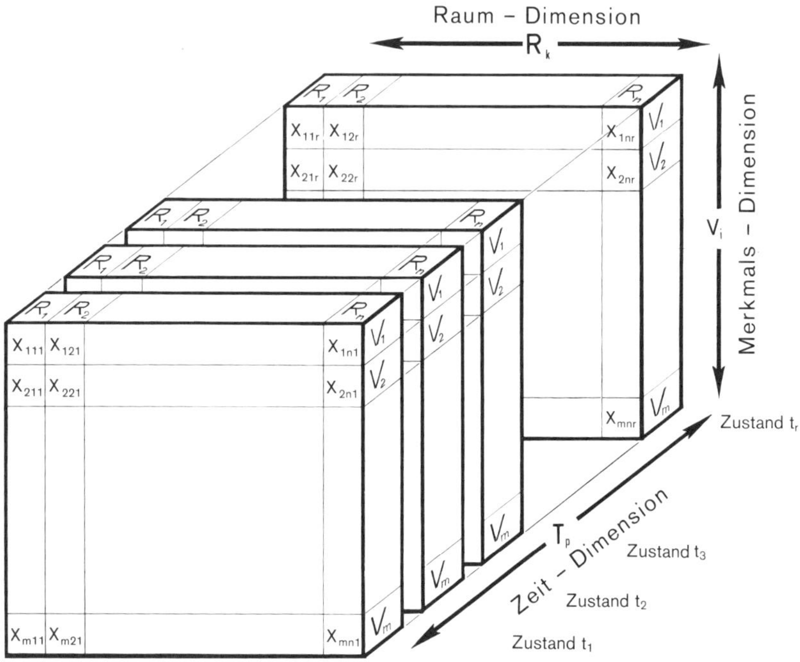

R_k = k-te Raumeinheit $1 \leq k \leq n$

T_p = p-te Zeiteinheit $1 \leq p \leq r$

V_i = i-te Variable $1 \leq i \leq m$

x_{ikp} = Ausprägung der i-ten Variablen bzgl. der k-ten Raumeinheit und der p-ten Zeiteinheit

Abb. 2 Der „geographische Datenquader“

a b

Abb. 3 Räumliche (*a*) und zeitliche (*b*) Betrachtung von Variablen

Abb. 3 zeigt die beiden häufigsten „Ebenen" der Betrachtung. In Abb. 3a wird analysiert, wie eine oder mehrere Variablen in einer bestimmten Zeiteinheit über die Raumeinheiten hinweg variieren.

Betrachten wir zunächst den einfachsten Fall, daß wir es nur mit einer Variablen (z. B. V_1) zu tun haben. Wir können dann daran interessiert sein, in welchen Raumeinheiten V_1 besonders hohe oder niedrige Werte annimmt, wo sie durchschnittlich ausgeprägt ist. Wir können uns aber auch fragen, wie sich die Verteilung von V_1 insgesamt beschreiben läßt. Sind die Werte von V_1 insgesamt hoch oder niedrig, streuen sie stark oder schwach? Solche Fragen versucht die deskriptive Statistik (Kapitel 4) zu beantworten.

Beispiele für diese Art der Betrachtung sind Untersuchungen zur räumlichen Verteilung der jährlichen Niederschlagssumme, Jahresdurchschnittstemperatur, der jährlichen Verdunstung, der Anzahl der Frosttage, der Natalität (= Anzahl der Geburten pro 1000 Einwohner pro Jahr), des Bruttosozialprodukts pro Einwohner, der Bevölkerungsdichte, des Pkw-Besatzes (= Anzahl der Pkw pro 1000 Einwohner) usw..

In Abb. 3b wird analysiert, wie eine oder mehrere Variablen (z. B. V_1) über die Zeit hinweg in einer bestimmten Raumeinheit variieren. Wir können dabei entsprechende Fragen stellen wie zu Abb. 3a.

Betrachten wir jeweils nur eine Variable, so sprechen wir von einer univariaten Analyse. Ist man dabei insbesondere an der Aufdeckung von Regelmäßigkeiten in der räumlichen bzw. zeitlichen Anordnung der Variablenwerte interessiert, kommen Methoden der „Raumreihenanalyse" (spatial series analysis) bzw. der Zeitreihenanalyse (time series analysis) zur Anwendung, die aber in diesem Band nicht behandelt werden (vgl. aber Abschnitt 6.2.4 mit einer zeitlichen Trenduntersuchung).

Raumreihenanalyse und Zeitreihenanalyse können zu einer Raum-Zeitreihenanalyse (spatial-time series analysis) erweitert und integriert werden, wenn man die Variation einer Variablen gleichzeitig in „Raum und Zeit" untersucht (vgl. den zweiten Band).

Häufig stellt man fest, daß zwei oder mehrere Variablen in gleicher Weise räumlich (Abb. 3a) oder zeitlich (Abb. 3b) variieren, was zu der Vermutung Anlaß gibt, daß zwischen diesen Variablen ein Zusammenhang besteht. Dieser Sachverhalt soll durch die Klammern in Abb. 3 zum Ausdruck gebracht werden. Andererseits kann man auf Grund von „theoretischen" Überlegungen (d.h. ohne eine vorhergehende statistische Datenanalyse) zu der Hypothese kommen, daß zwischen zwei oder mehreren Variablen eine Beziehung besteht. Die Feststellung einer „ähnlichen" räumlichen oder zeitlichen Variation der betreffenden Variablen kann dann als empirische „Bestätigung" der Hypothese dienen.

In jedem Fall betrachten wir dabei zwei oder mehrere Variablen gleichzeitig und benötigen insbesondere Verfahren zur Messung der „Ähnlichkeit" der Variationen der betreffenden Variablen. Solche Verfahren werden für den bivariaten Fall (2 Variablen werden betrachtet) im Kapitel 6 vorgestellt. Multivariate Verfahren (für mehr als 2 Variablen) werden erst im zweiten Band behandelt. Multivariate Analysemethoden erweisen sich im übrigen dann als besonders notwendig, wenn man an nicht „direkt" meßbaren bzw. beobachtbaren Phänomenen interessiert ist. Solche Phänomene beschreiben wir sprachlich mit Hilfe von Begriffen, die „komplexen" Variablen entsprechen. Beispiele sind Intelligenz, wirtschaftlicher Entwicklungsstand, soziale Segregation usw.. Um Aussagen über derartige Phänomene, die gewöhnlich von hohem theoretischen Interesse sind, empirisch überprüfen zu können, müssen wir die komplexen Variablen der Beobachtung zugänglich machen, wozu multivariate Methoden beitragen können.

Abschließend sollte darauf hingewiesen werden, daß die Analyse der räumlichen Variation von Variablen

1. auch in anderen Disziplinen durchgeführt wird,

2. nur ein Spezialfall von „Variationsanalysen" ist und andere Arten von Variationsanalysen (z.B. mit Personen als Untersuchungselementen) in der Geographie ebenfalls üblich sind (vgl. unser einführendes Beispiel, bei dem die Untersuchungselemente „Kunden" waren).

Eine nicht selten in der Geographie anzutreffende Betrachtungsweise soll durch Abb. 4 veranschaulicht werden. Hier werden nicht Variablen untersucht, sondern Raumeinheiten.

Gefragt wird danach, wie Raumeinheiten durch die Werte verschiedener Variablen charakterisiert werden. Es interessiert z.B., ob zwei Raumeinheiten hinsichtlich ihrer Wirtschaftsstruktur ähnlich sind. Die Wirtschaftsstruktur müßte dann durch die Variablen $V_1, \ldots, V_m$ erfaßt werden. In die gleiche Kategorie gehört die Frage, wie N Raumeinheiten zu Klassen (Gruppen) zusammengefaßt werden können, so daß zwei Raumeinheiten aus einer Klasse möglichst ähnlich, zwei Raumeinheiten aus verschiedenen Klassen möglichst unterschiedlich sind. Dazu stehen clusteranalytische Verfahren zur Verfügung (vgl. den zweiten Band).

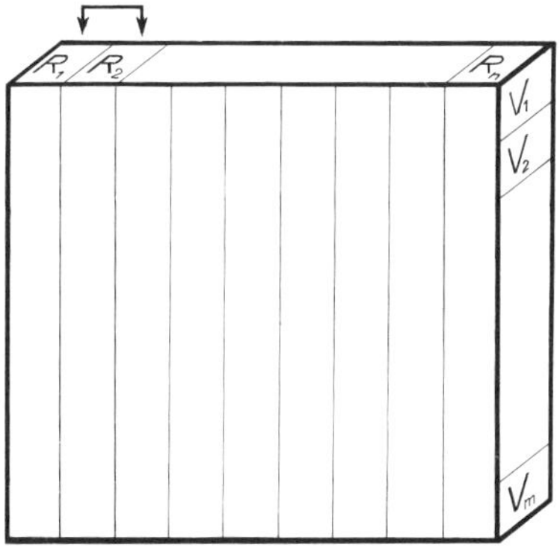

Abb. 4 Die Betrachtung von Raumeinheiten

Wir wollen den Blick auf den „geographischen Datenquader" mit dem Hinweis beschließen, daß zahlreiche weitere Möglichkeiten zur Auswahl von bestimmten „Scheiben" bestehen, mit deren Hilfe in der Geographie vorkommende Betrachtungsweisen veranschaulicht werden können.

Literatur

Weiterführend

Bartels, D. (1970): Einleitung. In: Bartels, D. (Hrsg.): Wirtschafts- und Sozialgeographie. Köln und Berlin. S. 13–45

Bartels, D.; Hard, G. (1975): Lotsenbuch für das Studium der Geographie. 2. Aufl. Bonn und Kiel

Berry, B.J.L. (1964): Approaches to regional analysis: A synthesis. Annals of the Association of American Geographers 54. S. 2–11

Hard, G. (1973): Die Geographie. Eine wissenschaftstheoretische Einführung. Berlin

4 Charakterisierung empirischer Verteilungen

In diesem Kapitel werden Methoden der deskriptiven Statistik vorgestellt, mit deren Hilfe beschrieben werden kann, wie sich die Werte von Variablen auf die Elemente einer endlichen Grundgesamtheit oder Stichprobe verteilen. Ausgangspunkt ist dafür z.B. eine Datenreihe wie in Tab. 2 für die Variable „Natalität“ (= Anteil der Lebendgeborenen an der Bevölkerung in ‰). Elemente sind die Oblasti (untere Verwaltungseinheiten) der ehemaligen Sowjetunion (Abb. 5 zeigt die Verwaltungsgliederung der Sowjetunion aus dem Jahre 1967).

Wichtig ist, daß die Beschreibung der Verteilung der Variablenwerte auf „wesentliche Eigenschaften“ der Verteilung gerichtet ist. Damit ist ein Verlust an Informationen gegenüber den in der ursprünglichen Datenreihe enthaltenen verbunden. Dieser wird aber durch größere Übersichtlichkeit wettgemacht und ist Voraussetzung für einen Vergleich mehrerer Verteilungen.

4.1 Ordnung des Datenmaterials, Häufigkeitsverteilung

Wir gehen aus von der Datenreihe für die Natalität in Tab. 2. Um einen besseren Überblick zu erreichen, kann zunächst eine der Größe nach geordnete Liste der Variablenwerte erstellt werden. Ist die Anzahl der Elemente groß und kommen in der Datenreihe sehr viele verschiedene Werte vor, so ist eine solche Liste noch immer recht unübersichtlich. Deshalb führt man eine Aufteilung des gesamten Werteintervalls zwischen dem kleinsten und größten vorkommenden Wert (in dem dann sämtliche Werte liegen) in Klassen (Wertegruppen) durch und ermittelt für jede Klasse die absolute Häufigkeit (absolute frequency), d.h. die Anzahl der in ihr liegenden Elemente bzw. Werte. Die absoluten Häufigkeiten stellen insgesamt eine Häufigkeitsverteilung dar (frequency distribution), die in tabellarischer oder graphischer Form abgebildet werden kann (vgl. Tab. 3 und Abb. 6) und einen guten Überblick über die Verteilung der Variablenwerte gibt.

An Hand solcher Häufigkeitsverteilungen ist der genaue Variablenwert der einzelnen Elemente nicht mehr erkennbar. Es ist nur bekannt, wieviele Elemente einen Wert zwischen Klassenuntergrenze und Klassenobergrenze haben. In unserem Beispiel weiß man zwar auf Grund der Häufigkeitsverteilung, daß 3 Oblasti Natalitätswerte zwischen 30 ‰ und 34 ‰ aufweisen (vgl. Tab. 3), aber man weiß nicht mehr, daß die Werte 30,4 ‰, 30,9 ‰ und 32,4 ‰ sind und um welche Oblasti es sich handelt. Insofern bietet Tab. 3 weniger Informationen als Tab. 2, was allerdings für den Gewinn an Übersichtlichkeit in Kauf genommen wird.

Das Ziel bei der Erstellung von Häufigkeitsverteilungen ist eine möglichst gute Übersichtlichkeit bei möglichst geringem Informationsverlust. Allgemein gilt jedoch: Je weniger Klassen gebildet werden, desto besser ist die Übersichtlichkeit, aber desto größer ist der Informationsverlust.

Tab. 2 Werte der Variablen Natalität und Verstädterungsgrad in den Oblasti der Sowjetunion 1967

Aggregationsniveau			Raumeinheiten	Merkmalsausprägung	
A Rep. Nr.	B Ök. B. Nr.	C Geb. Nr.	Republik Ökonomischer Bereich Gebiet, ASSR, Gau	Natalität (‰) 1967	Städt. Bev. in % d. Bev. 1967
1			RSFSR	14,5	61
	1		Ökon. Ber. Nordwesten	13,1	73
		1	Karelische ASSR	16,8	72
		2	Geb. Murmansk	15,3	96
		3	ASSR der Komi	17,2	66
		4	Geb. Archangelsk	16,3	68
		5	Geb. Wologda	13,4	46
		6	Geb. Leningrad	11,2	89
		7	Geb. Pskow	11,1	40
		8	Geb. Nowgorod	11,4	51
	2		Ökon. Ber. Zentrum	12,0	69
		9	Geb. Kalinin	10,7	54
		10	Geb. Smolensk	12,2	45
		11	Geb. Brjansk	15,1	44
		12	Geb. Kaluga	13,2	48
		13	Geb. Orjol	12,7	35
		14	Geb. Tula	11,2	69
		15	Geb. Moskau	11,4	85
		16	Geb. Rjasan	12,1	43
		17	Geb. Wladimir	12,7	66
		18	Geb. Iwanowo	12,0	74
		19	Geb. Jaroslawl	12,3	69
		20	Geb. Kostroma	12,1	52
	3		Ökon. Ber. Wolga-Wjatka	14,3	51
		21	Geb. Kirow	12,0	53
		22	ASSR der Mari	17,0	38
		23	ASSR der Tschuwaschen	19,8	33
		24	Geb. Gorki	12,5	63
		25	Mordwinische ASSR	16,5	31
	4		Ökon. Ber. Schwarzerdezentrum	13,0	37
		26	Geb. Tambow	13,2	35
		27	Geb. Lipezk	13,6	41
		28	Geb. Kursk	12,8	30
		29	Geb. Bjelgorod	13,0	30
		30	Geb. Woronesch	12,8	44
	5		Ökon. Ber. Nordkaukasus	16,8	50
		31	Geb. Rostow	13,3	67
		32	Gau Krasnodar	13,8	48
		33	ASSR d. Kabardiner u. Balkaren	22,1	45
		34	Nord-Ossetische ASSR	17,6	64

Tab. 2 (Fortsetzung)

Aggregationsniveau			Raumeinheiten	Merkmalsausprägung	
A Rep. Nr.	B Ök. B. Nr.	C Geb. Nr.	Republik Ökonomischer Bereich Gebiet, ASSR, Gau	Natalität (‰) 1967	Städt. Bev. in % d. Bev. 1967
		35	ASSR d. Tschetsch. u. Ingusch.	22,4	41
		36	Dagestanische ASSR	30,9	35
		37	Gau Stawropol	15,5	40
	6		Ökon. Ber. Wolga	15,8	55
		38	Kalmükische ASSR	22,5	86
		39	Geb. Astrachan	14,8	59
		40	Geb. Wolgograd	15,0	64
		41	Geb. Saratow	14,5	63
		42	Geb. Pensa	14,4	41
		43	Geb. Uljanowsk	14,0	49
		44	Geb. Kuibyschew	14,1	71
		45	Tatarische ASSR	16,6	50
		46	Baschkirische ASSR	18,7	47
	7		Ökon. Ber. Ural	14,9	69
		47	Geb. Orenburg	16,6	52
		48	Geb. Tscheljabinsk	14,6	79
		49	Geb. Kurgan	14,8	40
		50	Geb. Swerdlowsk	13,6	81
		51	Geb. Perm	15,2	68
		52	Udmurtische ASSR	16,7	56
	8		Ökon. Ber. Westsibirien	14,8	60
		53	Geb. Tjumen	17,5	49
		54	Geb. Omsk	16,4	52
		55	Geb. Nowosibirsk	14,2	63
		56	Gau Altai	14,5	44
		57	Geb. Kemerowo	13,5	82
		58	Geb. Tomsk	14,0	59
	9		Ökon. Ber. Ostsibirien	17,2	61
		59	Gau Krasnojarsk	15,6	61
		60	Tuwinische ASSR	30,4	37
		61	Geb. Irkutsk	17,3	70
		62	Burjatische ASSR	18,7	44
		63	Geb. Tschita	17,7	58
	10		Ökon. Ber. Ferner Osten	16,7	73
		64	Jakutische ASSR	21,4	56
		65	Geb. Magadan	15,8	82
		66	Geb. Kamtschatka	17,7	77
		67	Gau Chabarowsk	16,1	80
		68	Geb. Amur	15,8	63
		69	Gau Primorje	16,1	73
		70	Geb. Sachalin	15,3	86

Tab. 2 (Fortsetzung)

Aggregationsniveau			Raumeinheiten	Merkmalsausprägung	
A Rep. Nr.	B Ök. B. Nr.	C Geb. Nr.	Republik Ökonomischer Bereich Gebiet, ASSR, Gau	Natalität (‰) 1967	Städt. Bev. in % d. Bev. 1967
	11		Ökon. Ber. Baltikum	15,7	56
2		71	Estnische SSR	14,4	64
3		72	Lettische SSR	14,0	63
4		73	Litauische SSR	17,7	47
		74	Geb. Kaliningrad	15,2	71
5	12		Weißruss. SSR = Ökon. Ber. Weißrußl.	16,8	42
		75	Geb. Grodno	16,7	33
		76	Geb. Brest	17,9	33
		77	Geb. Minsk	16,4	52
		78	Geb. Witebsk	15,2	45
		79	Geb. Mogiljow	15,3	38
		80	Geb. Gomel	17,6	38
6			Ukrainische SSR	15,1	54
	13		Ökon. Ber. Südwesten	16,1	37
		81	Geb. Schitomir	17,1	33
		82	Geb. Rowno	19,1	26
		83	Geb. Wolhynien	17,5	32
		84	Geb. Lwow	16,9	46
		85	Geb. Transkarpatien	20,0	30
		86	Geb. Iwan-Frankowsk	18,6	30
		87	Geb. Tschernowzy	17,2	32
		88	Geb. Ternopol	15,9	24
		89	Geb. Chmelnizki	14,9	25
		90	Geb. Winniza	14,6	23
		91	Geb. Kiew	15,3	63
		92	Geb. Tschernigow	13,1	34
		93	Geb. Tscherkassy	13,8	35
	14		Ökon. Ber. Donez-Dnepr	13,9	71
		94	Geb. Saporoschje	15,1	65
		95	Geb. Dnjepropetrowsk	14,9	77
		96	Geb. Kirowograd	14,4	41
		97	Geb. Poltawa	13,4	38
		98	Geb. Sumy	13,2	41
		99	Geb. Charkow	13,2	70
		100	Geb. Donezk	13,6	88
		101	Geb. Woroschilowgrad (Lugansk)	13,7	85
	15		Ökon. Ber. Süden	16,0	56
		102	Geb. Odessa	15,4	54
		103	Geb. Nikolajew	16,0	51

Tab. 2 (Fortsetzung)

Aggregationsniveau			Raumeinheiten	Merkmalsausprägung	
A Rep. Nr.	B Ök. B. Nr.	C Geb. Nr.	Republik Ökonomischer Bereich Gebiet, ASSR, Gau	Natalität (‰) 1967	Städt. Bev. in % d. Bev. 1967
		104	Geb. Cherson	17,0	55
		105	Geb. Krim	16,1	64
7	16	106	Moldauische SSR = Ökon. Ber. Moldau	20,7	30
	17		Ökon. Ber. Transkaukasus	25,8	51
8		107	Grusinische SSR	19,3	48
9		108	Armenische SSR	25,0	56
10		109	Aserbeidschanische SSR	32,4	51
11	18		Kasachische SSR = Ökon. Ber. Kasachst.	24,0	49
		110	Geb. Uralsk	24,6	28
		111	Geb. Gurjew	28,8	68
		112	Geb. Aktjubinsk	24,9	43
		113	Geb. Kustanai	19,3	37
		114	Geb. Nordkasachstan	21,0	35
		115	Geb. Koktschetaw	23,5	30
		116	Geb. Zelinograd	21,8	47
		117	Geb. Karaganda	23,4	81
		118	Geb. Pawlodar	23,8	47
		119	Geb. Semipalatinsk	24,1	43
		120	Geb. Ostkasachstan	18,8	59
		121	Geb. Taldy-Kurgan	26,6	39
		122	Geb. Alma-Ata	23,1	58
		123	Geb. Dschambul	26,0	39
		124	Geb. Tschimkent	29,7	40
		125	Geb. Ksyl-Orda	29,3	51
	19		Ökon. Ber. Mittelasien	33,1	38
12			Usbekische SSR	33,0	36
		126	Kara-Kalpakische ASSR	35,1	32
		127	Geb. Choresm	39,8	18
		128	Geb. Buchara	38,7	27
		129	Geb. Kaschkadarja	39,6	16
		130	Geb. Surchandarja	37,9	16
		131	Geb. Samarkand	35,5	27
		132	Geb. Syr-Darja	35,3	23
		133	Geb. Taschkent	25,9	69
		134	Geb. Namangan	35,9	28
		135	Geb. Fergana	36,1	33
		136	Geb. Andischan	35,9	23
13		137	Tadschikische SSR	34,9	37
14		138	Kirgisische SSR	29,9	39
15		139	Turkmenische SSR	35,6	49
			Sowjetunion insgesamt	17,4	55

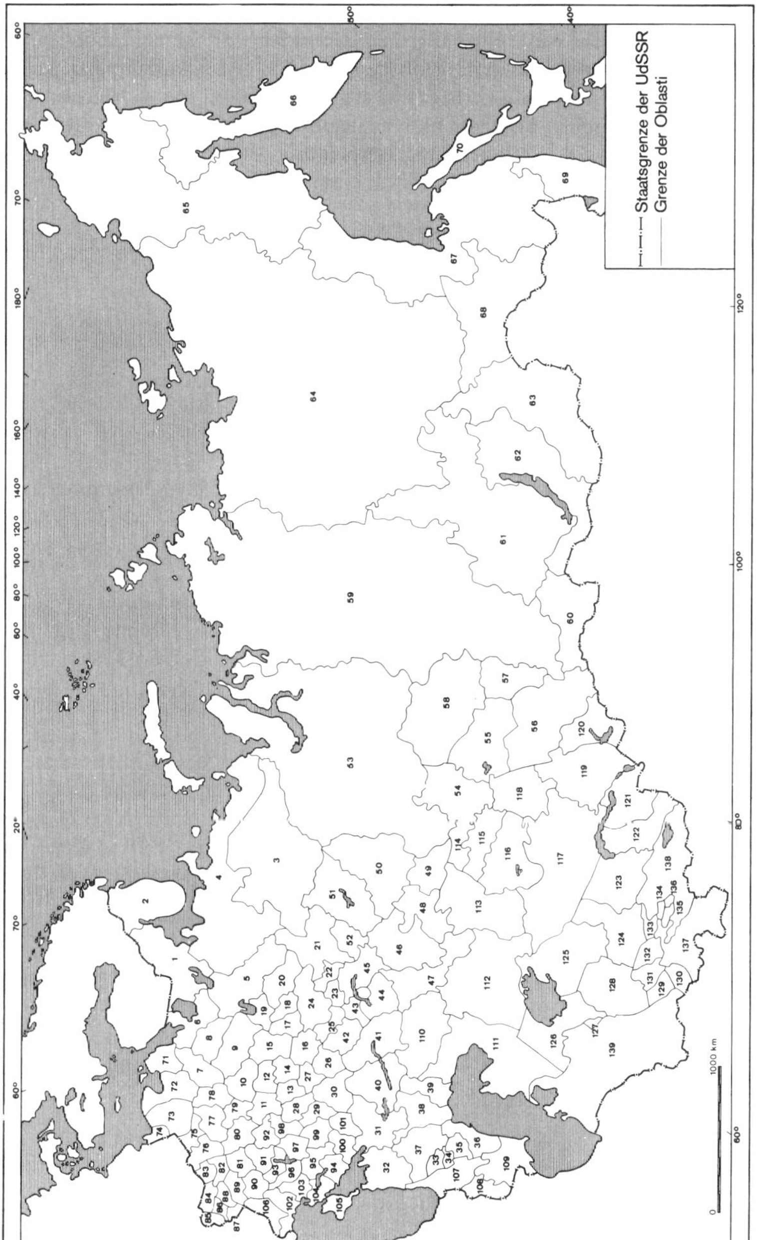

Abb. 5 Die Verwaltungseinheiten unterer Ebene (Oblasti) der Sowjetunion 1967

Somit stellt sich die Frage: Wieviele Klassen sollen gebildet werden, damit das genannte Ziel erreicht wird? Eine allgemeingültige Antwort ist nicht möglich, da die jeweilige Fragestellung eine wichtige Rolle spielt. Ein erster Ansatzpunkt ist jedoch folgender: Je mehr Elemente vorliegen, desto mehr Klassen sollten gebildet werden. Das Verhältnis zwischen Anzahl der Elemente und Zahl der Klassen kann dabei nach der Faustregel von STURGES bestimmt werden als

$$k = 1 + 3{,}32 \cdot \lg n$$

(k = Anzahl der Klassen, n = Anzahl der Objekte).

In unserem Beispiel sollte man danach

$$k = 1 + 3{,}32 \cdot \lg 139 = 8{,}1148 \approx 8 \text{ Klassen bilden.}$$

Die Klasseneinteilung sollte dabei so vorgenommen werden, daß

- verschiedene Klassen sich nicht überdecken,
- das gesamte Werteintervall von den Klassen überdeckt wird,
- die Klassenintervalle möglichst gleich groß sind, d.h. daß die Klassenbreiten gleich sind,
- die Klassenmitten und Klassengrenzen möglichst einfache Zahlen sind.

Eine mögliche Klasseneinteilung für die Natalität in der Sowjetunion auf Oblastebene wäre dann z.B.: 10–14, 14–18, ..., 38–42, bei der die Klassenbreite 4 ist. Für die zweite Datenreihe der Tab. 2 (Verstädterungsgrad) bietet sich bei 8 Klassen dagegen die folgende Klasseneinteilung mit der Klassenbreite 10 an: 17–27, 27–37, ..., 87–97 (vgl. Tab. 4 und Abb. 10).

Durch Auszählen läßt sich nun die absolute Häufigkeit f_i jeder Klasse i bestimmen. f_i gibt jeweils die Anzahl der in der Klasse vorkommenden Werte an.

Für Vergleiche zweier Verteilungen mit einer unterschiedlichen Anzahl von Elementen ist es sinnvoll, statt der absoluten Häufigkeiten relative oder prozentuale Häufigkeiten (relative frequency) zu verwenden. Sie lassen sich wie folgt bestimmen:

relative Häufigkeit $h_i = f_i/n$

prozentuale Häufigkeit $p_i = h_i \cdot 100$

mit f_i = absolute Häufigkeit der i-ten Klasse

n = Anzahl der Elemente.

Für einen Vergleich zweier Datenreihen mit unterschiedlicher Anzahl von Elementen müssen die Klassen (und damit auch die Anzahl der Klassen) jeweils gleich sein. Das kann bedeuten, daß die Anzahl der Klassen bei der längeren Datenreihe etwas kleiner, bei der kürzeren Datenreihe etwas größer gewählt werden muß, als sich bei der jeweils getrennt angewandten Faustregel von STURGES ergeben würde.

Zusätzlich zu den absoluten und relativen Häufigkeiten können auch sogenannte Summenhäufigkeiten (kumulierte Häufigkeiten) verwendet werden, die sich durch fortlaufende Summierung (Kumulation) der absoluten oder relativen Häufigkeiten in aufsteigender Reihenfolge der Klassenmitten ergeben. So besagt die absolute Summenhäufigkeit 106 für die Klasse 10 ‰ bis 22 ‰, daß 106 Oblasti einen Natalitätswert aufweisen, der kleiner ist als 22 ‰, das sind 76,26 % der gesamten 139 Raumeinheiten (vgl. Tab. 3).

Neben der tabellarischen Erfassung und Darstellung einer Häufigkeitsverteilung ist deren graphische Darstellung als eine wichtige Ergänzung anzusehen, da diese Form der Darstellung einen unmittelbaren visuellen Eindruck von der Verteilung vermittelt. Abb. 6 und Abb. 7 zeigen verschiedene Möglichkeiten der graphischen Darstellung von Häufigkeiten und Summenhäufigkeiten.

Von der Darstellungstechnik her sind folgende Diagramme gebräuchlich:

1. Histogramme
   Bei dieser Form werden die Häufigkeiten in Form von Säulen dargestellt. Wir unterscheiden zwei Arten:

   – Blockdiagramme
     Auf der Abzisse werden die Klassenintervalle abgetragen. Die einzelnen Säulen erhalten die Breite der Klassenintervalle. Diese Darstellungsart ist bei metrischen Daten vorzuziehen, da sie das Charakteristikum metrischer Skalenniveaus, daß die Daten innerhalb des gesamten Wertintervalls jeden Wert annehmen können (= Kontinuum), auch graphisch vermittelt (Abb. 6a).

   – Stabdiagramme
     Auf der Abzisse werden die Klassenmitten bzw. die einzelnen Merkmalswerte abgetragen. Die einzelnen Säulen grenzen nicht aneinander, sondern sind durch Lücken voneinander getrennt. Stabdiagramme eignen sich deshalb besonders zur Darstellung bei diskreten Variablen (Abb. 6b).

2. Häufigkeitspolygone
   Auf der Abzisse werden Klassenmitten oder obere Klassengrenzen abgetragen. Die einzelnen zugehörigen Häufigkeitswerte werden auf der Ordinate abgetragen und durch Strecken verbunden (Abb. 6c).

Welche graphische Darstellungsform im jeweiligen Fall anzuwenden ist, hängt von der Art des vorliegenden Datenmaterials ab:

1. Im Fall diskreter, nicht klassifizierter Variablen werden die absoluten und relativen Häufigkeiten in Form von Stabdiagrammen dargestellt. Die Graphiken für die zugehörigen absoluten und relativen Summenhäufigkeiten sind der Form nach Treppenkurven. An jeder Stelle, an der sich im Stabdiagramm ein Stab befindet, liegt in der Treppenkurve eine Sprungstelle, die genau der Stablänge entspricht (vgl. Abb. 6 und Abb. 7).

Tab. 3 Häufigkeitsverteilung der Variable „Natalität" in der Sowjetunion

Klassenintervall Natalität in ‰	abs. Häufigkeit f_i	rel. Häufigkeit h_i	Klassenintervall Natalität in ‰	abs. Summen-häufigkeit	rel. Summen-häufigkeit
10–<14	33	0,2374	10–<14	33	0,2374
14–<18	60	0,4317	10–<18	93	0,6691
18–<22	13	0,0935	10–<22	106	0,7626
22–<26	12	0,0863	10–<26	118	0,8489
26–<30	6	0,0432	10–<30	124	0,8921
30–<34	3	0,0216	10–<34	127	0,9137
34–<38	9	0,0647	10–<38	136	0,9784
38–<42	3	0,0216	10–<42	139	1,0000
	139	1,0000			

Tab. 4 Häufigkeitsverteilung der Variable „Verstädterungsgrad" in der Sowjetunion

Klassenintervall Verstädterungsgrad in %	abs. Häufigkeit f_i	rel. Häufigkeit h_i	Klassenintervall Verstädterungsgrad in %	abs. Summen-häufigkeit	rel. Summen-häufigkeit
17–<27	9	0,0647	17–<27	9	0,0647
27–<37	26	0,1871	17–<37	35	0,2518
37–<47	31	0,2230	17–<47	66	0,4748
47–<57	26	0,1871	17–<57	92	0,6619
57–<67	17	0,1223	17–<67	109	0,7842
67–<77	16	0,1151	17–<77	125	0,8993
77–<87	11	0,0791	17–<87	136	0,9784
87–<97	3	0,0216	17–<97	139	1,0000
	139	1,0000			

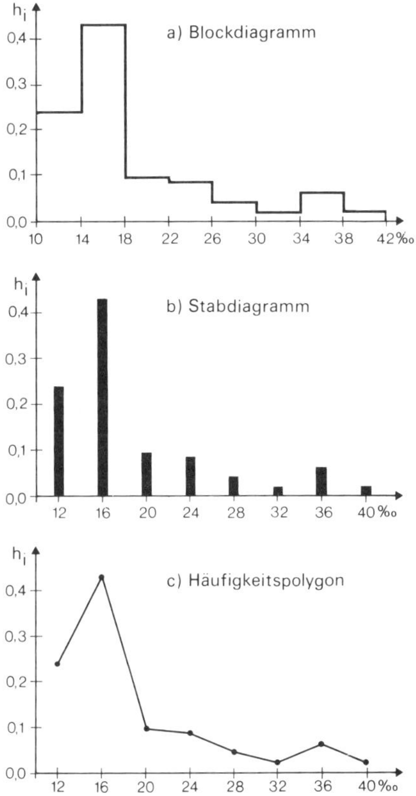

Abb. 6

Diagramme der relativen Häufigkeitsverteilung der Natalität in der Sowjetunion

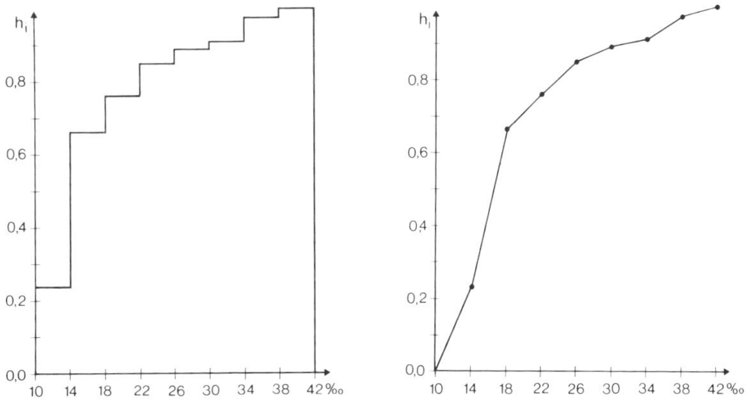

Abb. 7 Diagramme der relativen Summenhäufigkeiten der Natalität in der Sowjetunion

2. Im Fall stetiger Variablen werden die Merkmalsausprägungen in Klassen eingeteilt und die Häufigkeiten je Klasse berechnet. Oft treten im Fall diskreter Variablen so viele verschiedene Merkmalsausprägungen auf, daß auch hier eine Klasseneinteilung sinnvoll ist. Für klassifizierte diskrete Variablen ist dann wie für stetige zu verfahren. Die graphische Darstellung der absoluten und relativen Häufigkeiten erfolgt in Form von Blockdiagrammen. Die absoluten und relativen Summenhäufigkeiten werden als Summenpolygone dargestellt (vgl. Abb. 6 und Abb. 7). Beide Darstellungsarten implizieren, daß in jeder Klasse eine gleichmäßige Verteilung der zugehörigen Objekte über die gesamte Klassenbreite vorliegt.

Bei der graphischen Darstellung der absoluten und relativen Häufigkeiten ist im Fall stetiger Variablen jedoch Vorsicht geboten, da durch optische Verzerrungen die Gefahr von Fehlinterpretationen entstehen kann. Das gilt vor allem, wenn Klassenintervalle ungleich groß gewählt werden. Zum besseren Verständnis sei dazu das hypothetische Beispiel einer Verteilung des Pro-Kopf-Einkommens über 6 Regionen eines Gesamtraumes gegeben.

Tab. 5 Häufigkeitsverteilung des Pro-Kopf-Einkommens für die 6 Regionen eines Gesamtraumes

Klassenintervall Pro-Kopf-Einkommen in DM (X)	abs. Häufigkeit f_i	Klassenbreite Δx_i	Häufigkeitsdichte $f_i/\Delta x_i$
0–< 500	2	500	$4 \cdot 10^{-3}$
500–< 1000	2	500	$4 \cdot 10^{-3}$
1000–< 10000	2	9000	$0{,}2 \cdot 10^{-3}$

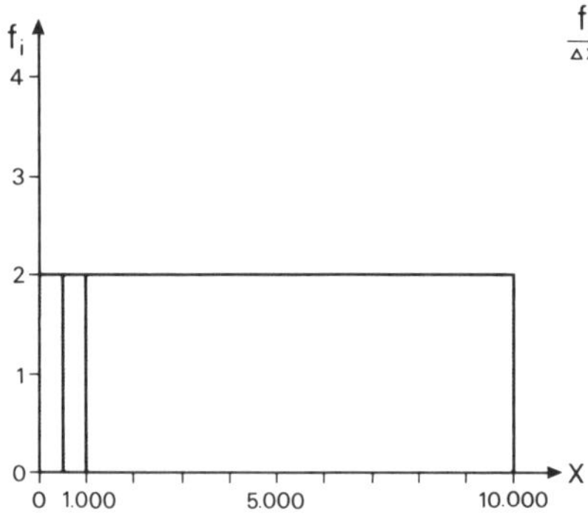

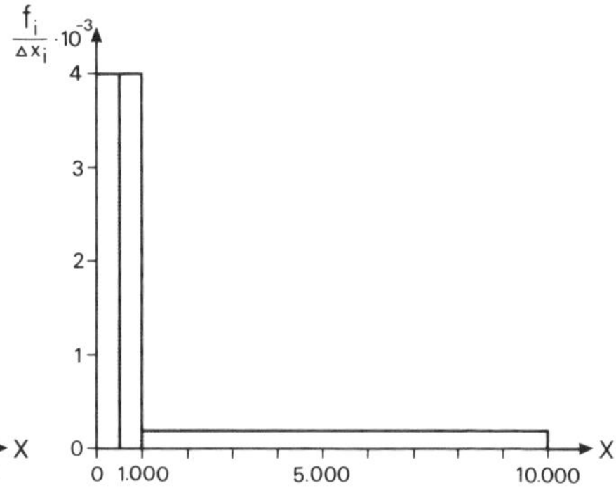

Abb. 8 Diagramme des Pro-Kopf-Einkommens für die 6 Regionen eines Gesamtraumes

Erstellt man für die gegebene Einkommensverteilung (Tab. 5) ein Blockdiagramm (Abb. 8a), in dem auf der Ordinate die absoluten Häufigkeiten abgetragen sind, ergibt sich ein völlig falsches Bild über die Art der vorliegenden Verteilung. Das

Blockdiagramm vermittelt den optischen Eindruck, als seien die Pro-Kopf-Einkommen der sechs Regionen gleichmäßig über das Intervall von 0–10000 DM verteilt. Das ist im vorliegenden Beispiel aber nicht der Fall. Immerhin liegt das Pro-Kopf-Einkommen für zwei Drittel der einbezogenen Regionen unter 1000 DM, d.h. im ersten Zehntel des gesamten Werteintervalls. Nur 2 von 6 Regionen haben ein Pro-Kopf-Einkommen von 1000 DM und mehr. Eine verbesserte graphische Darstellung ergibt sich, wenn man im Blockdiagramm anstatt der absoluten Häufigkeiten f_i die sogenannten absoluten Häufigkeitsdichten $f_i/\Delta x_i$ auf der Ordinate abträgt. Die resultierende Abbildung (Abb. 8b) vermittelt in unserem Beispiel den korrekten Eindruck einer äußerst linkssteilen Verteilung. Absolute Häufigkeitsdichten errechnen sich, indem man die absoluten Häufigkeiten durch die zugehörigen Klassenbreiten dividiert. Dadurch erreicht man eine Normierung der Summe aller Blockflächen auf n (Anzahl aller Objekte). Für relative Häufigkeiten ist analog zu verfahren; die resultierende Normierung der Flächen aller Blöcke beträgt dann jedoch 1 (Summe aller Objektanteilswerte).

Wenn auch die Häufigkeitsverteilungen verschiedener Variablen im einzelnen recht unterschiedlich ausfallen, gibt es doch einige typische Verteilungsformen, die häufig vorkommen. Man unterscheidet sie einmal nach der Anzahl der Gipfel (Häufigkeitsmaxima) in unimodale (eingipflige), bimodale (zweigipflige) und multimodale (mehrgipflige) Verteilungen. Zum anderen wird nach dem Kriterium der Symmetrie differenziert bzw. danach, auf welcher Seite des Gipfels mehr Werte zu finden sind. An Hand dieser Kriterien lassen sich folgende typische Verteilungsformen unterscheiden (vgl. Abb. 9):

- die glockenförmige Verteilung, die unimodal und symmetrisch ist. Ihr kommt aus theoretischen Gründen in der Statistik eine große Bedeutung zu;
- die *U*-Verteilung, die bimodal und symmetrisch ist und deren Gipfel an den jeweiligen Enden des Werteintervalls liegen;
- die *J*-Verteilung, die unimodal und rechtssteil ist und deren Gipfel am rechten Ende des Werteintervalls liegt;
- die *L*-Verteilung, die unimodal und linkssteil ist und deren Gipfel am linken Ende des Werteintervalls liegt;
- die linksschiefe Verteilung, die unimodal ist und deren Gipfel nach rechts verschoben ist;
- die rechtsschiefe Verteilung, die unimodal ist und deren Gipfel nach links verschoben ist;
- die bimodale, asymmetrische Verteilung.

Eine Beschreibung der Häufigkeitstabellen und -diagramme für die Variablen Verstädterung und Natalität mit Hilfe der gesamten typischen Verteilungsformen könnte etwa wie folgt vorgenommen werden:

1. Die Verteilung der Variablen Natalität ist extrem rechtsschief (mit Tendenz zur *L*-Verteilung). Die Natalitätswerte sind in dem unteren Wertebereich zwischen

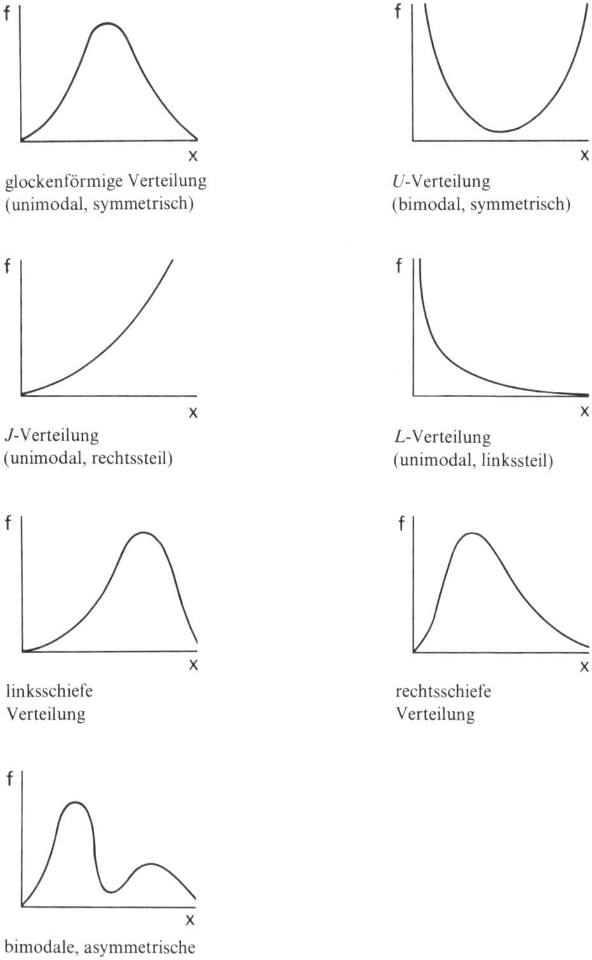

Abb. 9 Typische Verteilungsformen

10 ‰ und 18 ‰ stark konzentriert (rund 67 % der Werte). Die Klassen höherer Natalität sind im Gegensatz dazu mit weit weniger Werten belegt (vgl. Abb. 6).

2. Die Verteilung der Variablen Verstädterungsgrad ist ebenfalls rechtsschief; allerdings ist die Schiefe nicht so extrem ausgeprägt wie bei der Variablen Natalität. Der größte Teil der Werte ist im unteren und mittleren Bereich zwischen 27 % und 57 % zu finden (fast 60 % der Werte). Es sind aber auch höhere Verstädterungsgrade noch häufig anzutreffen, wobei die Klassenhäufigkeiten „nach oben hin“ allmählich geringer werden (vgl. Abb. 10).

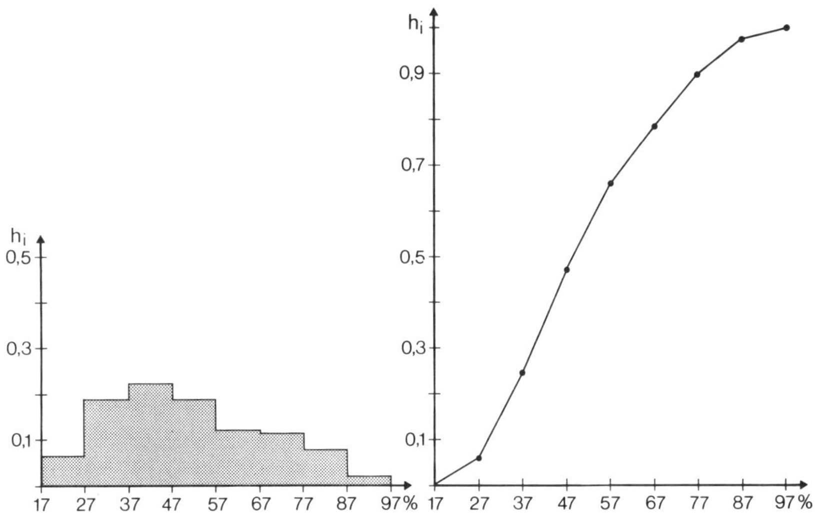

Abb. 10 Diagramme der relativen Häufigkeiten und Summenhäufigkeiten des Verstädterungsgrades in der Sowjetunion

4.2 Maßzahlen empirischer Verteilungen

Häufigkeitsdiagramme sollen vor allem einen visuellen Eindruck vermitteln von der Form empirischer Verteilungen. In ihnen kommen verschiedene Charakteristika einer Verteilung wie Schiefe, Symmetrie, häufig und selten auftretende Werte usw. quasi gleichzeitig zum Ausdruck, allerdings nur ungenau. Möchte man z. B. wissen, ob eine Verteilung stark oder nur schwach schief ist, wird man Maßzahlen benötigen, die eine intersubjektive Vergleichbarkeit der Beurteilungen der Schiefe ermöglichen. Solche Maßzahlen nennt man im Fall von Grundgesamtheiten auch Parameter.

Die größere Genauigkeit, die mit Hilfe solcher Maßzahlen bei der Beschreibung einzelner Charakteristika einer Verteilung erreicht wird, wird natürlich erkauft durch einen weiteren Informationsverlust gegenüber Häufigkeitstabellen und -diagrammen, die deshalb auch keinesfalls überflüssig werden.

Wir beschränken uns bei den im folgenden vorgestellten Parametern auf Stichproben und endliche Grundgesamtheiten und werden zwischen beiden nicht unterscheiden. Wir nehmen der Einfachheit halber an, daß die Anzahl der Elemente immer n ist, gleichgültig ob wir eine Stichprobe oder eine endliche Grundgesamtheit betrachten. Einige Parameter für unendliche Grundgesamtheiten werden im Abschn. 5.3 besprochen.

4.2.1 Maße der Zentraltendenz

Maße der Zentraltendenz (Lageparameter) dienen dazu, die Verteilung durch einen zentralen Wert zu repräsentieren, indem sie die Lage der mittleren oder häufigsten Variablenwerte angeben.

Der Modus (modus)

Der Modus (Modalwert, Dichtemittel, Gipfelwert) ist derjenige Variablenwert, der am häufigsten vorkommt, bei dem also die Verteilung ihr absolutes Maximum erreicht.

Bei Nominal- und Ordinaldaten ist die Berechnung des Modus trivial. Bei metrischen Daten ist in der Regel nur eine Berechnung des Modus auf der Basis einer Klasseneinteilung möglich, und zwar nach der folgenden Schätzformel:

$$\boxed{Md = U + \left(\frac{f_0 - f_{0-1}}{2f_0 - f_{0-1} - f_{0+1}}\right) \cdot b}$$

mit Md = Modus
U = untere Klassengrenze der am stärksten besetzten Klasse
f_0 = Anzahl der Elemente in der am stärksten besetzten Klasse
f_{0-1}, f_{0+1} = Anzahl der Elemente in den beiden Nachbarklassen
b = Klassenbreite (konstant).

Für die Natalität in den Oblasti in der Sowjetunion ergibt sich als Modus:

$$Md = 14 + \left(\frac{60 - 33}{2 \cdot 60 - 33 - 13}\right) \cdot 4 = 15{,}46\,‰ \quad \text{(vgl. Tab. 3)}.$$

Für den Verstädterungsgrad in den Oblasti der Sowjetunion ergibt sich:

$$Md = 37 + \left(\frac{31 - 26}{2 \cdot 31 - 26 - 26}\right) \cdot 10 = 42\,\% \quad \text{(vgl. Tab. 4)}$$

Das bedeutet: Der Gipfelwert der Verteilungskurve der Natalität liegt mit 15,46 ‰ im unteren Bereich, und zwar am Anfang der zweiten Klasse, während der Modus bei der Variablen Verstädterungsgrad in einen verhältnismäßig hohen Wertebereich verschoben ist (Mitte der dritten Klasse).

Voraussetzungen und Aussagekraft des Modus

- Der Modus stellt keine Bedingung hinsichtlich des Skalenniveaus, eine sinnvolle Anwendung ist somit für Nominaldaten, Ordinaldaten und metrische Daten möglich.
- Der Modus ist das informationsärmste Maß der Zentraltendenz, da er die Verteilung der Werte (insgesamt) so gut wie gar nicht berücksichtigt. Zudem wird der Modus stark von der gewählten Klasseneinteilung beeinflußt.
- Bei bimodalen und multimodalen Verteilungen entstehen zwar formal keine Probleme bei der Berechnung, allerdings ist die Anwendung und Interpretation des Modus wenig sinnvoll.

Quantile, Median (quantil, median)

Das $q\,\%$-Quantil ist derjenige Wert in einer der Größe nach geordneten Datenreihe, unterhalb dessen $q\,\%$ und oberhalb dessen $(100-q)\,\%$ der Variablenwerte liegen. Besondere Bedeutung hat das 50 %-Quantil, das auch als Median oder Zentralwert bezeichnet wird. Der Median teilt somit die Variablenwerte in eine „untere" und eine „obere" Hälfte.

Die Bestimmung der Quantile erfolgt nach folgenden Formeln. Sei n die Anzahl der Elemente (bzw. Variablenwerte) und $x_1, \ldots, x_n$ die nach der Größe geordnete Zahlenreihe, d.h. $x_1 \leq x_2 \leqq \ldots \leq x_n$.

1. *Fall*: $n \cdot q/100 = k$, wobei k eine ganze Zahl ist. Dann gilt für das $q\,\%$-Quantil M_q

$$M_q = \frac{(100-q)\cdot x_k + q \cdot x_{k+1}}{100}$$

2. *Fall*: $n \cdot q/100 = k$, wobei k keine ganze Zahl ist. Unter Verwendung der Gaußklammer ergibt sich

$$M_q = x_{[k+1]}$$

Die Gaußklammerfunktion ist eine Rechenvorschrift, die von einem Argument dessen ganzzahligen Teil als Ergebnis liefert. Im Fall positiver Zahlen werden durch die Gaußklammer also lediglich alle Nachkommastellen gestrichen. Zum Beispiel ist [4,1] = [4,6] = 4 und [5,001] = [5,999] = 5.

Für den Median $Me (= M_{50})$ gilt dann insbesondere:

1. *Fall*: *n gerade*, d.h. $n = 2k$ (k ganze Zahl): $$Me = \tfrac{1}{2}(x_k + x_{k+1})$$

2. *Fall*: *n ungerade*, d.h. $n = 2 \cdot k + 1$ (k ganze Zahl): $$Me = x_{k+1}$$

Berechnet man den Median für die Variablen Natalität und Verstädterungsgrad der Tab. 2, so ist $n = 139$, und der Median ist jeweils der 70. Variablenwert in der nach der Größe geordneten Datenreihe.

Für die Natalität ergibt sich $Me = 16{,}3\,‰$,
für den Verstädterungsgrad ergibt sich $Me = 47\,\%$.

Das heißt: 50 % der Oblasti weisen Natalitätswerte unter 16,3 ‰ (bzw. zwischen 10,6 ‰ und 16,3 ‰ auf). Der Median liegt also im unteren Viertel des Werteintervalls (10,6 ‰, 39,8 ‰).

Der Median des Verstädterungsgrades ist dagegen innerhalb des Werteintervalls (16 %, 96 %) weiter nach rechts verschoben.

Quantile sind gut geeignet zur Darstellung des Intensitätsgefälles von Einzugsbereichen zentraler Einrichtungen (Schulen, Geschäfte usw.) und von Pendlereinzugsbereichen (vgl. GIESE 1979). Sie lassen sich damit auch als Maße für die „Reichweite" der entsprechenden Einrichtungen verwenden. Bei derartigen Untersuchungen sind jedoch die Ausgangsdaten häufig aggregiert, d.h. die Variablenwerte sind in Klassen eingeteilt. Z.B. kennt man nicht die Weglänge für jeden einzelnen Pendler, der in einer Stadt *A* arbeitet. Man kann aber aus Statistiken die Zahl der Erwerbstätigen entnehmen, die aus den einzelnen Gemeinden im Umland der Stadt *A* in die Stadt *A* pendeln (Berufspendler). Will man nun den Median der „Pendlerweglängen" bestimmen, ordnet man die einzelnen Gemeinden nach ihrer Entfernung (Weglänge zur Stadt *A*) und interpretiert die Zahl der Pendler jeweils als absolute Häufigkeit (vgl. Tab. 6).

Tab. 6 Anzahl der Pendler aus 7 Gemeinden in eine Stadt *A*, geordnet nach der Entfernung

Gemeinde	Entfernung zu *A* in km (ungeordnet)	Zahl der Auspendler in die Stadt *A*		Gemeinde	Entfernung zu *A* in km (geordnet)	Häufigkeit (absolut)
1	3,0	20		1	3,0	20
2	9,1	10		7	3,1	15
3	4,0	43		3	4,0	43
4	7,0	27	⇒	5	5,1	31
5	5,1	31		4	7,0	27
6	8,5	14		6	8,5	14
7	3,1	15		2	9,1	10

Die Untersuchungselemente sind wohlgemerkt die Pendler (und *nicht* die Gemeinden), d.h. n ist gleich der Summe der absoluten Häufigkeiten, also $n = 160$ (und nicht $n = 7$). Der Median ist damit

$$Me = \frac{x_{80} + x_{81}}{2}$$

mit x_{80} (bzw. x_{81}) = 80. (bzw. 81.) Weglänge „von unten".

Die ersten drei Klassen umfassen insgesamt 78 Elemente, auf die ersten vier Klassen entfallen 109 Elemente (vgl. Tab. 6), d.h. x_{80} und x_{81} liegen in der 4. Klasse und sind jeweils 5,1 km. Also beträgt der Median 5,1 km. Das bedeutet: 50 % der Pendler haben einen Weg von mindestens 5,1 km Länge zurückzulegen, um zu ihrer Arbeitsstätte zu gelangen.

Beabsichtigt man, die Intensität der Pendlerverflechtungen von Umlandgemeinden mit einer Zielgemeinde – Stadt *A* – darzustellen, so geschieht das in der Regel dadurch, daß man für die Umlandgemeinden jeweils den „Anteil der Auspendler in die Gemeinde *A* in % aller Auspendler der Gemeinde" bestimmt oder die „Zahl der Auspendler in die Gemeinde *A* in % der Zahl der Erwerbstätigen am Wohnort" berechnet und darstellt.

Ist man daran interessiert zu erfahren, wieviel Prozent der Einpendler in die Gemeinde *A* aus welchem Umlandbereich kommen, bietet sich eine Darstellung nach Quantilen an. Würde man dabei, wie zuvor dargestellt, die einzelnen Gemeinden nach ihrer Entfernung zur Stadt *A* ordnen und danach die Quantile bestimmen, würde man ein ringförmiges Intensitätsgefälle präjudizieren. Deshalb ist es im Fall der vorgegebenen Fragestellung besser, die Gemeinden nach der Größe ihrer Auspendleranteile zu ordnen und danach die 50%-, 60%-, 70%-, ... Quantile des Pendlereinzugsbereichs der Stadt *A* zu bestimmen. Als Untersuchungselemente treten uns jetzt die Gemeinden entgegen und nicht mehr die Pendler, als Merkmale die Auspendleranteile und nicht mehr die Weglängen.

Voraussetzungen und Aussagekraft von Quantilen

- Quantile setzen Variablenwerte voraus, die der Größe nach geordnet werden können. Sie können also nur auf ordinal- und metrischskalierte Variablen angewandt werden. Allerdings macht die Bestimmung von Quantilen bei ordinalskalierten Variablen (falls nur die Rangwerte vorhanden sind) inhaltlich kaum einen Sinn, da Quantile in diesem Fall nur von der Anzahl der Elemente abhängen.
- Quantile bieten mehr Informationen über eine Verteilung als der Modus, da sie die Größer/Kleiner-Beziehungen zwischen den Variablenwerten berücksichtigen.
- Quantile sind unempfindlich gegenüber Verschiebungen der Extremwerte einer Variablen und eignen sich deshalb sehr gut zur Erfassung der zentralen Tendenz einer Verteilung.

Der Median hat nicht nur Bedeutung als zusammenfassendes Maß zur Beschreibung einer Datenreihe, sondern spielt auch bei Überlegungen zur Standortwahl eine große Rolle.

Das folgende Beispiel ist einer Arbeit von ALONSO (1964, S. 79–80) entnommen und bei KING (1969, S. 22–23) wiedergegeben. Im Mittelpunkt steht das Standortproblem einer Bäckerei, die ihre Kunden mit Backwaren beliefert. Weder die Herstellungskosten noch der Warenumsatz mögen mit dem Standort variieren. Die einzige Veränderliche seien die Lieferkosten.

Die Kunden *A*, *B*, ..., *G* mögen wie in Abb. 11 entlang einer Straße wohnen und jeweils einmal am Tag beliefert werden. Die Bäckerei beschäftigt einen Jungen, der jeweils nur die Ware eines Kunden befördern kann, so daß er für jeden Kunden einen Gang zu machen hat. Die Frage lautet: Wo muß die Bäckerei ihren Standort haben, damit die Gesamtfahrstrecke des Jungen möglichst kurz ist?

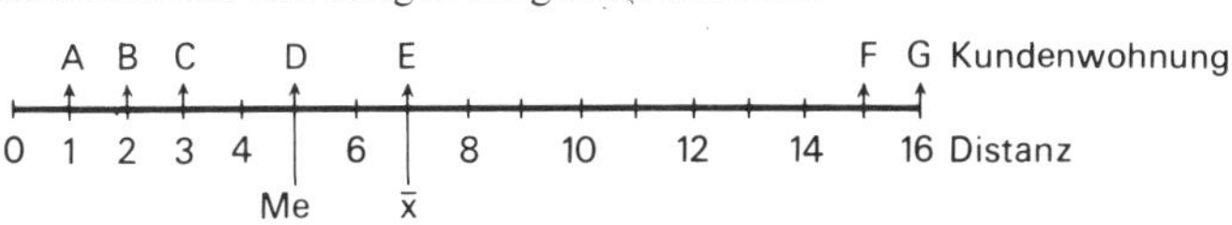

Abb. 11 Verteilung der Kunden einer Bäckerei entlang einer Straße.
Quelle: ALONSO 1964

Eine unüberlegte Antwort würde lauten: Im arithmetischen Mittelpunkt der Kundenwohnungen. Den arithmetischen Mittelpunkt findet man leicht dadurch, daß man von einem beliebigen Punkt ausgehend die Wege zu den Wohnungen mißt und durch die Zahl der Kunden dividiert.

Es ist klar, daß die Lage des Ausgangspunktes für die Berechnung des arithmetischen Mittelpunktes keine Rolle spielt. Bei einer Verlagerung des Ausgangspunktes verschieben sich ja alle Wohnungen um den gleichen Betrag, die Entfernungen zwischen den Wohnungen ändern sich dagegen nicht. Die Lage des arithmetischen Mittelpunktes ist aber durch diese Entfernungen eindeutig bestimmt.

Gehen wir vom Punkt A aus, so ergibt sich, daß der arithmetische Mittelpunkt 6 Abschnitte rechts von A liegt, also an dem Ort, wo auch E liegt, denn

$$\frac{0+1+2+4+6+14+15}{7} = \frac{42}{7} = 6$$

E ist jedoch nicht der günstigste Standort. Denn wie man der Tab. 7 entnehmen kann, ist die gesamte Fahrtenstrecke des Jungen kleiner, wenn wir die Bäckerei im Punkt D und nicht im Punkt E annehmen. Der Punkt D ist aber gerade der Medianpunkt der Verteilung.

Man kann allgemein zeigen, daß der Median in einem solchen Fall immer der günstigste Standort ist. Wir formulieren dazu die ursprüngliche Frage etwas um. Wo muß die Bäckerei liegen, damit die Summe der Entfernungen von den Kundenwohnungen ein Minimum wird?

Tab. 7 Gesamtdistanz der Kunden von einer Bäckerei unter Annahme des Standortes der Bäckerei in den Punkten E und D

Kunde	Distanz des Kunden	
	vom Standort E	vom Standort D
A	6	4
B	5	3
C	4	2
D	2	0
E	0	2
F	8	10
G	9	11
Gesamt	34	32

Die n Kundenwohnungen mögen die Standorte (Koordinaten) $x_i\,(i=1, \ldots, n)$ haben. Dann ist ein a gesucht, so daß die Funktion

$$f(a) = \sum_{i=1}^{n} |x_i - a|$$

ein Minimum annimmt. Dieses a gibt den gesuchten Standort an. Mit Hilfe einiger Gesetze aus der Infinitesimalrechnung läßt sich beweisen, daß $f(a)$ ein Minimum für $a =$ Median der x_i erreicht. Und zwar gilt genauer folgendes:

Falls n ungerade ist ($n = 2m + 1$), liegt der Median bei x_{m+1} (s. o.). Falls n gerade ist ($n = 2m$), ist $f(a)$ für alle a, die zwischen $x_{n/2}$ und $x_{(n/2)+1}$ liegen, gleich und jeweils kleiner als für alle anderen a außerhalb dieses Intervalls. Das bedeutet: Der günstigste Standort liegt zwischen der $n/2$-ten und $(n/2 + 1)$-ten Kundenwohnung. Gleichgültig ist es (unter der Zielvorstellung, daß der Gesamtweg ein Minimum werden soll), wo genau die Bäckerei in diesem Abschnitt liegt.

Man kann sich diese Behauptungen leicht klarmachen, indem man für beide Fälle hypothetische Beispiele wählt, von dem Median aus die Summe der Entfernungen bestimmt und dann überlegt, wie sich die Summe der Entfernungen verändert, wenn man den Standort nach rechts und links verschiebt.

Das arithmetische Mittel (Mittelwert) (arithmetic mean (mean))

Bekanntermaßen bestimmt man das arithmetische Mittel von Variablenwerten x_i dadurch, daß man die Variablenwerte addiert und die Summe der Werte durch die Zahl der Werte dividiert, also folgende Formel anwendet:

$$\bar{x} = \frac{1}{n} \sum_{i=1}^{n} x_i$$

mit $\bar{x} =$ arithmetisches Mittel

$x_i =$ i-ter Variablenwert

$n =$ Anzahl der Variablenwerte (bzw. Elemente)

Vorgegeben seien zum Beispiel für das Jahr 1968 die Werte des Volkseinkommens pro Kopf der Bevölkerung in den 26 Ökonomischen Bereichen und Republiken der ehemaligen Sowjetunion (vgl. Tab. 10). Berechnet werden soll das durchschnittliche Pro-Kopf-Einkommen der Bevölkerung in der ehemaligen Sowjetunion. Addiert man die 26 Werte (Spalte 6 in Tab. 10) und dividiert sie durch 26, erhält man einen Durchschnittswert von

$$\frac{24\,984}{26} = 960{,}92 \text{ Rubel/Kopf}$$

Liegen die Ausgangswerte der Pro-Kopf-Werte vor (Spalten 2 und 4 der Tab. 10), könnte man das durchschnittliche Pro-Kopf-Einkommen der Bevölkerung auch einfach dadurch ermitteln, daß man das Volkseinkommen und die Bevölkerung in der Sowjetunion durch Addition der beiden Wertereihen insgesamt ermittelt und anschließend die beiden Summen dividiert. Dann erhält man allerdings einen Mittelwert von

$$\frac{240\,662 \text{ Mill. Rubel}}{235\,996 \text{ Mill. Einwohner}} = 1019{,}77 \text{ Rubel/Kopf}$$

Warum weichen die beiden Werte voneinander ab? – Welches ist der richtige arithmetische Mittelwert? – Es ist der letztere. Denn wollte man das durchschnittliche Pro-Kopf-Einkommen der Bevölkerung in der Sowjetunion mit Hilfe der Pro-Kopf-Werte (Spalte 6 der Tab. 10) berechnen, müßte man zuvor aufgrund der unterschiedlichen Bevölkerungsgröße der Ökonomischen Bereiche und Republiken die einzelnen Pro-Kopf-Werte mit der Bevölkerungszahl gewichten, d.h. multiplizieren. Führt man diese Rechnung durch, erhält man wie oben das arithmetische Mittel von $\bar{x}_g = 1019{,}77$ Rubel/Kopf. Im anderen Fall ($\bar{x} = 960{,}92$) haben wir einen arithmetischen Mittelwert berechnet, der angibt, wie hoch das Pro-Kopf-Einkommen in einem „durchschnittlichen Ökonomischen Bereich der Sowjetunion" ist. Es ist somit ein einfaches arithmetisches Mittel von einem gewichteten arithmetischen Mittel zu unterscheiden. Das einfache arithmetische Mittel ist dabei ein Spezialfall des gewichteten arithmetischen Mittels. Ohne uns dessen bewußt zu sein, rechnen wir im Grunde mit dem gewichteten arithmetischen Mittel, wobei die Gewichte gleich 1 gesetzt werden.

Das gewichtete arithmetische Mittel läßt sich in folgender Form darstellen:

$$\bar{x}_g = \frac{\sum_{i=1}^{n} g_i x_i}{\sum_{i=1}^{n} g_i}$$

mit g_i = Gewicht des Variablenwertes x_i.

Setzt man alle Gewichte g_i gleich 1, erhält man, da $\sum_{i=1}^{n} g_i = n$ wird, die vertraute Form des arithmetischen Mittels

$$\bar{x}_g = \frac{\sum_{i=1}^{n} x_i}{n} = \bar{x}$$

Für die Natalität der Sowjetunion auf Oblastebene ergibt sich 1967 als ungewichteter Mittelwert $\bar{x} = 18{,}82$ ‰, für den Verstädterungsgrad ist $\bar{x} = 50{,}40$ %. Der Begriff „auf Oblastebene" ist deshalb notwendig, weil die Untersuchungselemente in Tab. 2 Oblasti mit jeweils unterschiedlicher Bevölkerung sind. Das heißt, die obigen arithmetischen Mittelwerte geben an, wie hoch die Natalität bzw. der Verstädterungsgrad in einem „durchschnittlichen Oblast" sind. Berechnet man nämlich die Natalität bzw. den Verstädterungsgrad für die Sowjetunion in Form des gewichteten Mittelwertes, so erhält man 17,4‰ (für die Natalität) bzw. 54,7 % (für den Verstädterungsgrad).

In der Geographie werden gewichtete arithmetische Mittel vor allem für zwei Zwecke verwendet.

1. Interpolationen von Variablenwerten

Es fehlt der Variablenwert für einen Raumpunkt bzw. Zeitpunkt, die Werte der benachbarten Raum- bzw. Zeitpunkte sind jedoch vorhanden, und man möchte den fehlenden Wert schätzen. Kann man davon ausgehen, daß sich die Variablenwerte räumlich bzw. zeitlich nicht abrupt, sondern relativ stetig ändern, so sind benachbarte Variablenwerte ähnlich. Es läßt sich dann eine Schätzung des fehlenden Wertes durch das gewichtete Mittel der bekannten benachbarten Werte erreichen, wobei die benachbarten Werte umso stärker gewichtet werden, je näher sie dem fehlenden Wert sind.

Bei der Analyse der Bevölkerungsentwicklung der Sowjetunion seit 1950 fehle die Bevölkerung von 1960. Die anderen Werte (bis 1969) sind vorhanden. Die graphische Darstellung dieser Zeitreihe (Abb. 12) zeigt deutlich, daß die Entwicklung relativ stetig verläuft, so daß angenommen werden kann, daß der „wahre" Wert für 1960 zwischen den auf beiden Seiten benachbarten Werten liegt. Wir nehmen an, daß jeweils die ersten beiden benachbarten Werte zu beiden Seiten „Einfluß" auf den Wert für 1960 haben, wobei die um ein Jahr entfernten Zeitpunkte das Gewicht 0,3, die um zwei Jahre entfernten das Gewicht 0,2 aufweisen. Für die Berechnung ist es zweckmäßig, die Gewichte so zu normieren, daß ihre Summe 1 ergibt.

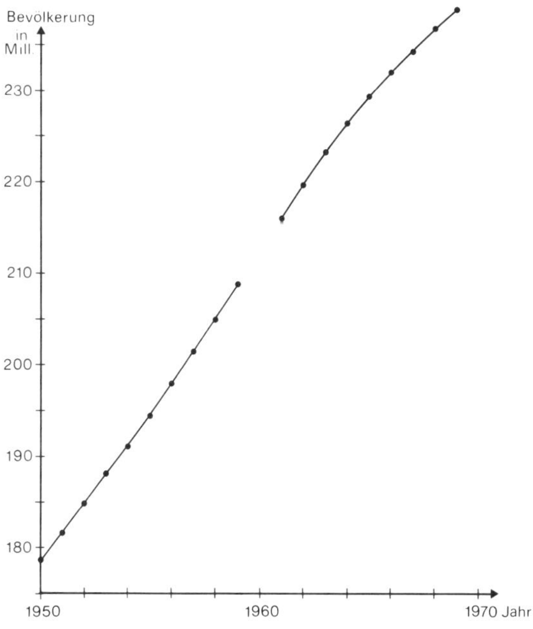

Abb. 12 Bevölkerungsentwicklung in der Sowjetunion 1950–1969

Der Bevölkerungswert x_{1960} berechnet sich dann wie folgt:

$$\begin{aligned} x_{1960} &= (0{,}2\,x_{1958} + 0{,}3\,x_{1959} + 0{,}3\,x_{1961} + 0{,}2\,x_{1962})/(0{,}2 + 0{,}3 + 0{,}3 + 0{,}2) \\ &= 0{,}2 \cdot 204{,}9 + 0{,}3 \cdot 208{,}8 + 0{,}3 \cdot 216{,}2 + 0{,}2 \cdot 219{,}8 \\ &= 40{,}98 + 62{,}64 + 64{,}86 + 43{,}96 = 212{,}44 \end{aligned}$$

Wir erhalten einen Schätzwert von 212,44 Mill. Einwohnern. Der wahre Wert beträgt demgegenüber 212,3 Mill. Einwohner.

2. Glättung von Werten

Empirische Zeitreihen und Raumreihen weisen häufig unregelmäßig auftretende „Spitzen" auf, d.h. positiv oder negativ stark von den benachbarten Stellen abweichende Werte. Ist man weniger an der Frage interessiert, wie es zu solchen Abweichungen kommt, sondern möchte man eher den generellen Verlauf der Variablen erfassen, um regelhafte Züge der Verteilung (Trends, Perioden usw.) besser erkennen und darstellen zu können, empfiehlt es sich, aus der ursprünglichen Datenreihe eine geglättete zu konstruieren. Diese erhält man dadurch, daß man jeden ursprünglichen Wert jeweils durch ein gewichtetes, arithmetisches Mittel ersetzt, in das der Wert selbst sowie die Werte der benachbarten Raum- bzw. Zeiteinheiten – versehen mit Gewichten – eingehen. Auch hier sollte die Summe der Gewichte jeweils 1 ergeben.

Voraussetzungen und Aussagekraft des arithmetischen Mittelwertes

- Der arithmetische Mittelwert ist nur für metrische Daten definiert. Gelegentlich wird er auch bei Ordinaldaten benutzt, wenn z.B. die durchschnittliche Zensur berechnet wird, die Schüler in einer Klassenarbeit erreicht haben. Dabei wird unterstellt, daß die Zensur eine metrische Variable ist, die nur auf ganze Einheiten genau gemessen wird. D.h. es wird implizit vorausgesetzt, daß der Leistungsabstand zwischen den Noten 2 und 3 gleich ist demjenigen zwischen den Noten 4 und 5 – eine Voraussetzung, die sicherlich kaum erfüllt ist.
- Da alle Variablenwerte gleichgewichtig in die Berechnung eingehen, gibt der arithmetische Mittelwert mehr Informationen als Modus und Median. Insbesondere reagiert der arithmetische Mittelwert empfindlicher auf Extremwerte, wie am Beispiel der folgenden Datenreihen deutlich wird.

  5, 5, 5, 6, 7, 8 $Md = 5$; $Me = 5{,}5$; $\bar{x} = 6$
  5, 5, 5, 6, 7, 10 $Md = 5$; $Me = 5{,}5$; $\bar{x} = 6{,}33$
  5, 5, 5, 6, 7, 32 $Md = 5$; $Me = 5{,}5$; $\bar{x} = 10$

Vergleich der drei Maße für die Zentraltendenz

- Der Modus ist kaum sinnvoll auf ordinal- und metrischskalierte Daten anwendbar. Beim Median müssen die Daten dagegen wenigstens ordinal-, beim arithmetischen Mittelwert metrischskaliert sein.

- Im Fall einer unimodalen symmetrischen Verteilung sind alle drei Maße gleich groß. Je asymmetrischer die Verteilung ist, desto weiter liegen die drei Maße voneinander entfernt (vgl. Abb. 24). In solchen Fällen ist es sinnvoll, möglichst alle drei Maße zur Beschreibung der Zentraltendenz heranzuziehen.
- Extremwerte beeinflussen kaum den Modus und Median, dagegen sehr stark den arithmetischen Mittelwert, wenn sie nur in einer Richtung, d.h. an einer Seite des Werteintervalls auftreten (vgl. die obigen drei Datenreihen). Für Verteilungen mit solchen einseitigen Extremwerten (sogenannten Ausliegern) ist daher der Median dem arithmetischen Mittelwert vorzuziehen. Dies gilt auch bei *L*-Verteilungen (Abb. 9).
- *U*-Verteilungen (Abb. 9) lassen sich kaum allein durch Maße der Zentraltendenz erfassen.

Der arithmetische Mittelwert spielt in der Statistik eine dominierende Rolle als Parameter der Zentraltendenz, weil er für theoretische Verteilungen leicht zu berechnen ist (vgl. Kap. 5).

Schließlich ist er derjenige Wert, der die Summe der quadrierten Abstände zwischen sich und den Variablenwerten minimiert. D.h. die Funktion

$$f(a) = \sum_{i=1}^{n} (x_i - a)^2$$

nimmt genau dann ihr Minimum an, wenn $a = \bar{x}$ ist. Der Beweis für die Behauptung ist leicht. Man bildet die Ableitung $f'(a)$. Für $f'(a) = 0$ ergibt sich dann $a = \bar{x}$. Außerdem ist $f''(a) = 2n > 0$.

4.2.2 Streuungsmaße

Die Maße der Zentraltendenz geben die „mittlere“ Position an, um die die Variablenwerte lokalisiert sind. Sie sagen aber nichts darüber aus, über welchen Bereich die Daten in etwa verteilt sind und wie sie verteilt sind. Eine Antwort darauf geben die Streuungsmaße (Streuungsparameter, Dispersionsmaße).

In Abb. 13 sind z.B. zwei Häufigkeitsverteilungen von ha-Erträgen des Sommerweizenanbaus für zwei verschiedene Gebiete auf der Grundlage jeweils einer 20jährigen Beobachtungsreihe gegenübergestellt. Im Durchschnitt der 20 Jahre weisen beide Gebiete annähernd den gleichen ha-Ertrag von 10 dz/ha auf. Dennoch besteht zwischen beiden Gebieten, wie das Diagramm zeigt, ein wesentlicher Unterschied: im Gebiet *A* weichen die ha-Erträge nur um bis zu 3 dz/ha vom Durchschnittsertrag ab, im Gebiet *B* dagegen um bis zu 5 dz/ha, d.h. im Gebiet *B* kann in einem Jahr durchaus ein ha-Ertrag von 15 dz auftreten, in einem anderen Jahr dagegen von nur 5 dz. Das Anbaurisiko ist im Gebiet *B* also wesentlich größer als im Gebiet *A*. Eine Kennzeichnung der Variablen (hier der ha-Erträge des Sommerweizens) nur durch Angabe des Mittelwertes (oder des Medians) ist also unzureichend; eine zusätzliche Angabe über die Streuung der Werte erscheint notwendig. Folgende Streuungsmaße sind üblich:

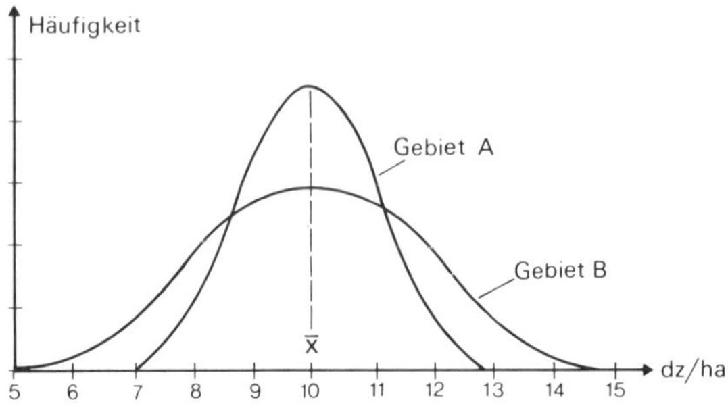

Abb. 13 Zwei Verteilungen von ha-Erträgen des Sommerweizens mit gleichem Mittelwert und unterschiedlicher Streuung

Spannweite (Variationsbreite) (range)

Die Spannweite R ist als Breite des gesamten Wertebereiches (Werteintervalls) einer Variablen definiert, d.h.

$$R = x_{\max} - x_{\min}$$

mit $x_{\max}$ = maximaler Wert in der Datenreihe,
$x_{\min}$ = minimaler Wert in der Datenreihe,

Für die Natalität in den Oblasti der Sowjetunion ergibt sich eine Spannweite von $R = 39{,}8\permil - 10{,}7\permil = 29{,}1\permil$, für die Verstädterung eine Spannweite von $R = 96\% - 17\% = 79\%$.

Voraussetzungen und Aussagekraft der Spannweite:

- Zur Berechnung der Spannweite sind metrische Daten erforderlich.
- Das Maß wird sehr stark von Extremwerten beeinflußt.
- Die Spannweite mißt nur die maximale Differenz zwischen den zugrundeliegenden Daten und gibt keinerlei Auskunft über die Verteilung der Daten innerhalb des Werteintervalls.

Die Spannweite ist ein sehr grobes Streuungsmaß. Es wird daher relativ selten angewandt. Ein einfaches Beispiel für die Anwendung dieses Streuungsmaßes findet man in der Klimatologie. Aus verschiedenen Gründen erweist es sich als nützlich, Temperaturamplituden zu berechnen, beispielsweise Jahresamplituden der Lufttemperatur: Man bestimmt die Differenz zwischen dem höchsten und niedrigsten Monatsmittelwert. Kontinentalität des Klimas zeichnet sich insbesondere dadurch aus, daß die Jahresamplitude der Temperatur sehr hoch ist. Dieser Sachverhalt führt dazu, daß die Jahresamplitude häufig zur Kennzeichnung der Kontinentalität des Klimas benutzt wird, wobei in der Regel noch die geographische Breitenlage und die Höhenlage als Korrekturfaktor berücksichtigt werden.

In Tab. 8 sind die Monatsmitteltemperaturen ausgewählter Klimastationen entlang eines West-Ost-Profils von der atlantischen Westflanke des Kontinents zum Innern der eurasiatischen Landmasse zusammengestellt. Die Berechnung der Jahresamplitude (= Spannweite R) zeigt einen Anstieg von 17 °C (Hamburg) auf 62° (Jakutsk). Damit wird angedeutet, daß die Kontinentalität des Klimas vom Atlantik zum Landesinnern Asiens merklich ansteigt.

Man kann eine derartige Analyse auf die Fläche ausdehnen und für ein Stationsnetz die Spannweiten R von Klimavariablen berechnen, die dann Anlaß sind zur Konstruktion von Isolinien (= Linien gleicher Werte) der betreffenden Spannweite. Abb. 14 zeigt die Spannweiten R der Monatsmitteltemperaturen der Monate Januar bzw. Juli in Anglo-Amerika. Sie wurden auf der Basis langjähriger Zeitreihen berechnet. Die Abbildung vermittelt eine grobe Übersicht über die jahreszeitlich unterschiedlich ausgeprägte Größe und räumliche Variation der jährlichen Temperaturschwankungen.

Tab. 8 Monatsmitteltemperaturen (°C) ausgewählter Klimastationen

Nr.	Monat	Hamburg	Berlin	Warschau	Moskau	Swerdlowsk	Jeniseisk	Jakutsk
1	Jan.	0,0	−1,1	−3,5	−10,3	−15,6	−22,0	−43,2
2	Febr.	0,3	−0,3	−2,5	−9,7	−13,6	−19,3	−35,8
3	März	3,3	3,3	1,4	−5,0	−7,4	−10,9	−22,0
4	Apr.	7,5	8,3	8,0	3,7	2,1	−1,8	−7,4
5	Mai	12,0	13,4	14,0	11,7	9,9	6,5	5,6
6	Juni	15,3	16,8	17,5	15,4	15,2	14,4	15,4
7	Juli	17,0	18,4	19,2	17,8	17,3	17,8	18,8
8	Aug.	16,6	17,7	18,2	15,8	14,8	14,7	14,8
9	Sept.	13,5	14,2	13,9	10,4	9,0	7,9	6,2
10	Okt.	9,1	8,9	8,1	4,1	1,2	−0,9	−7,8
11	Nov.	4,9	4,2	3,0	−2,3	−7,1	−12,1	−27,7
12	Dez.	1,8	0,7	−0,6	−8,0	−13,6	−20,9	−39,6
$\bar{x}$		8,4	8,7	8,1	3,6	1,0	−2,2	−10,2
R		17,0	19,5	22,7	28,1	32,9	39,8	62,0
s		6,1	7,0	8,0	9,9	11,7	14,0	21,8

Hamburg	53°38′N/ 10°00′E/h = 14 m
Berlin	52°23′N/ 13°04′E/h = 81 m
Warschau	52°09′N/ 20°59′E/h = 107 m
Moskau	55°45′N/ 37°34′E/h = 156 m
Swerdlowsk	56°44′N/ 61°04′E/h = 282 m
Jeniseisk	58°27′N/ 92°10′E/h = 78 m
Jakutsk	62°05′N/129°45′E/h = 100 m

Mittlere Abweichung, Varianz und Standardabweichung

Die Spannweite sagt nur etwas aus über die Größe des Intervalls, in dem die Variablenwerte liegen, nicht aber darüber, wie sich die Variablenwerte innerhalb dieses Intervalls verteilen. Für solche Informationen benötigt man die Streuungsmaße „Mittlere Abweichung" und „Standardabweichung" bzw. die Varianz (= Quadrat der Standardabweichung), die im folgenden kurz vorgestellt werden:

Die mittlere Abweichung $\bar{d}$ (mean deviation) ist als mittlerer Abstand der einzelnen Datenwerte vom arithmetischen Mittelwert, also durch

$$\bar{d} = \sum_{i=1}^{n} |x_i - \bar{x}|/n$$

definiert.

Die Varianz s^2 (variance) ist die mittlere quadratische Abweichung der einzelnen Datenwerte vom arithmetischen Mittelwert:

$$s^2 = \sum_{i=1}^{n} (x_i - \bar{x})^2/n$$

Als Standardabweichung s (standard deviation) bezeichnet man die Wurzel aus der Varianz:

$$s = \sqrt{\frac{\sum_{i=1}^{n} (x_i - \bar{x})^2}{n}}$$

Bei der Berechnung von Varianz und Standardabweichung für Stichproben wird in der Regel durch $(n - 1)$ statt durch n dividiert, und zwar dann, wenn die Parameter (der Stichprobe) als Schätzungen der entsprechenden Parameter der Grundgesamtheit dienen sollen. Die Begründung dafür findet sich in Abschnitt 5.5.1.

Statt der angeführten Gleichung für die Varianz kann man auch die folgenden Berechnungen verwenden, die das gleiche Resultat liefern, aber für den Einsatz eines Taschenrechners geeigneter sind.

$$s^2 = \frac{1}{n} \sum_{i=1}^{n} x_i^2 - \frac{1}{n^2} \left(\sum_{i=1}^{n} x_i \right)^2 \quad \text{oder}$$

$$s^2 = \frac{1}{n} \sum_{i=1}^{n} x_i^2 - \bar{x}^2$$

Die Äquivalenz dieser beiden Gleichungen mit der Definitionsgleichung für die Varianz kann leicht nachgewiesen werden.

Eine andere äquivalente Definition der Varianz ist

$$s^2 = \frac{1}{2}\frac{1}{n^2}\sum_{i=1}^{n}\sum_{j=1}^{n}(x_i - x_j)^2$$

Diese Gleichung besagt, daß s^2 auch ein Maß für den mittleren (quadratischen) Abstand der Werte untereinander ist.

Es ist klar, daß diese Definitionen entsprechend für die Standardabweichung gelten.

Voraussetzungen und Aussagekraft der mittleren Abweichung, Varianz und Standardabweichung

- Die drei Streuungsmaße sind ausschließlich auf metrische Daten anwendbar, da der arithmetische Mittelwert als Bezugspunkt dient bzw. paarweise Differenzen gebildet werden müssen.

- Mittlere Abweichung und Standardabweichung haben gegenüber der Varianz den Vorteil, daß sie die Streuung der Variablenwerte in der ursprünglichen Einheit messen und somit inhaltlich leichter zu interpretieren sind. Ist m (oder °C) z.B. die Maßeinheit der Variablen, so werden die mittlere Abweichung und die Standardabweichung ebenfalls in m (oder °C) angegeben, die Varianz dagegen in m^2 (oder $°C^2$).

- Die mittlere Abweichung bezieht sich immer auf das arithmetische Mittel. Ihre Aussagekraft ist daher umso größer, je besser das arithmetische Mittel zur Charakterisierung der Zentraltendenz geeignet ist. Die Standardabweichung läßt sich dagegen auch als Maß für die mittlere Abweichung der Werte *voneinander* auffassen. Allerdings werden durch „das Quadrieren" extreme Werte bei der Standardabweichung stärker berücksichtigt als bei der mittleren Abweichung.

- Alle drei Maße eignen sich besonders zur Charakterisierung unimodaler, symmetrischer Verteilungen. Je schiefer eine Verteilung ist, desto notwendiger ist die Benutzung von Häufigkeitstabellen und -diagrammen.

- Varianz und Standardabweichung haben in der Statistik insgesamt eine größere Bedeutung als die mittlere Abweichung, weil sie sich leicht für theoretische Verteilungen berechnen lassen (vgl. Kap. 5.3).

Zum besseren Verständnis sollen die Streuungsmaße an einem Beispiel erläutert werden. Gleichzeitig soll damit gezeigt werden, wie man am besten die Berechnung vornehmen kann, wenn keine Rechenmaschine mit einem fest eingebauten Programm für die Varianz und Standardabweichung zur Verfügung steht.

Wir betrachten die Monatsmitteltemperaturen von Hamburg aus Tab. 8. Tab. 9 zeigt das Schema zur Berechnung von $\bar{d}$, s^2 und s.

Tab. 9 Schema zur Berechnung der mittleren Abweichung, Varianz und Standardabweichung, Beispiel Monatsmitteltemperaturen von Hamburg (vgl. Tab. 8)

Monate i	Monatsmittel-temperatur, °C x_i	$\lvert x_i - \bar{x}\rvert$	$(x_i - \bar{x})^2 = \lvert x_i - \bar{x}\rvert^2$
1	0,0	8,4	70,56
2	0,3	8,1	65,61
3	3,3	5,1	26,01
4	7,5	0,9	0,81
5	12,0	3,6	12,96
6	15,3	6,9	47,61
7	17,0	8,6	73,96
8	16,6	8,2	67,24
9	13,5	5,1	26,01
10	9,1	0,7	0,49
11	4,9	3,5	12,25
12	1,8	6,6	43,56
$n = 12$	$\sum_{i=1}^{12} x_i = 101{,}3$	$\sum_{i=1}^{12} \lvert x_i - \bar{x}\rvert = 65{,}7$	$\sum_{i=1}^{12} (x_i - \bar{x})^2 = 447{,}07$

$$\bar{x} = \frac{\sum_{i=1}^{12} x_i}{12} = \frac{101{,}3}{12} = 8{,}4\,°\mathrm{C} \qquad \bar{d} = \frac{\sum_{i=1}^{12} \lvert x_i - \bar{x}\rvert}{12} = \frac{65{,}7}{12} = 5{,}5\,°\mathrm{C}$$

$$s^2 = \frac{\sum_{i=1}^{12} (x_i - \bar{x})^2}{12} = \frac{447{,}07}{12} = 37{,}26$$

$$s = \sqrt{\frac{\sum_{i=1}^{12} (x_i - \bar{x})^2}{12}} = \sqrt{37{,}26} = 6{,}1\,°\mathrm{C}$$

Tabelle 8 zeigt die Standardabweichungen der Monatsmitteltemperaturen für die Stationen entlang des Profils Hamburg–Jakutsk. Die Zunahme der Werte von 6,1 °C (Hamburg) bis 21,8 °C (Jakutsk) spiegelt die zunehmende Kontinentalität des Klimas wieder.

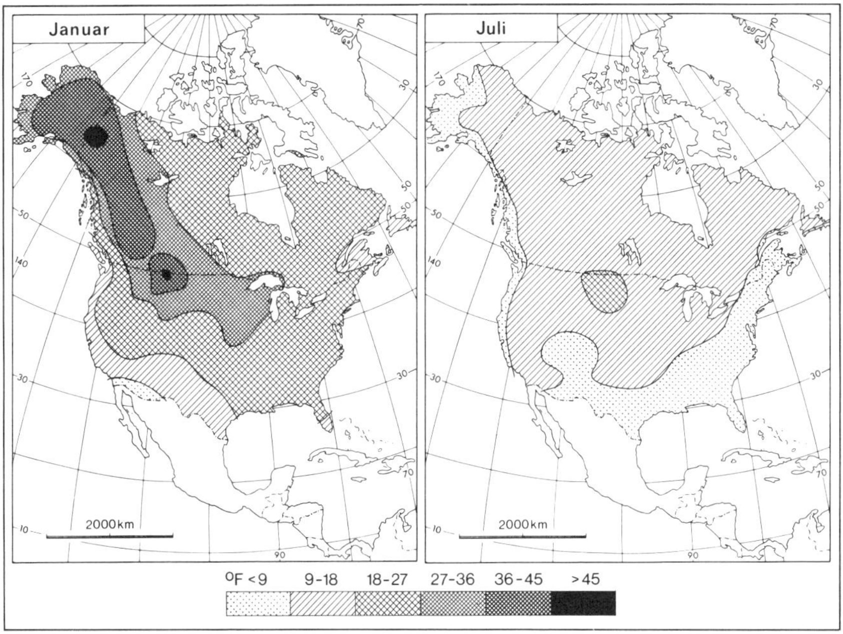

Abb. 14 Spannweite R der Mitteltemperaturen der Monate Januar und Juli in Anglo-Amerika
Quelle: SUMNER 1953, S. 59

In Abb. 15 sind die Standardabweichungen s der Januar- bzw. Julitemperaturen in Anglo-Amerika dargestellt. Die Abbildung vermittelt im Unterschied zu Abb. 14, in der die entsprechenden Werte der Spannweite R wiedergegeben sind, einen wesentlich differenzierteren Eindruck von der jahreszeitlich unterschiedlich ausgeprägten Größe und räumlichen Variation der jährlichen Temperaturschwankungen auf dem nordamerikanischen Kontinent. Der Vergleich der beiden Abbildungen läßt deutlich werden, daß die Standardabweichung s ein sehr viel feineres Streuungsmaß ist als die Spannweite R und daher diesem Maß gegenüber vorzuziehen ist.

Die Standardabweichung s und die mittlere Abweichung $\bar{d}$ wurden auch für die Verstädterung und Natalität in der Sowjetunion 1967 berechnet. Als Werte ergeben sich

für die Verstädterung:	$\bar{d} = 14{,}77\,\%$,	$s = 17{,}95\,\%$,
für die Natalität:	$\bar{d} = 5{,}41\,‰$,	$s = 7{,}15\,‰$.

$\bar{d}$ und s stimmen weitgehend überein. Die jeweils etwas größeren Beträge für s resultieren aus der Schiefe der beiden Verteilungen.

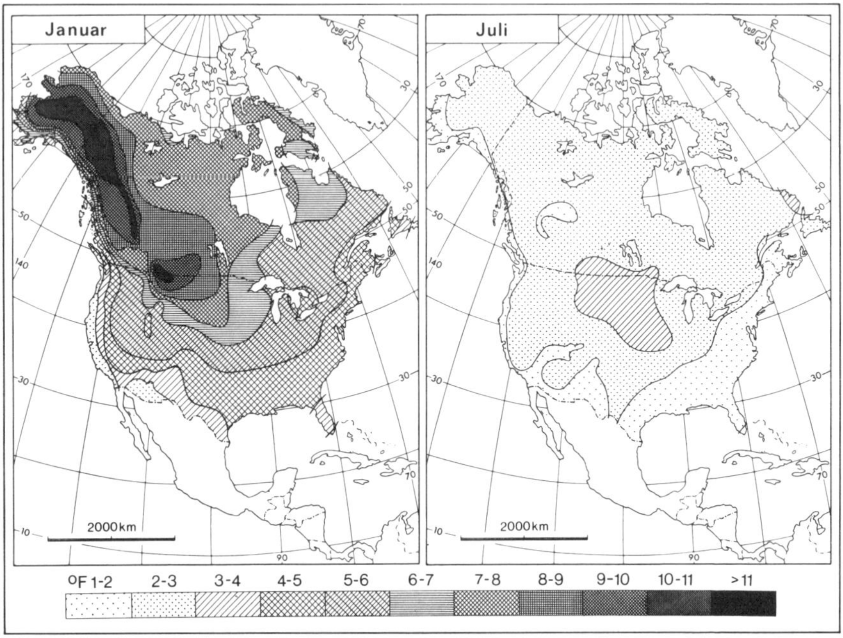

Abb. 15 Standardabweichung s der Mitteltemperaturen der Monate Januar und Juli in Anglo-Amerika
Quelle: SUMNER 1953, S. 54/55

Relative Streuungsmaße

Die Berechnung der Standardabweichungen der Natalität und des Verstädterungsgrades in der Sowjetunion führt zu folgender Frage: Ist die Variation der Natalität in der SU ($s = 7{,}15$ ‰) eigentlich geringer als diejenige des Verstädterungsgrades ($s = 17{,}95$ %)? Allgemeiner stellt sich die Frage nach der Vergleichbarkeit der Standardabweichungen bzw. mittleren Abweichungen verschiedener Variablen.

Die bisher vorgestellten Streuungsmaße sind absolute Maße und daher für Vergleichszwecke unbrauchbar. Einmal werden die Streuungsmaße in den jeweiligen Maßeinheiten der Variablen angegeben (im obigen Beispiel ‰ und %), zum anderen beziehen sie sich auf unterschiedlich hohe Niveaus der Variablenwerte, die sich in unterschiedlichen arithmetischen Mitteln ausdrücken (im obigen Beispiel $\bar{x} = 18{,}84$ ‰ für die Natalität, $\bar{x} = 50{,}04$ % für den Verstädterungsgrad).

Die gleiche absolute Streuung hat jedoch bei verschiedener Zentraltendenz ein durchaus unterschiedliches Gewicht. So bedeutet z. B. die gleiche absolute Streuung der Jahresniederschläge in einem Gebiet mit durchschnittlich geringen Niederschlägen, daß viele Dürrejahre mit den entsprechend verheerenden Konsequenzen für die Landwirtschaft auftreten, während in einem Gebiet mit hohen Niederschlagssummen auch in den „trockenen" Jahren noch ausreichend Niederschläge fallen.

Beispiel: Gebiet A (dürregefährdetes Gebiet)
Mittlere Niederschlagsmenge in der
Vegetationsperiode $\bar{x} = 250\,\text{mm}$
Mittlere Abweichung $\bar{d} = 100\,\text{mm}$

Gebiet B (regenreiches Gebiet)
Mittlere Niederschlagsmenge in der
Vegetationsperiode $\bar{x} = 600\,\text{mm}$
Mittlere Abweichung $\bar{d} = 100\,\text{mm}$.

Für das Gebiet A folgt aus diesen Werten, daß in zahlreichen Jahren mit weniger als 150 mm Niederschlag gerechnet werden muß, während im Gebiet B zwar mit Niederschlagssummen unter 500 mm zu rechnen ist, jedoch kaum mit weniger als 250 mm Niederschlag pro Vegetationsperiode.

Für Vergleichszwecke müssen also die absoluten Streuungsmaße relativiert werden. Dazu dienen die relativen (normierten) Streuungsmaße, bei denen die Standardabweichung und mittlere Abweichung als prozentuale Anteile am arithmetischen Mittelwert ausgedrückt werden. Man erhält dadurch die folgenden Maße:

- Variationskoeffizient (coefficient of variation)

$$v = \frac{s}{\bar{x}} \cdot 100$$

- Relative Variabilität (relative variability)

$$V = \frac{\bar{d}}{\bar{x}} \cdot 100$$

Greifen wir wieder das Beispiel der beiden Variablen „Natalität" und „Verstädterung" in den Oblasti der Sowjetunion auf. Wir hatten festgestellt, daß beide Variablen ein unterschiedliches „Werteniveau" aufweisen und zudem unterschiedlich dimensioniert sind, so daß die berechneten mittleren Abweichungen und Standardabweichungen nicht unmittelbar eine Aussage zulassen, ob die Streuungen der beiden Merkmale differieren. Berechnet man nun die relativen Streuungsmaße v und V, so ergibt sich folgendes Bild:

	$v = \frac{s}{\bar{x}} \cdot 100$	$V = \frac{\bar{d}}{\bar{x}} \cdot 100$
Natalität	$\frac{7{,}15}{18{,}82} \cdot 100 = 37{,}99\,\%$	$\frac{5{,}41}{18{,}82} \cdot 100 = 28{,}75\,\%$
Verstädterung	$\frac{17{,}95}{50{,}40} \cdot 100 = 35{,}62\,\%$	$\frac{14{,}77}{50{,}40} \cdot 100 = 29{,}31\,\%$

Die relativen Streuungen der Natalität und des Verstädterungsgrades in der Sowjetunion sind einander sehr ähnlich. Sie betragen bei beiden Variablen etwas mehr als 1/3 des Mittelwertes (bei Zugrundelegung von s).

Voraussetzungen und Aussagekraft der relativen Streuungsmaße

- In die Berechnung der Streuungsmaße gehen Parameter (Standardabweichung, arithmetischer Mittelwert, mittlere Abweichung) ein, die nur auf metrische Daten anwendbar sind. Metrisches Skalenniveau ist daher auch Voraussetzung für die relativen Streuungsmaße.
- Streng genommen können die relativen Streuungsmaße sogar nur auf rationalskalierte Variablen (mit absolutem Nullpunkt) angewandt werden, da Divisionen durchgeführt werden, die nur bei Rationaldaten sinnvoll interpretierbar sind. Da diese Einschränkung in der Praxis aber oft nicht eingehalten wird, sollte man zumindest fordern, daß alle Variablenwerte dasselbe Vorzeichen haben sollten. Sonst kann es zu unerwünschten Verzerrungen kommen. Dies läßt sich am Beispiel von Temperaturmessungen in °C an drei hypotetischen Meßstationen verdeutlichen.

  Es sei: $s_1 = 10\,°C;\quad \bar{x}_1 = +\,1{,}0\,°C;\quad v_1 = +\,10$
  $s_2 = 10\,°C;\quad \bar{x}_2 = +\,0{,}1\,°C;\quad v_2 = +\,100$
  $s_3 = 10\,°C;\quad \bar{x}_3 = -\,0{,}5\,°C;\quad v_3 = -\,20$

  Obwohl die drei Stationen fast identische Werte aufweisen, ergeben sich doch völlig verschiedene Zahlenwerte für den Variationskoeffizienten (was man sofort erkennen könnte, wenn man in °K rechnen würde).

Im Unterschied zu Intervalldaten lassen sich relative Streuungsmaße ohne Probleme auf Rationaldaten (mit absolutem Nullpunkt) anwenden, z. B. auf Niederschlagsdaten. Einer Arbeit von FLIRI (1969) ist hierzu ein schönes Beispiel zu entnehmen. Für den Wintertourismus in den Alpenländern ist von großer Bedeutung, wie schneesicher ein Gebiet ist. In diesem Zusammenhang ist es wichtig zu wissen, welche Niederschlagsmengen in den Alpen im Winter (Dezember bis Februar) fallen und wie groß die Variabilität der Monatssummen des Niederschlags im Winter ist. Um beide Fragen zu beantworten, wurden für 200 Klimastationen in den Alpen 30jährige Niederschlagsreihen (Periode 1931–1960) zusammengestellt, deren Mittelwerte und Standardabweichungen bestimmt und danach die Variationskoeffizienten berechnet. Diese wurden in eine Karte mit den 200 Klimastationen eingetragen und danach sog. Isovariablen (= Linien gleicher Variation) konstruiert (Abb. 16).

Von einer großen Variabilität der winterlichen Niederschläge ist der südliche inneralpine Raum (Tessin, Veltin, Südtirol, nördliches Venetien, Oberkärnten) betroffen. Demgegenüber ist die Variabilität am ganzen nördlichen Alpenrand wesentlich geringer.

In ähnlicher Weise wie FLIRI haben andere – z. B. GREGORY (1964, S. 42/43) für Groß-Britannien oder GENTILLI (1971, S. 157ff.) für Australien – die Veränderlichkeit der Niederschlagstätigkeit für einzelne Monate, Jahreszeiten oder für das Jahr untersucht. GREGORY beispielsweise hat für 230 Stationen der Britischen Inseln die Variationskoeffizienten v und die relative Variabilität V der jährlichen Niederschlagsmengen auf der Grundlage jeweils 30jährigen Meßreihen (Periode 1901–1930)

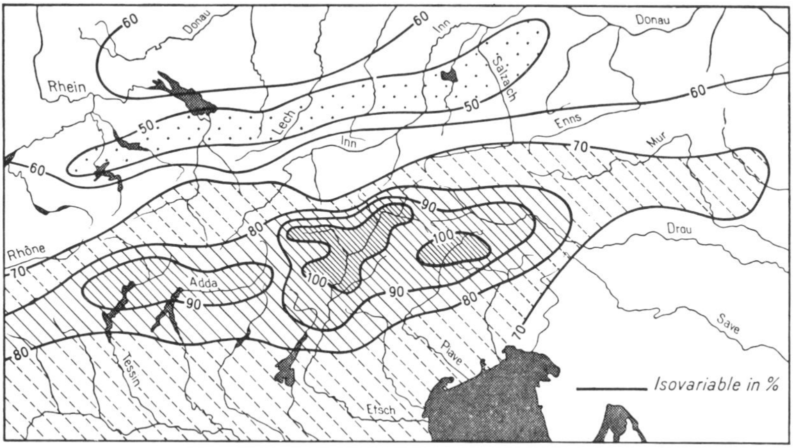

Abb. 16 Variabilität der Niederschlagsmengen in den Monaten Dezember, Januar und Februar in den Alpen 1931–1960
Quelle: FLIRI 1969

berechnet. Mit ihrer Hilfe hat er zwei Isovariablen-Karten (Abb. 17 u. 18) erstellt, aus denen die Veränderlichkeit der jährlichen Niederschlagstätigkeit auf den Britischen Inselns abzulesen ist. Die größte Veränderlichkeit weisen die südöstlichen Landesteile soweit der Osten Schottlands auf, die geringste Variabilität der jährlichen Niederschlagsmengen ist im Westen und Nordwesten der Britischen Inseln, insbesondere in Irland, zu verzeichnen.

Generell kann festgestellt werden, daß die Werte der relativen Variabilität V in der Regel unter denen des Variationskoeffizienten v liegen. Diese Unterschiede lassen sich darauf zurückführen, daß die Standardabweichung bei nichtsymmetrischen Verteilungen mit einigen Extremwerten größer ist als die mittlere Abweichung (siehe auch oben).

Der Variations- bzw. Variabilitätskoeffizient läßt sich auch zur Typisierung von Ablaufgängen verwenden, zum Beispiel zur Typisierung des Niederschlagregimes. Man berechnet den Variationskoeffizienten v bzw. die relative Variabilität V der Niederschlagsmengen für jeden Monat und vergleicht den mittleren Jahresgang der Niederschlagsmengen mit dem Jahresgang der Variabilität der Niederschlagsmengen. Diese beiden Merkmale dienen dann zur Kennzeichnung des Niederschlagregimes.

In ähnlicher Weise kann man die Abflußregime der Flüsse zu kennzeichnen versuchen. TÖNNIES (1971, S. 93–108) hat das für Italien durch Darstellung des Jahresganges des PARDÉschen Abflußkoeffizienten Q_k und des Variationskoeffizienten v des Abflusses versucht.

$$Q_k = \text{monatlicher Abflußkoeffizient nach PARDÉ}$$

$$= \frac{\text{Monatsmittel des Abflusses } m^3/s}{\text{Jahresmittel des Abflusses } m^3/s}$$

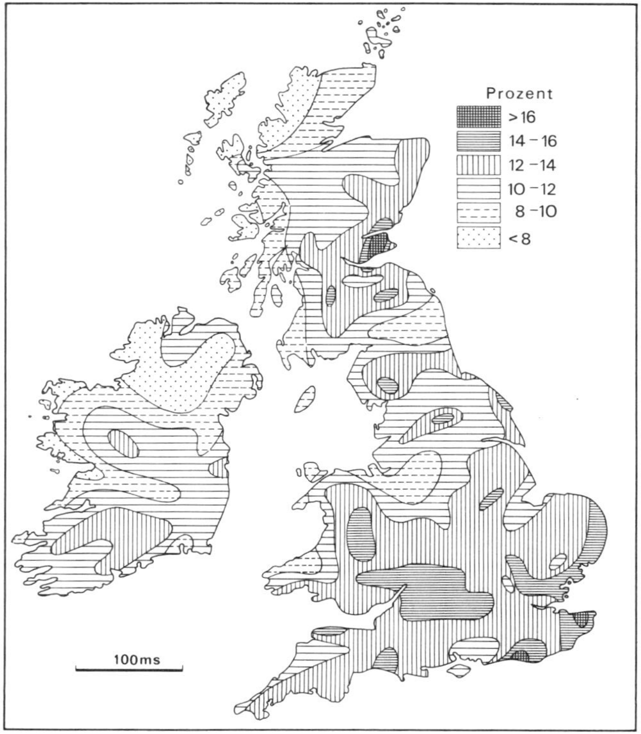

Abb. 17 Relative Variabilität V der jährlichen Niederschlagsmengen auf den Britischen Inseln 1901–1930
Quelle: GREGORY 1964, S. 42

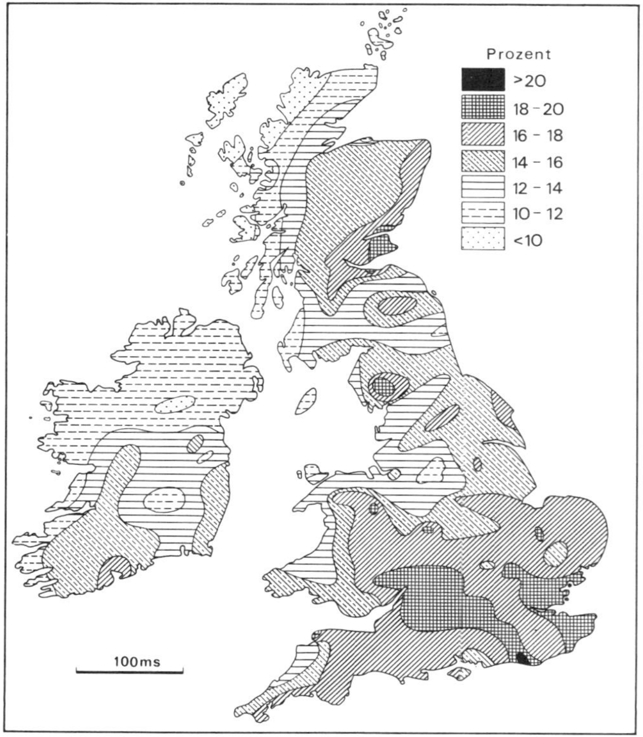

Abb. 18 Variationskoeffizient v der jährlichen Niederschlagsmengen auf den Britischen Inseln 1901–1930
Quelle: GREGORY 1964, S. 43

Zum Beispiel: mittlerer Abfluß im Jahr $8\,m^3/s$, mittlerer Abfluß im April $6\,m^3/s$, Abflußkoeffizient im April $Q_4 = 6/8 = 0{,}75$.

In den Abb. 19 und 20 snd zwei gegensätzliche Abflußregime dargestellt, in Abb. 19 der Abflußgang eines typischen Torrent, in Abb. 20 ein Abflußregime, das ausschließlich durch Retention bestimmt ist.

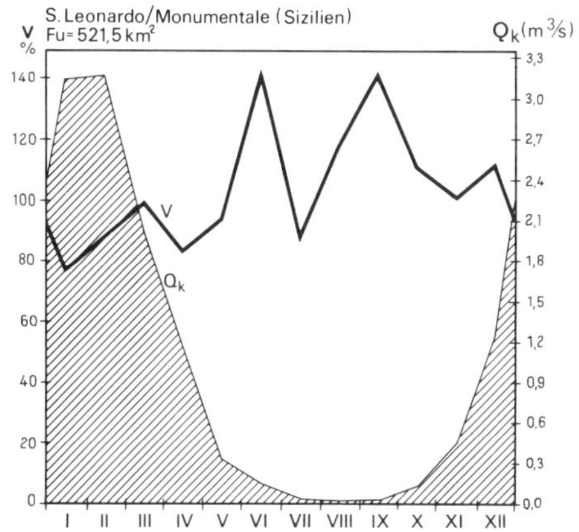

Abb. 19
Jahresgang des Abflußkoeffizienten Q_k und des Variationskoeffizienten v des Abflusses des S. Leonardo
(Nach: TÖNNIES 1971, S. 113)

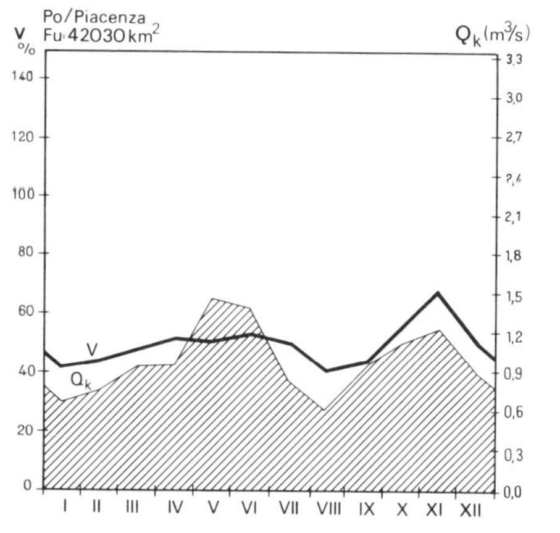

Abb. 20
Jahresgang des Abflußkoeffizienten Q_k und des Variationskoeffizienten v des Abflusses des Po
(Nach: TÖNNIES 1971, S. 115)

In der Wirtschafts- und Sozialgeographie wird der Variationskoeffizient v (bzw. die relative Variabilität V) häufig als Maß zur Erfassung regionaler Entwicklungsunterschiede oder regional ungleichen Wirtschaftswachstums eines Landes herangezogen. Als Indikator für den wirtschaftlichen Entwicklungsstand eines Gebietes wird im allgemeinen das Bruttosozialprodukt oder das Volkseinkommen (Nationaleinkommen) pro Kopf der Bevölkerung angesehen. Ist dieses für die einzelnen Landesteile bekannt, so kann man daraus den Variationskoeffizienten für das Land berechnen und ihn wie folgt interpretieren: Je größer v ist, desto größer sind die regionalen Entwicklungsunterschiede.

In Spalte 5 und 6 der Tab. 10 ist für die einzelnen Landesteile der Sowjetunion (vgl. Abb. 21) das Volkseinkommen pro Kopf der Bevölkerung für die beiden Zeitpunkte 1960 und 1968 zusammengestellt und der Variationskoeffizient berechnet worden. Hierbei ist zu berücksichtigen, daß bei der Ermittlung des durchschnittlichen Volkseinkommens pro Kopf der Bevölkerung das gewichtete arithmetische Mittel $\bar{x}_g$ berechnet wird (s. S. 65). Das hat zur Folge, daß auch der Variationskoeffizient unter Verwendung der entsprechenden Parameter $\bar{x}_g$ und s_g als gewichtete Größe zu bestimmen ist (s. Tab. 10 und S. 68). Für 1960 ergibt sich ein Variationskoeffizient von $v_g = 25{,}0\,\%$, für 1968 ein Variationskoeffizient von $v_g = 27{,}5\,\%$. Das heißt, daß in diesem Zeitabschnitt in der Sowjetunion die wirtschaftlichen Entwicklungsunterschiede nicht abgebaut wurden, sondern sich leicht verstärkt haben.

In ähnlicher Weise wie am Beispiel der Sowjetunion demonstriert, hat SACKS (1976) den Variationskoeffizienten v des Nationaleinkommens pro Arbeiter für Jugoslawien berechnet, nun allerdings nicht für ein Stichjahr, sondern für eine Reihe aufeinanderfolgender Jahre (1962–1971) (vgl. Abb. 22). Er kommt dabei zu folgendem interessanten Ergebnis:

Die regionalen Unterschiede werden von 1962 bis 1965/1966 abgebaut, wachsen danach aber wieder an. Dieses zeigt, daß die Stärkung von Marktmechanismen durch die Reform von 1965 das Ende des Trends zum Ausgleich der regionalen Entwicklungsunterschiede in Jugoslawien markiert und gleichzeitig den Beginn einer neuen Phase zunehmend sich verstärkender regionaler Entwicklungsgegensätze. Die Kluft zwischen den entwickelten und unterentwickelten Regionen des Landes nimmt wieder zu.

Der Entwicklungsstand eines Landes bzw. einer Region kann nicht nur an der wirtschaftlichen Produktivität gemessen werden. Ein weiteres Kriterium ist z.B. die Versorgung der Bevölkerung mit materiellen und immateriellen Konsumgütern.

Als Indikator für die Versorgung mit materiellen Bedarfsgütern kann in der Sowjetunion der Warenumsatz des staatlichen und genossenschaftlichen Einzelhandels (einschl. Nahrungsmittel) in Rubeln pro Kopf der Bevölkerung gewählt werden, da nahezu der gesamte Handel in der Sowjetunion – und damit die gesamte Versorgung der Bevölkerung – über den staatlichen und genossenschaftlichen Einzelhandel erfolgt. Die Berechnung der relativen Streuungsmaße v und V zeigt, daß sich die regionalen Unterschiede in der Versorgung der Bevölkerung mit materiellen Konsumgütern von 1959 bis 1979 nicht verstärkt haben, sondern abgebaut wurden (vgl. Tab. 11).

Indikatoren für die Versorgung der Bevölkerung mit immateriellen Bedarfsgütern (Gesundheitsfürsorge, Bildung, etc.) sind z.B.

- die Zahl der Ärzte pro 1000 Einwohner,
- die Zahl der Krankenhausbetten pro 1000 Einwohner,

Tab. 10 Volkseinkommen der Republiken und Ökonomischen Bereiche in der Sowjetunion 1960 und 1968

Nr.	Republik Ökon. Bereich	Volkseinkommen in Mill. Rubel		Bevölkerung in 1000		Volkseinkommen pro Kopf der Bevölkerung	
		1960	1968	1.1.1960	1.1.1968	1960	1968
	RSFSR						
1	Nordwesten	11 106	18 057	11 050	11 855	1 005	1 523
2	Zentrum	25 140	39 014	26 160	26 763	961	1 458
3	Wolga-Wjatka	5 552	9 043	8 395	8 288	664	1 091
4	Schwarzerdezentrum	4 282	6 932	7 902	7 948	542	872
5	Wolga	10 613	19 233	16 255	18 004	653	1 068
6	Nordkaukasus	7 359	12 781	11 800	13 867	624	922
7	Ural	11 261	19 071	14 423	15 262	781	1 250
8	Westsibirien	7 053	11 546	11 444	12 201	616	946
9	Ostsibirien	4 091	7 279	6 584	7 321	621	994
10	Ferner Osten	3 288	5 872	4 917	5 709	669	1 029
11	Estnische SSR	1 069	1 895	1 209	1 304	884	1 453
12	Lettische SSR	1 957	3 394	2 113	2 298	926	1 477
13	Litauische SSR	1 846	3 630	2 761	3 064	669	1 185
14	Weißrussische SSR	4 135	7 411	8 144	8 820	508	840
	Ukrainische SSR						
15	Südwesten	10 147	15 367	19 299	20 389	526	754
16	Donez-Dnepr	14 637	23 011	18 019	19 922	812	1 155
17	Süden	3 474	5 933	5 147	6 070	675	977
18	Moldauische SSR	1 518	2 942	2 970	3 484	511	844
19	Grusinische SSR	1 970	3 130	4 131	4 659	477	672
20	Armenische SSR	950	1 785	1 824	2 306	521	774
21	Aserbeidschanische SSR	2 140	3 131	3 819	4 917	560	637
22	Kasachische SSR	5 046	9 239	9 843	12 678	513	729
23	Usbekische SSR	3 841	6 512	8 372	11 266	459	578
24	Tadschikische SSR	773	1 415	2 036	2 736	380	517
25	Kirgisische SSR	960	1 841	2 139	2 836	449	649
26	Turkmenische SSR	798	1 198	1 567	2 029	509	590
	$\bar{x}_g$					683	1020
	s_g					171	281
	$v_g = \frac{s_g}{\bar{x}_g} \cdot 100$					25,0	27,5
	UdSSR gesamt	145 006	240 662	212 323	235 996		

Quelle: Wagener 1972, S. 88/89 sowie Statistische Jahrbücher der UdSSR

Ökonomischer Bereich
Republik
RSFSR
1 Nordwesten
2 Zentrum
3 Schwarzerdezentrum
4 Wolga-Wjatka
5 Nordkaukasus
6 Wolga
7 Ural
8 Westsibirien
9 Ostsibirien
10 Ferner Osten

Ökonomischer Bereich
Republik
Baltikum
11 Estnische SSR
12 Lettische SSR
13 Litauische SSR
14 ◄ Weißrussische SSR
Ukrainische SSR
15 Südwesten
16 Donez-Dnepr
17 Süden
18 ◄ Moldauische SSR

Ökonomischer Bereich
Republik
Transkaukasus
19 Grusinische SSR
20 Armenische SSR
21 Aserbeidschanische SSR
22 ◄ Kasachische SSR
Mittelasien
23 Usbekische SSR
24 Tadschikische SSR
25 Kirgisische SSR
26 Turkmenische SSR

Abb. 21 Die Ökonomischen Bereiche und Republiken der Sowjetunion

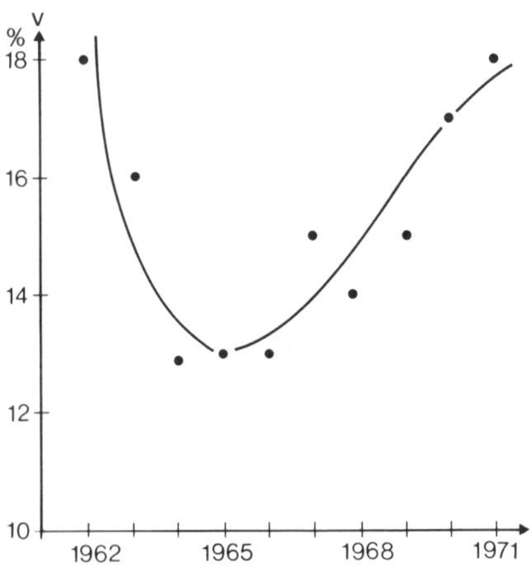

Abb. 22
Variationskoeffizienten v des Nationaleinkommens pro Arbeiter 1962–1971 in Jugoslawien.
Quelle: Sacks 1976, S. 65

Tab. 11 Mittelwert, mittlere Abweichung, Standardabweichung und relative Streuungsmaße ausgewählter Variablen in der Sowjetunion 1959/60, 1970 und 1979 (räumliche Basis: Republiken und Ökonomische Bereiche, $n=26$)

Nr.	Variable	Jahr	$\bar{x}_g$	s_g	$\bar{d}_g$	$v_g = \frac{s_g}{\bar{x}_g}$ (%)	$V_g = \frac{\bar{d}_g}{\bar{x}_g}$ (%)
1	Warenumsatz des Einzelhandels (Rubel pro Kopf der Bev.)	1959	328,60	94,21	73,58	28,67	22,39
		1970	617,04	167,25	131,74	27,10	21,35
		1979	932,25	239,56	189,29	25,70	20,30
2	Ärzte (Zahl pro 1000 Einw.)	1959	1,90	0,55	0,45	28,66	23,81
		1970	2,60	0,62	0,50	23,99	19,29
		1979	3,45	0,69	0,55	20,13	15,88
3	Krankenhausbetten (Zahl pro 1000 Einw.)	1959	7,62	1,14	0,92	14,94	12,04
		1970	10,42	1,14	0,93	10,93	8,93
		1979	11,83	1,37	1,05	11,55	8,85
4	Studenten (Zahl pro 1000 Einw.)	1959	9,43	3,35	2,19	35,51	23,16
		1970	17,67	4,13	2,87	23,35	16,26
		1979	18,07	3,97	2,53	21,97	13,99
5	Personen mit Mittelschulabschluß (Zahl pro 1000 Einwohner älter als 10 Jahre)	1959	143,0	36,5		25,5	
		1970	240,0	45,2		18,8	
		1979	395,5	45,7		11,6	

Exakte Definition der Variablen Nr. 1 und Nr. 5

1. Warenumsatz des staatlichen und genossenschaftlichen Einzelhandels (einschl. Nahrungsmittel) in Rubeln pro Kopf der Bevölkerung
5. Von 1000 Einwohnern im Alter von 10 Jahren und älter besitzen mindestens einen Mittelschulabschluß

- die Zahl der Studenten pro 1000 Einwohner,
- die Zahl der Einwohner im Alter von mindestens 10 Jahren, die mindestens einen Mittelschulabschluß besitzen, pro 1000 Einwohner.

Berechnet man auch hier die entsprechenden relativen Streuungsmaße (vgl. Tab. 11), so zeigt sich, daß die vorhandenen regionalen Entwicklungsunterschiede in der Sowjetunion auch im Bereich der immateriellen Konsumgüterversorgung von 1959 bis 1979 abgebaut werden konnten, bzgl. der ärztlichen Versorgung von 29 % (1959) auf 20 % (1979), bzgl. der Versorgung mit Krankenhausbetten von 15 % (1959) auf 12 % (1979), bzgl. der Hochschulausbildung von 36 % (1959) auf 22 % (1979), bzgl. der mittleren und höheren Bildungsabschlüsse von 26 % (1959) auf 12 % (1979). Vergleicht man die Variationskoeffizienten der fünf Merkmale innerhalb eines Zeitschnittes, z.B. für das Jahr 1979, so kann festgestellt werden, daß der regionale Ausgleich im Bereich der Gesundheitsfürsorge am weitesten fortgeschritten ist und der regionale Ausgleich im Bereich der materiellen Konsumgüterversorgung noch am wenigsten realisiert werden konnte. Es ist zu beachten, daß diese Aussagen ausschließlich für das räumliche Bezugssystem der Republiken und ökonomischen Bereiche gelten. Würde man die Analyse auf Oblast-Ebene durchführen, könnte man zu anderen Ergebnissen kommen.

Regionale Entwicklungsunterschiede lassen sich gut durch ein sog. „*Disparitäten-Diagramm*" (vgl. JUNG 1980, S. 53/54) darstellen. Dieses sei am Beispiel der regionalen Unterschiede des Volkseinkommens in der Sowjetunion demonstriert. Zu diesem Zweck werden nochmals die Angaben aus Tab. 10 herangezogen. Zur Konstruktion des sog. „*Disparitäten-Diagramms*" empfiehlt sich folgendes Rechenschema (Tab. 12).

Das Diagramm vereinigt eine absolute und eine relative Darstellung der hier zu Demonstrationszwecken herangezogenen Einkommenswerte der einzelnen Teilregionen der Sowjetunion (vgl. Abb. 23). Der Ordinatenwert gibt das Volkseinkommen pro Kopf der Bevölkerung in den Regionen an ($x_i = y_i/g_i$; linke Ordinatenachse). Auf der Abszisse wird der jeweilige Anteil der Regionen an der Bevölkerung des Gesamtraumes (g_i/G) abgetragen. Die Regionen werden nach steigenden oder fallenden Pro-Kopf-Werten des Volkseinkommens geordnet und danach ihre Werte in das Diagramm eingetragen. Die Fläche der so entstehenden Rechtecke ($x_i \cdot g_i/G = y_i/G$) ist proportional zu den absoluten Werten des Volkseinkommens y_i in den Regionen. Zusätzlich werden in das Diagramm das Pro-Kopf-Volkseinkommen für den Gesamtraum ($\bar{x}_g = 1020$) eingetragen und die Differenzen der Rechtecke zu diesem Wert kenntlich gemacht (im Diagramm: gepunktet = positive Abweichung, schraffiert = negative Abweichung). Die Flächen dieser so gekennzeichneten Rechtecke ($=f_i$) sind nun proportional zu den Anteilen des Volkseinkommens, den die Regionen mehr bzw. weniger erwirtschaften als sie müßten, wenn jede Region entsprechend ihres Bevölkerungsanteils dazu beiträgt. Auf der rechten Ordinatenachse sind die relativen Abweichungen vom Pro-Kopf-Einkommen des Gesamtraumes abgetragen.

Das Volkseinkommen pro Kopf der Bevölkerung im Gesamtraum VE läßt sich berechnen durch

$$VE = \frac{\sum_{i=1}^{26} y_i}{G}$$

Ausgehend von den x_i-Werten ergibt sich dann

$$VE = \frac{\sum_{i=1}^{n} g_i x_i}{G}$$

d.h. VE ist nichts anderes als das gewichtete arithmetische Mittel $\bar{x}_g$ der x_i-Werte. Die relativen Abweichungen des Pro-Kopf-Volkseinkommens der einzelnen Regionen vom Durchschnitt können dann wie folgt angegeben werden:

$$\frac{(x_i - \bar{x}_g)}{\bar{x}_g} = \left(\frac{x_i}{\bar{x}_g} - 1\right)$$

Tab. 12 Rechenschema zur Konstruktion des Disparitäten-Diagramms und zur Berechnung gewichteter Variationskoeffizienten (vgl. Tab. 10)

Region	Volks-einkommen (Mill. Rbl.)	Bevöl-kerung (in 1000)	Volksein-kommen, Rbl. pro Kopf	Abweichungen vom Durchschnitt		Bevöl-kerungs-anteil	Abweichungsflächen	
							absolut	Betrag
i	y_i	g_i	x_i	$\frac{x_i}{\bar{x}_g}$	$\frac{x_i}{\bar{x}_g} - 1$	$\frac{g_i}{G}$	f_i	$\|f_i\|$
0	1	2	3	4	5	6	7	8
1 Nordwesten	18 057	11 855	1 523	1,4931	0,4931	0,0502	0,0248	0,0248
2 Lett. SSR	3 394	2 298	1 477	1,4480	0,4480	0,0097	0,0043	0,0043
.	.	.	.	.	.	.	.	.
.	.	.	.	.	.	.	.	.
.	.	.	.	.	.	.	.	.
26 Tadsch. SSR	1 415	2 736	517	0,5069	−0,4931	0,0116	−0,0057	0,0057
Gesamt	$\Sigma = 240\,662$	$\Sigma = 235\,996$	$\bar{x}_g = 1\,020$			$\Sigma = 1{,}00$	$\Sigma = 0{,}0$	$\Sigma = 0{,}2286$

$V_g = 22{,}86\,\%$

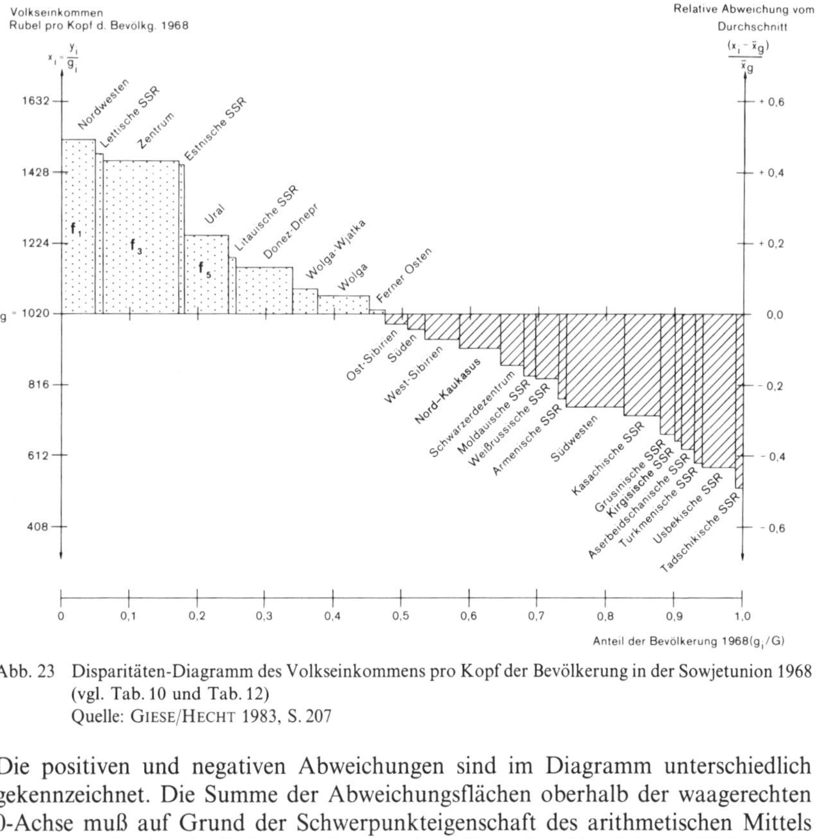

Abb. 23 Disparitäten-Diagramm des Volkseinkommens pro Kopf der Bevölkerung in der Sowjetunion 1968 (vgl. Tab. 10 und Tab. 12)
Quelle: GIESE/HECHT 1983, S. 207

Die positiven und negativen Abweichungen sind im Diagramm unterschiedlich gekennzeichnet. Die Summe der Abweichungsflächen oberhalb der waagerechten 0-Achse muß auf Grund der Schwerpunkteigenschaft des arithmetischen Mittels genauso groß sein wie die Summe der unterhalb liegenden Abweichungsflächen. Die Abweichungsflächen f_i berechnen sich aus Länge mal Breite der gerasterten Rechteckflächen, d.h., sie sind gleich dem Produkt aus $(x_i/\bar{x}_g - 1)$ und g_i/G:

$$f_i = \frac{(x_i - \bar{x}_g)}{\bar{x}_g} \cdot \frac{g_i}{G}.$$

Summiert man die Absolutbeträge der Abweichungsflächen f_i, so erhält man die (mit dem Bevölkerungsanteil) gewichtete relative Variabilität V_g des Volkseinkommens pro Kopf ($= x_i$):

$$V_g = \sum_{i=1}^{n} |f_i| = \sum_{i=1}^{n} \frac{|x_i - \bar{x}_g|}{\bar{x}_g} \cdot \frac{g_i}{G} = \frac{1}{\bar{x}_g} \sum_{i=1}^{n} |x_i - \bar{x}_g| \cdot \frac{g_i}{G} \left(\text{wegen } \sum_{i=1}^{n} a x_i = a \sum_{i=1}^{n} x_i\right)$$

$$= \frac{\sum_{i=1}^{n} |x_i - \bar{x}_g| \cdot \frac{g_i}{G}}{\bar{x}_g}$$

$$V_g = \frac{\bar{d}_g}{\bar{x}_g}$$

Welche Aussage läßt nun V_g zu? – V_g läßt sich folgendermaßen umformen:

$$V_g = \frac{\bar{d}_g}{\bar{x}_g} = \frac{\sum_{i=1}^{n} |x_i - \bar{x}_g| \frac{g_i}{G}}{\bar{x}_g} = \frac{\frac{1}{G} \sum_{i=1}^{n} |x_i \cdot g_i - \bar{x}_g \cdot g_i|}{\frac{1}{G} \sum_{i=1}^{n} x_i \cdot g_i}$$

$$= \frac{\sum_{i=1}^{n} |y_i - \bar{x}_g \cdot g_i|}{\sum_{i=1}^{n} y_i}$$

Nun gibt $\bar{x}_g \cdot g_i$ genau das Volkseinkommen an, das die Region entsprechend ihrer Bevölkerung erwirtschaften würde, wenn es keine regionalen Unterschiede gäbe. Somit gibt der Term $|y_i - \bar{x}_g \cdot g_i|$ für die Region die Differenz zwischen dem tatsächlichen und dem fiktiven (gleichverteilten) Volkseinkommen an. Der Nenner $\sum_{i=1}^{n} y_i$ ist nichts anderes als das Volkseinkommen des Gesamtraumes. Nun gleichen sich natürlich in der Summe die positiven und die negativen Abweichungen aus, so daß sich insgesamt ergibt:

$\frac{1}{2} V_g$ ist nichts anderes als der relative Anteil des Volkseinkommens, der noch umverteilt werden müßte, um regionale (hier entsprechend der Bevölkerung) Gleichverteilung zu erreichen. Es müßten also in der Sowjetunion noch 11,43 % des Volkseinkommens umverteilt werden, um vollständige Gleichverteilung zu erhalten.

Entsprechend kann man den gewichteten Variationskoeffizienten v_g definieren:

$$v_g = \frac{s_g}{\bar{x}_g} = \frac{\sqrt{\sum_{i=1}^{n} (x_i - \bar{x}_g)^2 \cdot \frac{g_i}{G}}}{\bar{x}_g}.$$

Dieser Koeffizient wurde von WILLIAMSON (1965) in einer Arbeit zur Messung regionaler Einkommensunterschiede verwendet. Die Indizes hatten hierbei folgende Bedeutung:

x_i = Einkommen pro Kopf der Bevölkerung in der i-ten Region

$\bar{x}_g$ = Einkommen pro Kopf der Bevölkerung im Landesdurchschnitt

g_i = Bevölkerung in der i-ten Region

G = Bevölkerung insgesamt.

WILLIAMSON (1965) ging in seiner Arbeit der Frage nach, ob zwischen regionalen Unterschieden des Pro-Kopf-Einkommens und dem wirtschaftlichen Entwicklungsstand eines Landes eine Beziehung besteht. Er stellte fest: „rising regional income disparities is typical of the early development stages, while regional convergence is typical of the more mature stages of national growth and development" (WILLIAMSON 1965, S. 42).

Fragen dieser und ähnlicher Art sind in der Folgezeit mehrfach aufgegriffen und bearbeitet worden und mit Hilfe des gewichteten Variationskoeffizienten empirisch untersucht worden. Zusammenfassend sei auf eine jüngere Arbeit von KREBS (1982) verwiesen.

Die Anwendung der gewichteten relativen Streuungsmaße ist nicht unproblematisch. Betrachten wir zu diesem Zweck noch einmal Tab. 10. Würde man den gewichteten Variationskoeffizienten auf der Basis der 15 Republiken berechnen und nicht auf der Basis der angegebenen 26 Einheiten (Kombination aus Republiken und Ökonomischen Bereichen), so würden infolge der Gewichtung durch die Bevölkerungsanteile zwei Republiken, nämlich die RSFSR und die Ukraine, den Koeffizienten zu fast drei Viertel „bestimmen". Auf die RSFSR entfallen 1968 54,0 %, auf die Ukraine 19,6 % der Bevölkerung der Sowjetunion. Die Anwendung von gewichteten Variationskoeffizienten ist daher am sinnvollsten, wenn eine Aufteilung des Landes in annähernd gleichgroße Regionen vorliegt.

4.2.3 Standardisierung von Variablen

Manchmal möchte man nicht nur die Verteilung verschiedener Variablen vergleichen, sondern auch verschiedene Elemente hinsichtlich mehrerer Variablen. Das ist jedoch nur möglich, wenn die Variablen

- das gleiche Wertniveau aufweisen, d.h. z.B. den gleichen arithmetischen Mittelwert haben;
- die gleiche Streuung aufweisen, d.h. z.B. die gleiche Standardabweichung haben.

Durch diese Forderungen kann sichergestellt werden, daß die Variablen in der gleichen relativen Maßeinheit gemessen werden. Darüber hinaus ist zu gewährleisten, daß die Relation der Elemente hinsichtlich der Werte einer Variablen erhalten bleibt.

Man erreicht dies durch eine Transformation der Variablen X zu einer Variablen Z, und zwar durch eine sogenannte Standardisierung (z-Transformation)

$$z_i = \frac{x_i - \bar{x}}{s_x}$$

mit z_i = i-ter Wert der „neuen" Variablen Z
x_i = i-ter Wert der „alten" Variablen X
$\bar{x}$ = arithmetisches Mittel von X
s_x = Standardabweichung von X

Es gilt: Für die Variable Z ist das arithmetische Mittel $\bar{z} = 0$, die Standardabweichung $s_z = 1$.

Beweis: $$\bar{z} = \frac{1}{n} \sum_{i=1}^{n} z_i = \frac{1}{n} \sum_{i=1}^{n} \frac{x_i - \bar{x}}{s_x} = \frac{1}{n s_x} \sum_{i=1}^{n} (x_i - \bar{x})$$

$$= \frac{1}{n s_x} \left(\sum_{i=1}^{n} x_i - \sum_{i=1}^{n} \bar{x} \right) = \frac{1}{n \cdot s_x} (n\bar{x} - n\bar{x}) = 0$$

$$s_z^2 = \frac{1}{n} \sum_{i=1}^{n} (z_i - \bar{z})^2 = \frac{1}{n} \sum_{i=1}^{n} z_i^2 = \frac{1}{n} \cdot \frac{1}{s_x^2} \sum_{i=1}^{n} (x_i - \bar{x})^2$$

$$= \frac{1}{n} \cdot \frac{1}{s_x^2} \cdot n \cdot s_x^2 = 1$$

Standardisierte Variablen sind dimensionslos. Sie können wieder in die Ausgangsvariablen zurückgeführt werden, indem man die Standardisierung durch

$$x_i = s_x \cdot z_i + \bar{x}$$

umkehrt.

Zur Erläuterung der Standardisierung soll noch einmal das Beispiel regionaler Entwicklungsunterschiede in der Sowjetunion aufgegriffen werden. Möchte man feststellen, ob sich die Positionen der in Tab. 10 aufgeführten 26 Teilregionen in der Sowjetunion (Republiken und Ökonomische Bereiche) bzgl. der Variablen „Volkseinkommen pro Kopf der Bevölkerung" von 1960 bis 1968 verändert haben oder, noch spezieller gefragt, ob sich die Position der Aserbeidschanischen SSR im Vergleich zu den anderen Teilregionen verschlechtert hat, so ist diese Frage nicht sofort durch eine Interpretation der in Spalte 1 und 3 der Tab. 10 angegebenen Absolutwerte zu beantworten. Absolut steigt das Volkseinkommen in der Aserbeidschanischen SSR von 560 Rubeln pro Kopf der Bevölkerung (1960) auf 637 Rubel pro Kopf der Bevölkerung (1968) an. Standardisiert man die beiden Werte, so zeigt sich, daß sich die Position der Aserbeidschanischen SSR von 1960 bis 1968 stark verschlechtert hat. Die Standardisierung des ersten Wertes für die Aserbeidschanische SSR von $x_{21} = 560$ erfolgt in der Weise, daß man von dieser Größe das arithmetische Mittel $\bar{x}$ der zugehörigen Datenreihe subtrahiert und anschließend das Ergebnis durch die Standardabweichung s_x der zugehörigen Datenreihe dividiert, also:

$$z_{21} = \frac{x_{21} - \bar{x}}{s_x} = \frac{560 - 683}{171} = \frac{-123}{171} = -0{,}72 \text{ (1960)}$$

Entsprechend verfährt man mit dem zweiten Merkmalswert $x_{15} = 637$ von 1968:

$$z_{21} = \frac{x_{21} - \bar{x}}{s_x} = \frac{637 - 1020}{281} = \frac{-383}{281} = -1{,}36 \text{ (1968)}$$

1960 lag das Volkseinkommen pro Kopf der Bevölkerung in der Aserbeidschanischen SSR bereits deutlich unter dem Unionsdurchschnitt; bis 1968 hat sich die Abweichung weiter verstärkt, die Disparität ist noch größer geworden.

Tab. 13 Volkseinkommen pro Kopf der Bevölkerung in den Republiken und Ökonomischen Bereichen der Sowjetunion (in Rubeln zu laufenden Preisen) 1960 und 1968

Rang	Republik/ Ökon. Bereich	Volkseinkommen pro Kopf d. Bev. 1960 Rbl/Kopf	stand. Werte	Veränderung	Rang	Republik/ Ökon. Bereich	Volkseinkommen pro Kopf d. Bev. 1968 Rbl/Kopf	stand. Werte
1	Nordwesten	1005	1,88		1	Nordwesten	1523	1,79
2	Zentrum	961	1,63	→ 3	2	Lettische SSR	1477	1,63
3	Lettische SSR	926	1,42		3	Zentrum	1458	1,56
4	Estnische SSR	884	1,18		4	Estnische SSR	1453	1,54
5	Donez-Dnepr	812	0,75	→ 7	5	Ural	1250	0,82
6	Ural	781	0,57		6	Litauische SSR	1185	0,59
7	Süden	675	−0,05	→ 12	7	Donez-Dnepr	1155	0,48
8	Litauische SSR	669	−0,08		8	Wolga-Wjatka	1091	0,25
9	Ferner Osten	669	−0,08		9	Wolga	1068	0,17
10	Wolga-Wjatka	664	−0,11		10	Ferner Osten	1029	0,03
11	Wolga	653	−0,18		11	Ostsibirien	994	−0,09
12	Nordkaukasus	624	−0,35	→ 14	12	Süden	977	−0,15
13	Ostsibirien	621	−0,36		13	Westsibirien	946	−0,26
14	Westsibirien	616	−0,39		14	Nordkaukasus	922	−0,35
15	Aserbeidsch. SSR	560	−0,72	→ 23	15	Schwarzerdezentrum	872	−0,53
16	Schwarzerdezentrum	542	−0,82		16	Moldauische SSR	844	−0,63
17	Südwesten	526	−0,92	→ 19	17	Weißrussische SSR	840	−0,64
18	Armenische SSR	521	−0,95		18	Armenische SSR	774	−0,88
19	Kasachische SSR	513	−0,99	→ 20	19	Südwesten	754	−0,95
20	Moldauische SSR	511	−1,01		20	Kasachische SSR	728	−1,04
21	Turkmenische SSR	509	−1,02	→ 24	21	Grusinische SSR	672	−1,24
22	Weißrussische SSR	508	−1,02		22	Kirgisische SSR	649	−1,32
23	Grusinische SSR	477	−1,20		23	Aserbeidsch. SSR	637	−1,36
24	Usbekische SSR	459	−1,31	→ 25	24	Turkmenische SSR	590	−1,53
25	Kirgisische SSR	449	−1,37		25	Usbekische SSR	578	−1,57
26	Tadschikische SSR	380	−1,77		26	Tadschikische SSR	517	−1,79

In den Spalten 2 und 4 der Tab. 13 ist die Standardisierung aller Werte für das Volkseinkommen pro Kopf der Bevölkerung für die Jahre 1960 und 1968 vorgenommen worden. Ordnet man die Raumeinheiten nach der Größe der Werte, wie in Tab. 13 durchgeführt, so ist aus der Veränderung der standardisierten Werte leicht zu ersehen, welche Teilregionen in der Sowjetunion eine positive und welche eine negative Positionsverlagerung erfahren haben. Insgesamt läßt sich aus Tab. 13 ablesen, daß das 1960 andeutungsweise bereits vorhandene Gefälle des Volkseinkommen in der Sowjetunion von den baltischen Republiken, dem Nordwesten mit Leningrad und dem Zentrum mit Moskau zu den transkaukasischen (Grusinien, Armenien, Aserbeidschan) und mittelasiatischen Republiken (Usbekistan, Kirgisien, Turkmenien, Tadschikistan) sich bis 1968 voll durchgesetzt hat.

Die Standardisierung von Variablen bietet einen weiteren Vorteil. Sie transformiert ja dimensionierte, in unterschiedlichen Maßeinheiten gemessene Variablen in dimensionslose. Dadurch wird es möglich, zwei oder mehrere Variablen, die ein ähnliches Phänomen betreffen, aber unterschiedlich gemessen werden, nach der Standardisierung additiv zu einer neuen, komplexeren Variablen zu verknüpfen. Wählt man z.B. als Indikatoren der medizinischen Versorgung einer Region die Zahl der Ärzte pro 1000 Einwohner einerseits, die Zahl der Krankenhausbetten pro 1000 Einwohner andererseits, so kann man nach Standardisierung die jeweiligen Werte addieren und erhält auf diese Weise einen neuen Indikator für die medizinische Versorgung. Andere Beispiele sind leicht auszudenken.

4.2.4 Die Schiefe

Häufigkeitsverteilungen, bei denen der größere Teil der Variablenwerte auf einer Seite des gesamten Wertintervalls konzentriert ist, während der andere, kleinere Teil der Variablenwerte über den Rest des Wertintervalls breit streut, nennt man schief.

Man unterscheidet zwischen positiver und negativer Schiefe, je nachdem ob der größere Teil der Variablenwerte links oder rechts vom Mittelwert liegt (vgl. Abb. 24).

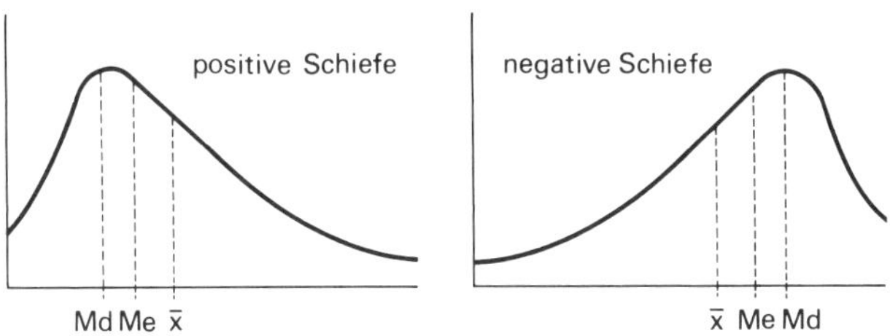

Abb. 24
Positive und negative Schiefe einer Verteilung

Abb. 24 legt als einfaches Maß für die Schiefe die durch die Standardabweichung normierte Differenz zwischen arithmetischem Mittelwert und Median nahe:

$$g = \frac{\bar{x} - Me}{s}$$

mit g = Schiefe

$g > 0 \rightarrow$ positive Schiefe

$g < 0 \rightarrow$ negative Schiefe

$g = 0 \rightarrow$ Symmetrie (Schiefe = 0)

Exakter berechnet man die Schiefe nach der folgenden Formel:

$$g = \frac{\sum_{i=1}^{n} (x_i - \bar{x})^3}{s_x^3}$$

4.3 Parameter bivariater Verteilungen

Bivariate Verteilungen (bivariate distributions) sind gemeinsame Verteilungen zweier Variablen, die sich ebenso wie univariate Verteilungen durch entsprechende Parameter wie arithmetisches Mittel, Median, Modus, Varianz, Standardabweichung charakterisieren lassen.

Wir wollen die Parameter bivariater Verteilungen für einen in der Geographie häufig auftretenden Spezialfall vorstellen: die Analyse von Punktverteilungen auf der Fläche, d.h. im zweidimensionalen Raum. Gegeben sind als Untersuchungselemente n Punkte $P_1, \ldots, P_n$ in einem Koordinatensystem. Die Achsen des Koordinatensystems werden als Variablen aufgefaßt, die Abzisse (x-Achse) als Variable X, die Ordinate (y-Achse) als Variable Y. Jeder Punkt ist dann durch die Werte dieser beiden Variablen gegeben: $P_1 = (x_1, y_1), \ldots, P_n = (x_n, y_n)$.

Das Konzept der bivariaten Lageparameter ist alt und hat bei Untersuchungen zur Bevölkerungsverteilung bereits sehr früh Anwendung gefunden (vgl. NEFT 1962, S. 70ff). In der Geographie erlebte es eine Blüte in den 60er Jahren, wie die Arbeiten von HART (1954), WARNTZ und NEFT (1960), NEFT (1962), BACHI (1963), GREIG-SMITH (1964) und SHACHAR (1967) zeigen.

Das arithmetische Mittelzentrum (Schwerpunkt)

Das arithmetische Mittelzentrum (mean center) ist ein Lageparameter, und zwar ein Punkt einer zweidimensionalen Punktverteilung, der sogenannte Schwerpunkt. Seine Koordinaten berechnen sich einfach aus den arithmetischen Mittelwerten der Koordinaten der n Punkte

$\bar{P} = (\bar{x}, \bar{y})$ = arithmetisches Mittelzentrum (Schwerpunkt)

mit $$\bar{x} = \frac{1}{n} \sum_{i=1}^{n} x_i$$

$$\bar{y} = \frac{1}{n} \sum_{i=1}^{n} y_i .$$

Die Lage von $\bar{P}$ ist unabhängig von den gewählten Koordinatenachsen. Außerdem hat $\bar{P}$ die Eigenschaft, die Summe der quadrierten Abstände zwischen den Punkten und sich selbst zu minimieren (eine entsprechende Eigenschaft wies ja der arithmetische Mittelwert auf).

Wird die Bestimmung des arithmetischen Mittelzentrums auf der Grundlage einer topographischen Karte mit Rechts- und Hochwerten vorgenommen, so sind in der obigen Formel die x_i als Rechtswerte, die y_i als Hochwerte zu interpretieren.

Liegen sehr viele Punkte vor, kann es zweckmäßig sein, vor der Berechnung des Mittelzentrums eine Klassenaufteilung vorzunehmen. Die beiden Koordinaten $(\bar{x}, \bar{y})$ des arithmetischen Mittelzentrums sind dann gegeben durch

$$\bar{x} = \frac{1}{n} \sum_{i=1}^{k} f_i x_i, \qquad \bar{y} = \frac{1}{n} \sum_{i=1}^{l} h_i y_i$$

mit x_i = Klassenmitten auf der x-Achse, y_i = Klassenmitten auf der y-Achse, f_i = absolute Häufigkeit der Klasse um x_i, h_i = absolute Häufigkeit der Klasse um y_i, k = Anzahl der Klassen auf der x-Achse, l = Anzahl der Klassen auf der y-Achse, n = Gesamtzahl der Punkte.

Betrachten wir hierzu folgendes Beispiel. Wir wollen das arithmetische Mittelzentrum der Kundenwohnungen eines Kaufhauses in Münster bestimmen. Zu diesem Zweck wurden 446 Kunden eines Kaufhauses in Münster nach ihrem Wohnort befragt. Die Wohnsitze der 446 registrierten Kunden wurden als Punkte in eine topographische Karte eingetragen. Über diese Punktverteilung wurde ein rechtwinkliges Achsensystem mit einem Gitternetz gelegt, so daß sich auf der x-Achse und y-Achse eine hinreichend differenzierte und einfach zu handhabende Klasseneinteilung ergab. Wichtig ist, daß das Gitternetz auf der x- und y-Achse die gleiche Klassenbreite aufweist. Im vorliegenden Beispiel wurde auf beiden Achsen die Klassenbreite $b = 2$ km gewählt, die Klassen wurden so gelegt, daß sich als Klassenmitten jeweils gerade Zahlen ergaben (Abb. 25). x-Achse und y-Achse wurden nun als eindimensionale Verteilungsachsen interpretiert. Es wurden bezüglich der x- und y-Achse die absoluten Klassenhäufigkeiten festgelegt (Abb. 25) und nach obiger Formel der arithmetische Mittelwert bezüglich beider Achsen bestimmt. Im vorliegenden Fall ergeben sich die beiden Koordinaten des arithmetischen Mittelzentrums zu

$$\bar{x} = \frac{\sum_{i=1}^{56} f_i x_i}{n} = \frac{-554}{446} = -1{,}24\,\text{km} \qquad \text{und} \qquad \bar{y} = \frac{\sum_{i=1}^{46} h_i y_i}{n} = \frac{652}{446} = +1{,}46\,\text{km}$$

Das Mittelzentrum der Arealverteilung der Kunden liegt etwa 1925 m nordwestlich des Kaufhauses. Der Kundenschwerpunkt liegt damit nicht in der näheren Umgebung des Kaufhauses, sondern ist um nahezu 2 km nach Nordwesten verschoben.

Wie im eindimensionalen Fall kann man auch ein gewichtetes arithmetisches Mittelzentrum berechnen. Es ist dies immer dann notwendig, wenn nicht eine reine Punktverteilung gegeben ist, sondern eine Aufteilung eines Gebiets in Verwaltungs-

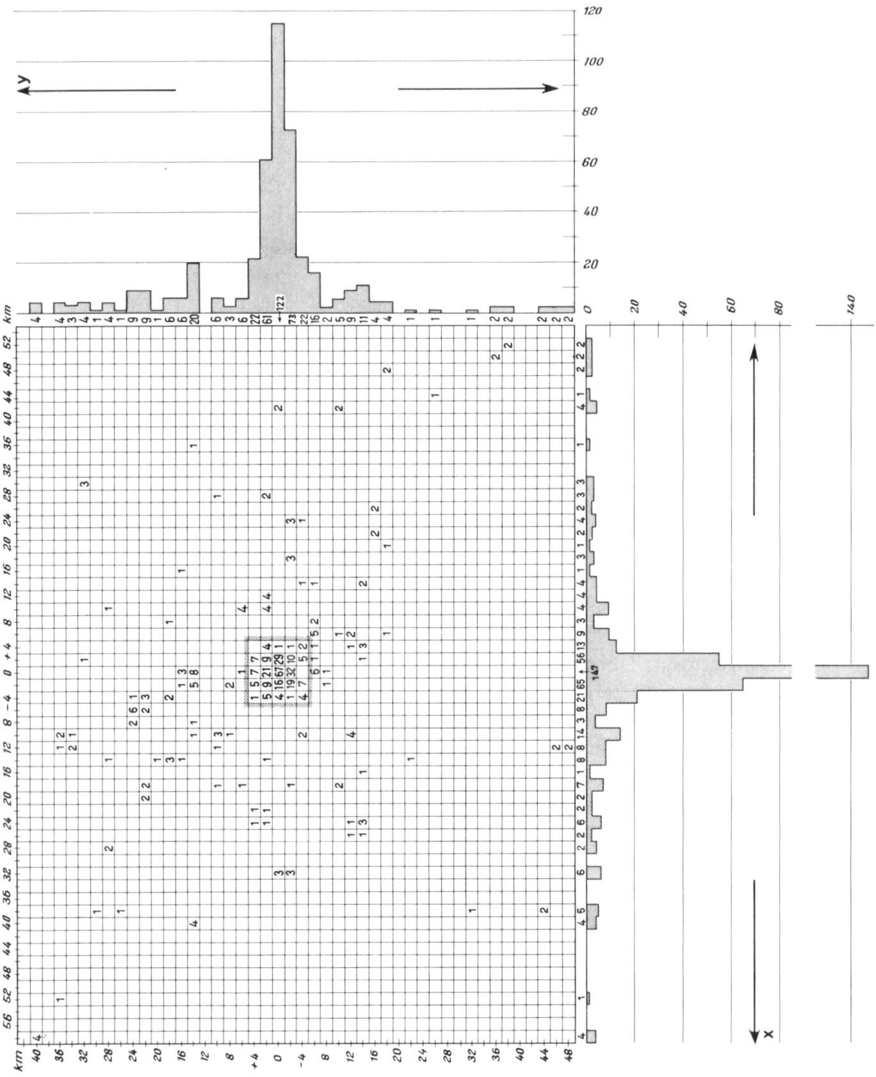

Abb. 25 Verteilung der Kundenwohnungen eines Kaufhauses in Münster nach Planquadraten von 2 × 2 km.

einheiten, für die die Einwohnerzahlen oder andere Merkmale vorliegen. Sucht man z.B. das arithmetische Mittelzentrum der Bevölkerung in einem in Verwaltungsbezirke aufgeteilten Gebiet, so nimmt man an, die Bevölkerung jedes Bezirks sei in seinem Mittelpunkt konzentriert. Man legt dann die Koordinaten der Bezirksmittelpunkte fest und findet das arithmetische Mittelzentrum $\bar{P} = (\bar{x}_g, \bar{y}_g)$ nach folgender Formel

$$\bar{x}_g = \frac{\sum_{i=1}^{k} g_i x_i}{\sum_{i=1}^{k} g_i} \qquad \bar{y}_g = \frac{\sum_{i=1}^{k} g_i y_i}{\sum_{i=1}^{k} g_i}$$

mit $(\bar{x}_g, \bar{y}_g)$ = Koordinaten des Mittelzentrums, (x_i, y_i) = Koordinaten des Mittelpunkts der i-ten Verwaltungseinheit, g_i = Gewicht der i-ten Verwaltungseinheit, k = Anzahl der Verwaltungseinheiten.

Es sei darauf hingewiesen, daß der einzige Unterschied zwischen dieser und der vorangehenden Gleichung für das arithmetische Mittelzentrum darin besteht, daß im Fall der vorgegebenen Verwaltungseinheiten die Zahl der „Klassen“ auf der x- und y-Achse gleich der Anzahl der Bezirke ist.

In der Bevölkerungsstatistik bezeichnet man das gewichtete arithmetische Mittelzentrum als Bevölkerungsschwerpunkt (vgl. FLASKÄMPER 1962, S. 110ff.). Die Verfolgung des Bevölkerungsschwerpunkts über eine längere Zeit hinweg ist geeignet, die allgemeine Tendenz in der Änderung der Bevölkerungsverteilung anzugeben. 1950 lag der Bevölkerungsschwerpunkt in der BRD (ohne Berlin) z. B. zwischen Marburg und Alsfeld 5 km nördlich von Homburg in Hessen. Danach verlagerte er sich bis 1961 10 km südwestlich, bis 1970 nochmals etwa 5 km weiter in südwestlicher Richtung (SCHWARZ 1970, MOEWES 1971). Hieran ist zu erkennen, daß im Mittel des Bundesgebietes eine Bevölkerungsverlagerung in südwestlicher Richtung stattgefunden hat.

Für die Vereinigten Staaten hat NEFT (1962) die Positionen des arithmetischen Mittelzentrums der Bevölkerungsverteilung von 1754–1960 berechnet (Abb. 26). Hier

Abb. 26 Position des Bevölkerungsschwerpunktes in den Vereinigten Staaten 1754–1960
Nach: NEFT 1962, S. 106

zeigt sich eine deutliche Verlagerung des Bevölkerungsschwerpunktes von der Ostküste zum Landesinnern.

Das Medianzentrum

Das Medianzentrum (median center) kann nicht analog dem Median bei univariaten Verteilungen definiert werden, da eine Größer/Kleiner-Relation für Punkte auf der Fläche nicht definiert ist. Man benutzt stattdessen zur Definition des Medianzentrums die „Minimalisierungseigenschaft" des Medians. Das Medianzentrum ist danach derjenige Punkt, für den die Summe der Abstände zwischen sich und den gegebenen Punkten P_i minimal ist. Mit anderen Worten: Das Medianzentrum $P_{Me} = (x_{Me}, y_{Me})$ ist derjenige Punkt, für den die Funktion

$$f(x, y) = \sum_{i=1}^{n} |(x_i, y_i) - (x, y)| = \sum_{i=1}^{n} \sqrt{(x_i - x)^2 + (y_i - y)^2}$$

ein Minimum annimmt.

Eine exakte Berechnung des Medianzentrums ist in der Regel nicht möglich. Mit Hilfe von Iterationsverfahren ist jedoch eine Näherungslösung erreichbar:

- Man lege ein Gitternetz über die Fläche, auf der die Punkte $P_i = (x_i, y_i)$ liegen.
- Für jeden Gitterpunkt $G_j = (x_j, y_j)$ bestimme man die Summe der Entfernungen zu allen Punkten P_i

$$f(G_j) = \sum_{i=1}^{n} \sqrt{(x_i - x_j)^2 + (y_i - y_j)^2}$$

- Man wähle denjenigen Gitterpunkt G_j, für den $f(G_j)$ am kleinsten ist.
- Um G_j zeichne man ein kleineres und engmaschigeres Gitternetz und wiederhole die ersten drei Iterationsschritte

Man bricht dieses Verfahren ab, wenn sich die minimalen Abstandssummen für aufeinanderfolgende Gitternetze höchstens um einen „kleinen" Betrag unterscheiden und wählt als Medianzentrum denjenigen Punkt, der bei dem letzten Gitternetz die geringste Abstandssumme zu den P_i aufwies.

Das Medianzentrum wird häufig als optimaler Standort für Betriebe oder Einrichtungen angesehen, für deren Standortwahl die Summe der Entfernungen zu den Lieferanten und/oder Verbrauchern (Konsumenten) entscheidendes Kriterium ist (vgl. REVELLE und SWAIN 1970 und BAHRENBERG 1974).

Die Standarddistanz

Die Standarddistanz s_d (standard distance) entspricht der Standardabweichung bei univariaten Verteilungen und ist ein Maß für die Streuung der Punkte P_i auf der Fläche bzw. für die relative Lage der Punkte untereinander. Es gilt

$$s_d = \sqrt{\frac{1}{n} \sum_{i=1}^{n} ((x_i - \bar{x})^2 + (y_i - \bar{y})^2)}$$

mit $P_i = (x_i, y_i)$
$\bar{P} = (\bar{x}, \bar{y})$ (= arithmetisches Mittelzentrum der P_i)

Analog wie bei der Standardabweichung kann man auch die Standarddistanz ohne „Umweg" über das arithmetische Mittelzentrum berechnen.

$$s_d = \sqrt{\frac{1}{2n^2} \cdot \sum_{i=1}^{n} \sum_{j=1}^{n} d_{ij}^2}$$

mit $d_{ij}^2 = (x_i - x_j)^2 + (y_i - y_j)^2$

Die Standarddistanz ist somit die Wurzel aus der Summe der quadrierten Abstände zwischen je zwei Punkten und mißt, wie weit die Punkte im Mittel voneinander entfernt sind.

SHACHAR (1967) benutzte die Standarddistanz zur Charakterisierung der Standortmuster verschiedener zentraler Einrichtungen in Großstädten, wobei er neben der Standarddistanz auch eine „relative Standarddistanz" heranzog, bei der die Standarddistanz der Standorte einer zentralen Einrichtung zur Standarddistanz der Bevölkerung in Beziehung gesetzt wurde (vgl. Tab. 14).

Tab. 14 Standarddistanzen und relative Standarddistanzen für zentrale Funktionen und die Wohnbevölkerung in Tel Aviv, Jerusalem und Rom (Nach: SHACHAR 1967)

	Bevölkerung	Lebensmittelgeschäfte	Bekleidungsgeschäfte	Friseure	Banken u. Versicherungen	Ärzte
Standarddistanzen (Met.)						
Tel Aviv	2870	2440	1300	2230	780	1560
Jerusalem	1800	1650	770	1470	—	910
Rom	4180	3850	—	—	1520	—
Relative Standarddistanzen						
Tel Aviv	1,00	0,85	0,45	0,78	0,27	0,54
Jerusalem	1,00	0,86	0,43	0,80	—	0,51
Rom	1,00	0,92	—	—	0,36	—

Aus der Tabelle ist zu entnehmen, daß Banken und Versicherungen, Bekleidungsgeschäfte und Ärzte innerhalb der Stadt relativ konzentriert liegen, während Lebensmittelgeschäfte und Friseure der Bevölkerungsverteilung folgen und ähnlich stark gestreut sind wie die Bevölkerung.

Literatur

Zitiert

Alonso, W. (1964): Location theory. In: Friedmann, J.; Alonso, W. (Hrsg.): Regional development and planning. Cambridge (Mass.), S. 78–106

Bachi, R. (1963): Standard distance measures and related methods for spatial analysis. Papers and Proceedings of the Regional Science Association 10, S. 83–132

Bahrenberg, G. (1974): Zur Frage optimaler Standorte von Gesamthochschulen in Nordrhein-Westfalen. Eine Lösung mit Hilfe der linearen Programmierung. Erdkunde 28, S. 101–114

Flaskämper, P. (1962): Bevölkerungsstatistik. Hamburg

Fliri, G. (1969): Statistik und Diagramm. Braunschweig

Gentilli, J. (Hrsg.) (1971): Climates of Australia and New Zealand. World Survey of climatology, Vol 13. Amsterdam, London, New York

Giese, E. (1979): Käuferströme im Großraum Gießen. Blickpunkt Wirtschaft. Zeitschrift der Industrie- und Handelskammer Gießen 7, S. 323–334

Giese, E.; Hecht, A. (1983): Regional variation in the standard of living in the Soviet Union. In: Hecht, A. (Hrsg.): Regional developments in the peripheries of Canada and Europe. Manitoba Geographical Studies 8, Winnipeg, S. 204–244

Gregory, S. (1964): Statistical methods and the geographer. London

Greig-Smith, P. (1964): Quantitative plant ecology. 2. Aufl. London

Hart, J.F. (1954): Central tendency in areal distributions. Economic Geography 30, S. 48–59

Jung, H.-U. (1980): Wie können räumliche Disparitäten gemessen werden? Geographie heute 1, S. 53–54

King, L.J. (1969): Statistical analysis in geography. Englewood Cliffs

Krebs, G. (1982): Regional inequalities during the process of national economic development: A critical approach. Geoforum, Vol. 13, No. 2, S. 71–81

Moewes, W. (1971): Wie zentral liegt der Raum Gießen-Wetzlar. Mitt. d. Industrie- und Handelskammer. Gießen

Neft, D.S. (1962): Statistical analysis for areal distributions. Diss. New York (University Microfilm, Ann Arbor 1970)

Revelle, C. S.; Swain, R. W. (1970): Central facilities location. Geographical Analysis 2, S. 30–42

Sacks, S. R. (1976): Regional inequality in Yugoslav industry. The Journal of Developing Areas 11, S. 59–77

Schwarz, K. (1970): Maßzahlen zur Beurteilung der räumlichen Verteilung der Bevölkerung im Bundesgebiet. Wirtschaft und Statistik 7, S. 337–342

Shachar, A. (1967): Some applications of geo-statistical methods in urban research. Papers of the Regional Science Association 18, S. 197–206

Sturges, H.A. (1926): The choice of a class interval. Journal of the American Statistical Association 21, S. 65–66

Sumner, A.R. (1953): Standard deviation of mean monthly temperatures in Anglo-America. Geographical Review 43, S. 50–59

Tönnies, F. (1971): Die Abflußregime in Italien unter besonderer Berücksichtigung statistischer Methoden. In: Mitteilungen der Geographischen Fachschaft Freiburg, NF 1, S. 93–115

Wagener, H.-J. (1972): Wirtschaftswachstum in unterentwickelten Gebieten. Ansätze zu einer Regionalanalyse der Sowjetunion. Veröffentlichungen des Osteuropa-Institutes München. Reihe: Wirtschaft und Gesellschaft, Heft 12, Berlin

Warntz, W.; Neft, D.S. (1960): Contributions to a statistical methodology for areal distributions. Journal of Regional Science 2, S. 47–66

Williamson, J.G. (1965): Regional inequality and the process of national development. A description of the patterns. Economic Development and Cultural Change, 13, S. 3–84

Weiterführend

Es können alle Lehrbücher der Statistik herangezogen werden (vgl. das Literaturverzeichnis nach dem letzten Kapitel).

5 Schätzen, Testen, Vergleichen, Entscheiden

Ein Physiker stellt sich die Aufgabe, die Siedetemperatur des Wassers bei einem Luftdruck von 760 Torr zu ermitteln. Der Physiker wird etwa folgendermaßen vorgehen: Er wird einen Versuchsaufbau erstellen, der es erlaubt, unter Konstanthaltung des Luftdrucks von 760 Torr das Wasser zu erhitzen und die Siedetemperatur des Wassers zu bestimmen. Nun wird dieser Physiker sicher nicht nur einen einzigen Versuch machen und sagen: Genau die in diesem Versuch gemessene Siedetemperatur ist die „wahre"; vielmehr wird er in dem Bewußtsein, daß bei jedem Versuch Ungenauigkeiten auftreten – etwa weil die Randbedingung nicht erfüllt ist (statt 760 Torr beträgt der Luftdruck während des Versuchs vielleicht 760,5 Torr) oder weil Meßfehler auftreten – eine Vielzahl von Versuchen durchführen (z. B. 100). Statistisch gesehen betrachtet der Physiker die Variable „Siedetemperatur des Wassers bei 760 Torr", wobei die Elemente die einzelnen Versuche sind. Der Physiker wird die Häutigkeitsverteilung seiner Variablen ermitteln (Tag. 15) und sagen: die „wahre" Siedetemperatur des Wassers liegt mit hoher Wahrscheinlichkeit im Bereich desjenigen Werteintervalls, in dem die meisten Meßwerte liegen, z. B. in dem Werteintervall, in das 95 % der Meßwerte fallen. Das vorliegende Beispiel zeigt, daß in 95 % der Versuche Siedepunkte gemessen wurden, die zwischen 99,85 °C und 100,15 °C liegen, so daß gefolgert werden kann: Der tatsächliche Siedepunkt des Wassers bei 760 Torr liegt mit einer Wahrscheinlichkeit von 95 % zwischen 99,85 °C und 100,15 °C.

Tab. 15 Häufigkeitsverteilung der Siedetemperatur des Wassers bei 760 Torr auf der Basis von 100 Versuchen

Klasse	f_i	h_i	
99,8 – 99,85	2	0,02	
99,85 – 99,9	6	0,06	┐
99,9 – 99,95	11	0,11	│
99,95 – 100,0	31	0,31	│
100,0 – 100,05	29	0,29	} 0,95
100,05 – 100,1	13	0,13	│
100,1 – 100,15	5	0,05	┘
100,15 – 100,2	3	0,03	
Summe	100	1,00	

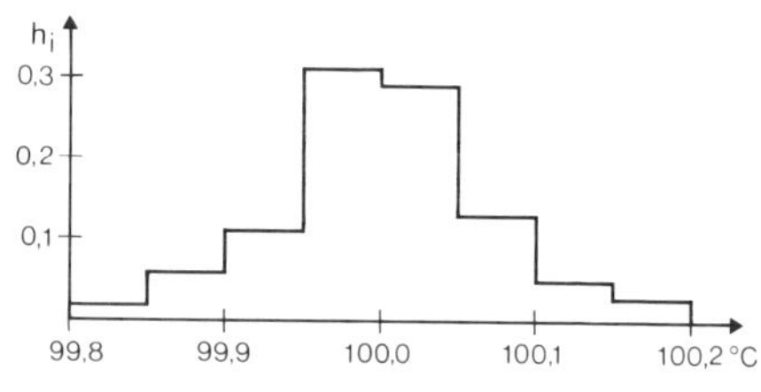

Ähnlich kann man auch bei der Lösung folgender, der Geographie näher stehender Aufgabenstellung vorgehen: Bestimmt werden soll der mittlere Kundeneinzugsbereich eines Kaufhauses (= mittlere Entfernung der Kunden vom Kaufhaus). Man befragt zu diesem Zweck möglichst viele Kunden des Kaufhauses, die an einem bestimmten Tag das Kaufhaus besuchen, nach ihrem Wohnort, stellt die Entfernung des Wohnortes der Kunden vom Kaufhaus in Kilometern fest und berechnet aus den empirisch ermittelten Entfernungen die mittlere Kundenentfernung $\bar{x}$. Führt man die gleiche Befragung an einem anderen Tag durch, z.B. am folgenden, wird die mittlere Entfernung der befragten Kunden vom Kaufhaus nicht mit der am Vortag festgestellten mittleren Entfernung $\bar{x}$ übereinstimmen. Bekannterweise ist der mittlere Kundeneinzugsbereich an Wochenenden oder vor Feiertagen größer als an anderen Wochentagen. Führt man an mehreren Tagen Befragungen durch, d.h. zieht man mehrere Stichproben, wird man feststellen, daß der mittlere Kundeneinzugsbereich von Stichprobe zu Stichprobe variiert, ähnlich der gemessenen Siedetemperatur des Wassers, die bei der Versuchsreihe des Physikers von Versuch zu Versuch geringfügig schwankte. Man wird die exakte mittlere Entfernung der Kunden vom Kaufhaus nicht feststellen können, aber man kann feststellen, in welchem Wertebereich sich die berechneten mittleren Entfernungen der Stichproben häufen, und wird nach dem Plausibilitätskriterium davon ausgehen können, daß der gesuchte Mittelwert der Grundgesamtheit der Kunden in dem Wertebereich liegt, wo die Mittelwerte der Stichproben am häufigsten auftreten. Man wird nach der Häufigkeitsverteilung der festgestellten Mittelwerte der Stichproben sagen können, mit welcher relativen Häufigkeit (= Wahrscheinlichkeit), z.B. in 90%, 95% oder 99% der Fälle, der gesuchte tatsächliche Mittelwert in welchem Wertebereich liegt.

Versuchen wir den beschriebenen Weg zur Bestimmung der mittleren Kundenentfernung am Beispiel der Natalität der Bevölkerung in der Sowjetunion unter Zugrundelegung der 139 Oblasti konkret nachzuvollziehen. Der tatsächliche Mittelwert μ[1]) der Grundgesamtheit, also der 139 Oblasti, ist im vorliegenden Fall bekannt ($\mu = 18{,}82‰$). Nehmen wir an, es wäre aus irgendwelchen Gründen nicht möglich, die mittlere Natalität in den Oblasti der Sowjetunion unter Zugrundelegung aller 139 Oblasti (= Grundgesamtheit) zu ermitteln, sondern wir wären gezwungen, eine Stichprobe zu wählen, so daß der tatsächliche Mittelwert μ der Grundgesamtheit nicht direkt berechenbar ist, sondern nur über den Mittelwert $\bar{x}$ der Stichprobe geschätzt werden kann. Um unter diesen Voraussetzungen den tatsächlichen Mittelwert dennoch bestimmen zu können, könnten wir aus der Grundgesamtheit der 139 Oblasti mit Hilfe der Zufallszahlentabelle, wie im Abschnitt 2.2 dargelegt, eine größere Zahl von Stichproben ziehen und anschließend die arithmetischen Mittelwerte $\bar{x}$ der einzelnen Stichproben (= Versuchsergebnisse beim Physiker) berechnen. Der Umfang der einzelnen Stichproben möge $n = 60$ sein. Insgesamt sollen 50 Stichproben gezogen werden, so daß abschließend 50 arithmetische Mittelwerte vorliegen. Das Ergebnis der Berechnung der Mittelwerte für die 50 Stichproben ist in Tab. 16 in Form einer Häufigkeitsverteilung[2]) zusammengestellt.

---

[1]) Wir wollen vereinbaren, in Zukunft alle Parameter von Stichproben wie bislang mit römischen, Parameter von Grundgesamtheiten mit griechischen Buchstaben zu bezeichnen.

[2]) Solche Häufigkeitsverteilungen von Mittelwerten, die auf Grund von gleich großen Stichproben aus einer Grundgesamtheit gebildet werden, werden in der Statistik als Stichprobenverteilungen bezeichnet. In entsprechender Weise sprechen wir von Stichprobenverteilungen der Varianz, Standardabweichung sowie anderer noch zu behandelnder statistischer Parameter (Korrelationskoeffizient, Regressionskoeffizient).

Tab. 16 Häufigkeitsverteilung der arithmetischen Mittelwerte der Natalität von 50 Stichproben mit $n = 60$ aus der Grundgesamtheit von 139 Oblasti in der Sowjetunion

Arithmetische Mittelwerte der Natalität (‰) für die Stichproben	Häufigkeit der i-ten Klasse		
	absolut	relativ	
Klassen	f_i	h_i	
16,2–17,0	1	0,02	
17,0–17,8	12	0,24	← 96 %
17,8–18,6	20	0,40	68 %, 96 %
18,6–19,4	14	0,28	68 %, 96 %
19,4–20,2	2	0,04	← 96 %
20,2–21,0	1	0,02	
Summe	50	1,00	

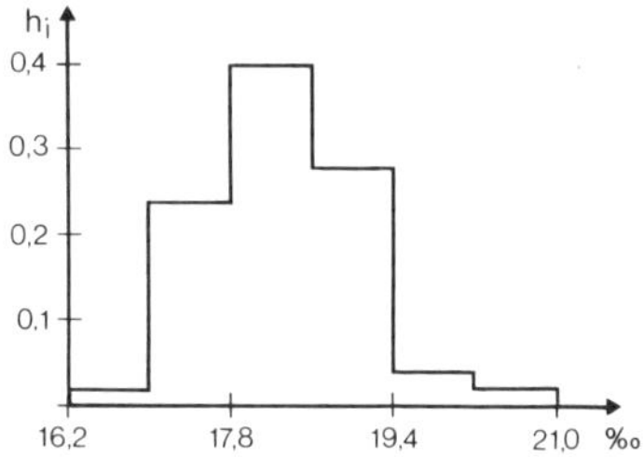

Sie erlaubt die folgende Aussage: In 68 % der Fälle kann angenommen werden, daß der gesuchte Mittelwert der Grundgesamtheit zwischen 17,8 ‰ und 19,4 ‰ liegt, in 96 % der Fälle liegt er dagegen zwischen 17,0 ‰ und 20,2 ‰. Mit anderen Worten: Wir können davon ausgehen, daß der gesuchte Mittelwert der Grundgesamtheit mit einer Wahrscheinlichkeit von 96 % zwischen 17,0 ‰ und 20,2 ‰ liegt. Der im vorliegenden Fall bekannte, üblicherweise aber unbekannte, tatsächliche Mittelwert der Grundgesamtheit von $\mu = 18{,}82$ ‰ bestätigt unsere Vermutung.

In der Regel gibt man nun nicht das Intervall vor und bestimmt die relative Zahl der Fälle bzw. die Wahrscheinlichkeit, mit der der gesuchte Mittelwerte der Grundgesamtheit in diesem Intervall liegt, sondern man geht umgekehrt vor: Man gibt die Wahrscheinlichkeit vor, z. B. die Wahrscheinlichkeit von 95 % (= relative Zahl der Fälle), mit der der gesuchte Mittelwert in einem Intervall liegen soll, und bestimmt anschließend die Grenzen dieses Intervalls. Im vorliegenden Fall müßte die Klasseneinteilung differenzierter gestaltet werden, um entsprechend zu verfahren.

Für jedes spezielle Beispiel (Kundeneinzugsbereich eines Kaufhauses, Natalität in den Oblasti der Sowjetunion) jeweils die Häufigkeitsverteilung der arithmetischen Mittelwerte auf Grund einer Vielzahl von Stichproben zu ermitteln, um mit ihrer Hilfe eine Aussage über den Mittelwert der Grundgesamtheit zu treffen, ist zu arbeitsaufwendig, zum Teil auch gar nicht möglich. In der Praxis ist man im allgemeinen auf eine einzige Stichprobe angewiesen. Für diese Stichprobe berechnet man den arithmetischen Mittelwert $\bar{x}$ und versucht, von diesem empirisch ermittelten Wert auf den unbekannten Mittelwert in der Grundgesamtheit zu schließen. Entsprechend verfährt man auch bei anderen Parametern der Stichprobe wie der Varianz oder Standardabweichung. Ein solches Vorgehen setzt im Sinne des zuvor Dargelegten jedoch voraus, daß die Stichprobenparameter jeweils einer theoretischen Verteilung folgen, die es erlaubt, von dem Parameter einer Stichprobe, also z. B. vom arithmetischen Mittelwert $\bar{x}$ der Stichprobe, auf den entsprechenden Parameter der Grundgesamtheit zu schließen. Derartige theoretische Verteilungen sind in der Statistik entwickelt worden.

Um das Problem der Schätzung von Parametern der Grundgesamtheit durch entsprechende Parameter der Stichprobe behandeln zu können, ist es notwendig, daß wir uns zunächst etwas allgemeiner mit theoretischen Verteilungen beschäftigen und in diesem Zusammenhang mit Grundbegriffen der Wahrscheinlichkeitsrechnung. Man kann grob sagen, daß theoretische Verteilungen verallgemeinerte Häufigkeitsverteilungen sind, wobei der Begriff „Häufigkeit" bei empirischen Verteilungen durch den Begriff „Wahrscheinlichkeit" (probability) bei theoretischen Verteilungen (probability distribution) zu ersetzen ist. Aus diesem Grunde haben wir uns zunächst mit Grundbegriffen der Wahrscheinlichkeitsrechnung zu beschäftigen, speziell zunächst mit der Frage, was wir unter „Wahrscheinlichkeit" zu verstehen haben.

5.1 Grundbegriffe der Wahrscheinlichkeitsrechnung

Beim Wurf einer Münze oder eines Würfels kann man nicht genau vorhersagen, ob „Kopf" oder „Zahl" oben liegt bzw. welche Zahl gewürfelt wird. Angeben kann man nur, mit welcher Wahrscheinlichkeit der „Kopf" oder die „Eins" oben liegen wird. So wird der „Kopf" mit einer Wahrscheinlichkeit von 0,5 oder 50% oben liegen, die „Eins" mit einer Wahrscheinlichkeit von 1/6. Ob dieses Ereignis auch tatsächlich eintrifft, bleibt dem Zufall überlassen. Solche Versuche mit ungewissem Ausgang, wie das Werfen einer Münze oder eines Würfels, bezeichnet man in der Statistik als Zufallsexperimente. Ein Zufallsexperiment ist demnach ein beliebig oft wiederholbarer, nach bestimmten Vorschriften ausgeführter Versuch, dessen Ergebnis im voraus nicht eindeutig bestimmt werden kann, d.h. zufallsbedingt ist. Das Ergebnis bzw. die Realisation eines Zufallsexperiments bezeichnen wir als Elementarereignis, die Menge aller möglichen Elementarereignisse als Ereignisraum. In dem hier definierten Sinne sind die einzelnen Versuche des Physikers als Zufallsexperimente anzusehen, da genau festgelegte Vorschriften eingehalten werden müssen (Luftdruck = 760 Torr), aber nicht im voraus eindeutig feststeht, ob der Siedepunkt bei 100 °C oder nicht doch bei 100,02 °C gemessen wird.

Als Zufallsvariable X bezeichnet man die Vorschrift, die jedem Elementarereignis eines Zufallsexperiments eindeutig eine Zahl zuordnet. Die Definition entspricht damit der schon früher gegebenen Definition einer Variablen. Wegen der Eindeutigkeit der Zuordnung bezeichnet man auch häufig die Menge aller Elementarereignisse eines Zufallexperiments als Zufallsvariable X (random variable). Ist a eine Realisation der Zufallsvariablen X, so kennzeichnen wir dies durch die Schreibweise $X = a$. Zufallsvariablen bezeichnen wir mit großen Buchstaben, Zahlenwerte, die sich als Ergebnis eines Zufallsexperiments ergeben, durch kleine Buchstaben.

Zufallsvariablen werden weiter unterschieden in stetige und diskrete Zufallsvariable. Eine diskrete Zufallsvariable liegt vor, wenn der Ereignisraum aus endlich vielen Elementen besteht bzw. wenn in jedem Intervall nur endlich viele Elemente liegen. Die

Zufallsvariable „Augenzahl beim Würfeln" ist diskret, da der Ereignisraum aus den endlich vielen (nämlich sechs) Elementarereignissen „die 1 liegt oben", „die 2 liegt oben", ..., „die 6 liegt oben" besteht. Von einer stetigen Zufallsvariablen sprechen wir, wenn die Elementarereignisse (zumindest theoretisch) alle Werte innerhalb eines (reellen) Intervalls annehmen können (dieses sind immer unendlich viele Werte). Die Variable „Natalität" ist etwa eine solche stetige Zufallsvariable. Der Ereignisraum besteht aus dem Werteintervall [0,1000].

Charakteristisch für eine Zufallsvariable X ist, daß das Ergebnis eines Zufallsexperiments nicht eindeutig vorhersagbar ist. Denken wir aber an den Wurf einer Münze oder eines Würfels, so ist es offensichtlich möglich, „Wahrscheinlichkeiten" anzugeben, mit der bestimmte Elementarereignisse auftreten. Für diskrete Zufallsvariablen läßt sich nun sehr leicht die Wahrscheinlichkeit, mit der das Ereignis auftritt, im üblichen Sinne ermitteln, nämlich als

$$W(X=a) = \frac{\text{Anzahl der günstigen Fälle}}{\text{Anzahl der möglichen Fälle}}.$$

Bei einem sechsseitigen Würfel kann nur eine der sechs Seiten oben liegen, d.h. die Anzahl der möglichen Fälle ist sechs. Eine „Eins" zu würfeln ist nur möglich, wenn die Seite mit einem Auge oben liegt, d.h. die Anzahl der günstigen Fälle ist eins. Man erhält demnach als Wahrscheinlichkeit, eine „Eins" zu würfeln: $W(X=1) = 1/6$. Nehmen wir einmal an, daß auf der Seite mit normalerweise zwei Augen nur ein Auge aufgezeichnet wäre, so sind immer noch sechs mögliche Fälle (= Seiten) denkbar, allerdings hat sich die Anzahl der günstigen Fälle, eine „Eins" zu würfeln, auf 2 erhöht, so daß das Würfeln einer „Eins" mit einer Wahrscheinlichkeit von $W(X=1) = 2/6 = 1/3$ zu erwarten ist. Vergleicht man den oben definierten Wahrscheinlichkeitsbegriff mit dem schon bekannten Begriff der Häufigkeit, so läßt sich folgendes sagen: Wahrscheinlichkeit W und relative Häufigkeit h sind ähnliche Begriffe. Während die Wahrscheinlichkeit W „theoretisch" bestimmt werden kann, wenn bestimmte Informationen über die Zufallsvariable vorliegen, wird die relative Häufigkeit aus vorliegenden empirischen Ergebnissen einer Vielzahl von Zufallsexperimenten (= Elementarereignissen) ermittelt. Insgesamt gilt dabei:

$$W(X=a) \approx h(X=a) \text{ mit } h(X=a) = \frac{\text{Anzahl der Ereignisse } X=a}{\text{Anzahl der Zufallsexperimente}},$$

wobei h sich an W annähert, je mehr Zufallsexperimente gemacht werden. Es ist darauf hinzuweisen, daß diese Definitionen der Wahrscheinlichkeit, so „plausibel" sie auch erscheinen mögen, sehr unbefriedigend sind. In der Mathematik wird deshalb die Wahrscheinlichkeit axiomatisch eingeführt, indem einige der in 5.2 aufgeführten Rechenregeln als Bedingungen dafür gefordert werden, daß eine Funktion „Wahrscheinlichkeit" genannt werden kann.

Ein Problem mit den beiden zuvor genannten Definitionen ergibt sich daraus, daß sie nicht auf stetige Zufallsvariablen angewandt werden können. Im Fall einer stetigen Zufallsvariablen ist die Anzahl der möglichen Ereignisse ja unendlich, womit die Wahrscheinlichkeit jedes Elementarereignisses 0 wäre.

Man kann bei stetigen Zufallsvariablen höchstens von der Wahrscheinlichkeit sprechen, daß die Zufallsvariable einen Wert in einem bestimmten Intervall annimmt, d.h. Wahrscheinlichkeiten wie $W(X \leq a)$ oder $W(a \leq X \leq b)$ sind für eine stetige Zufallsvariable X bestimmbar.

5.2 Rechenregeln für die Wahrscheinlichkeit

Betrachten wir das Ereignis A_g, beim Würfeln eine gerade Zahl zu erhalten, so läßt sich festhalten:

- A_g tritt dann ein, wenn das Ergebnis 2, 4 oder 6 ist.
- A_g ist eigentlich eine Ereignismenge, die aus den drei Elementen 2, 4 und 6 besteht, d.h. $A_g = \{2, 4, 6\}$.

Auch das Ereignis A_2, eine 2 zu würfeln, kann als Ereignismenge aufgefaßt werden, nämlich als Menge, die aus dem einzigen Ereignis „eine 2 würfeln" besteht, d.h. $A_2 = \{2\}$.

Insgesamt läßt sich festhalten: Ereignisse können allgemein als Mengen aufgefaßt werden.

Zum Verständnis der folgenden Rechenregeln für die Wahrscheinlichkeit ist es daher notwendig, einige mengentheoretische Definitionen voranzustellen (vgl. Abb. 27).

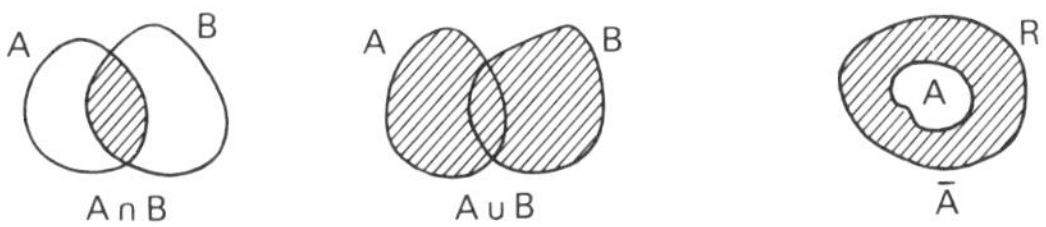

Abb. 27 Mengentheoretische Definitionen

1. A und B seien zwei Mengen

   $A \cap B$ heißt Durchschnitt der beiden Mengen A und B und besteht aus den Elementen, die sowohl in A als auch in B sind. Existiert kein Element, das sowohl zu A als auch zu B gehört, schreibt man $A \cap B = \emptyset$ und bezeichnet die so entstandene „Menge" als leere Menge.

   $A \cup B$ heißt Vereinigung der beiden Mengen A und B und besteht aus den Elementen, die wenigstens in einer der beiden Ereignismengen A oder B vorkommen.

2. A sei eine Teilmenge von R

   $\bar{A}$ heißt Komplementärmenge von A in R und besteht aus den Elementen von R, die nicht Element von A sind.

Für Mengen A, B definieren wir dann

1. $W(A)$ ist die Wahrscheinlichkeit, daß ein Elementarereignis eintritt, das als Element in der Menge A enthalten ist.

   Kürzer sagen wir auch: $W(A)$ ist die Wahrscheinlichkeit, mit der das Ereignis A eintritt.

   So bezeichnet $W(A_g)$ die Wahrscheinlichkeit, daß eine 2, 4 oder 6 gewürfelt wird, daß also eine gerade Zahl oben liegt.

2. $W(A/B)$ ist die Wahrscheinlichkeit, mit der das Ereignis A eintritt, wenn zuvor schon B eingetreten ist. $W(A/B)$ heißt die bedingte Wahrscheinlichkeit von A unter der Bedingung B.

Wir betrachten das Ziehen von Kugeln aus einer Urne und nehmen an, in der Urne seien 3 schwarze und 2 weiße Kugeln.

A sei das Ereignis, eine schwarze Kugel zu ziehen: A: $K = s$
B sei das Ereignis, eine weiße Kugel zu ziehen: B: $K = w$

Dann gilt: $W(K=s) = 3/5$, $W(K=w) = 2/5$.

Wir wollen nun überlegen, wie groß die bedingte Wahrscheinlichkeit $W(K=s/K=w)$ ist, also die Wahrscheinlichkeit, beim zweiten Ziehen eine schwarze Kugel zu erhalten unter der Bedingung, daß die zuerst gezogene Kugel weiß war.

Wir unterscheiden 2 Arten von „Versuchen":

- Eine Kugel wird nach dem Ziehen wieder zurückgelegt (Ziehen mit Zurücklegen). Dann ist $W(K=s/K=w) = W(K=s) = 3/5$, da ja vor dem zweiten Ziehen wieder alle 5 Kugeln in der Urne sind.
- Eine Kugel wird nach dem Ziehen nicht wieder zurückgelegt (Ziehen ohne Zurücklegen). Dann ist $W(K=s/K=w) = 3/4$, da nach dem Ziehen einer weißen Kugel ja nur noch 4 Kugeln (3 schwarze, eine weiße) in der Urne sind.

  Entsprechend ist $W(K=s/K=s) = 2/4 = 1/2$.

Beim Ziehen mit Zurücklegen ist das Ergebnis des zweiten Ziehens unabhängig von dem Ergebnis des ersten Ziehens. Wir sprechen deshalb von stochastisch unabhängigen (independent) Ereignissen. Genauer heißen zwei Ereignisse A und B genau dann stochastisch unabhängig, wenn

$$W(A/B) = W(A) \quad \text{und} \quad W(B/A) = W(B) \text{ ist.}$$

Beim „Ziehen ohne Zurücklegen" ist das Ergebnis des zweiten Ziehens dagegen abhängig vom Ergebnis des ersten Ziehens. Wir sprechen dann von stochastischer Abhängigkeit und nennen zwei Ereignisse A und B genau dann stochastisch abhängig, wenn $W(A/B) \neq W(A)$ ist.

Der Begriff der stochastischen Unabhängigkeit kann auch auf Zufallsvariablen übertragen werden. Eine Zufallsvariable heißt unabhängig, wenn je zwei beliebige Realisationen von ihr (= Ereignisse) stochastisch unabhängig sind. Andernfalls ist die Zufallsvariable stochastisch abhängig.

In der Geographie sind stochastisch abhängige Zufallsvariablen häufig, denn bei vielen Raumreihen und Zeitreihen ist der Wert einer Zufallsvariablen (z.B. Wasserstände in Flüssen, Niederschlagsmengen, Temperaturen, Bevölkerungsdichte, wirtschaftlicher Entwicklungsstand, Sozialstruktur, Flächennutzung usw.) an einem bestimmten Raum- oder Zeitpunkt abhängig von den Realisationen an benachbarten Raum- oder Zeitpunkten. Die Untersuchungsmethoden für stochastisch abhängige Zufallsvariablen werden jedoch erst im 2. Band vorgestellt.

In diesem Band gehen wir in der Regel von einer stochastisch unabhängigen Zufallsvariablen aus, deren Analyse einfacher ist, was auch an den folgenden Rechenregeln für die Wahrscheinlichkeit (vgl. insbesondere Regeln (5) und (6)) abgelesen werden kann.

(1) Für ein beliebiges Ereignis A gilt: $0 \leq W(A) \leq 1$.
$W(A) = 0$ bedeutet, daß das Ereignis nicht eintreten kann. Falls
$W(A) = 1$, tritt A bei jedem Zufallsexperiment ein und heißt „sicheres" Ereignis.

(2) Sei R die Gesamtmenge aller möglichen Ereignisse (bzw. aller möglichen Werte einer Zufallsvariablen). Dann ist $W(R) = 1$.

(3) Seien A und B Ereignismengen mit $A \cap B = \emptyset$.
Dann ist $W(A \cup B) = W(A) + W(B)$ (sogenannter Additionssatz).
Beispiel: Die Wahrscheinlichkeit, eine „1" oder „2" zu würfeln, ist $W(\{1\} \cup \{2\}) = W(\{1, 2\})$ und ist gleich der Summe der Wahrscheinlichkeiten für eine „1" und für eine „2", da $\{1\} \cap \{2\} = \emptyset$
Also: $W(\{1, 2\}) = W(\{1\}) + W(\{2\}) = 1/6 + 1/6 = 1/3$.

(4) $\bar{A}$ sei die Komplementärmenge von A in R, d.h. $\bar{A} \cap A = \emptyset$ und $A \cup \bar{A} = R$.
Wegen (3) ist $W(A \cup \bar{A}) = W(A) + W(\bar{A})$, und wegen (2) ist $W(R) = W(A \cup \bar{A}) = 1$. Daraus folgt
$W(\bar{A}) = 1 - W(A)$.

(5) A und B seien zwei Ereignismengen. $W(A \cap B)$ ist dann die Wahrscheinlichkeit, daß A und B gleichzeitig eintreffen.
Es gilt: $W(A \cap B) = W(A/B) \cdot W(B) = W(B/A) \cdot W(A)$.

(6) Sind A und B stochastisch unabhängige Ereignismengen (d.h. $W(A/B) = W(A)$ und $W(B/A) = W(B)$), so ist $W(A \cap B) = W(A) \cdot W(B)$ (sogenanntes Multiplikationsgesetz).

5.3 Wahrscheinlichkeitsfunktion, Wahrscheinlichkeitsdichte, Verteilungsfunktion

Empirische Verteilungen haben wir durch absolute und relative Häufigkeiten, absolute und relative Summenhäufigkeiten sowie durch die verschiedenen Parameter der Zentraltendenz und Streuung charakterisiert.

Zufallsvariablen bzw. deren Verteilungen werden in entsprechender Weise charakterisiert. Der relativen Häufigkeitsverteilung entspricht dabei die Wahrscheinlichkeitsfunktion (einer diskreten Zufallsvariablen) bzw. die Wahrscheinlichkeitsdichte (einer stetigen Zufallsvariablen), der relativen Summenhäufigkeitsverteilung entspricht die Verteilungsfunktion. Darüber hinaus werden wir als Parameter der zentralen Tendenz den Mittelwert, als Parameter der Streuung die Varianz bzw. Standardabweichung kennenlernen.

Die Wahrscheinlichkeitsfunktion $f(x)$ einer diskreten Zufallsvariablen

X sei eine diskrete Zufallsvariable mit dem Ereignisraum $R = \{x_1, \ldots, x_N\}$ [1]) bzw. mit den möglichen Elementarereignissen $X = x_1, \ldots, X = x_N$.

Diejenige Funktion f, die jedem Ereignis $X = x_i$ seine Wahrscheinlichkeit $W(X = x_i)$ zuordnet und sonst 0 ist, heißt Wahrscheinlichkeitsfunktion (probability function).

$$f(x) = \begin{cases} W(X = x_i) & \text{für} \quad x = x_i \\ 0 & \text{sonst} \end{cases}$$

Wir schreiben auch kurz $f(x) = W(X = x)$.

Für alle x der Zufallsvariablen X gilt $f(x) \leqq 1$.

Die Wahrscheinlichkeitsfunktion für das Würfeln ist zum Beispiel

$$f(x) = \begin{cases} 1/6 & \text{für } x = 1, 2, \ldots, 6 \\ 0 & \text{sonst} \end{cases}$$

Graphisch läßt sich die Wahrscheinlichkeitsfunktion $f(x)$ für das Würfeln wie folgt darstellen (vgl. Abb. 28).

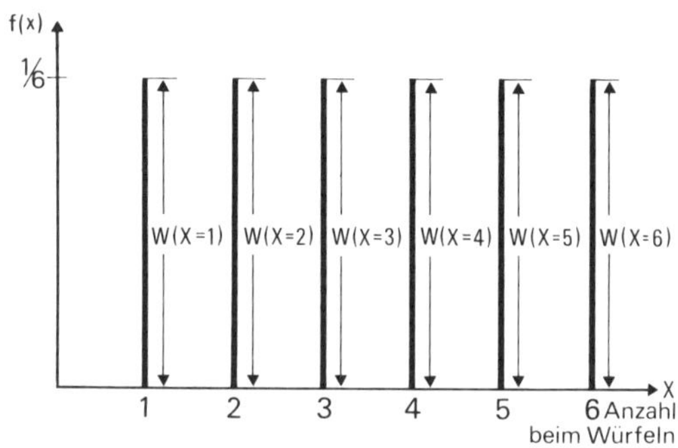

Abb. 28
Die Wahrscheinlichkeitsfunktion $f(x)$ der diskreten Zufallsvariablen X = Augenzahl beim Würfeln

[1]) Wenn wir von Zufallsvariablen sprechen, sind damit immer Grundgesamtheiten angesprochen. Wir bezeichnen ab jetzt die Anzahl der Elemente einer Grundgesamtheit mit N, den Stichprobenumfang mit n.

Unmittelbar aus der Definition der Wahrscheinlichkeitsfunktion und den Rechenregeln für die Wahrscheinlichkeit folgt:

$$\sum_{i=1}^{N} f(x_i) = 1,$$

da $1 = W(R) = W(\{X = x_1\} \cup \ldots \cup \{X = x_N\}) = W(\{X = x_1\}) + \ldots + W(\{X = x_N\})$

$$= f(x_1) + \ldots + f(x_N) = \sum_{i=1}^{N} f(x_i)$$

Die Verteilungsfunktion $F(x)$ einer diskreten Zufallsvariablen

Die Verteilungsfunktion $F(x)$ (distribution function) einer Zufallsvariablen X ordnet jedem x die Wahrscheinlichkeit $W(X \leq x)$ zu, daß X einen Wert kleiner/gleich x annimmt:

$$F(x) = W(X \leqq x)$$

Da für jede Ereignismenge A gilt: $W(A) \leqq 1$ und außerdem $W(R) = 1$ ist, gilt

$$0 \leqq F(x) \leqq 1$$

Ist X eine *diskrete Zufallsvariable*, so läßt sich $F(x)$ leicht berechnen durch

$$F(x) = W(X \leqq x) = \sum_{x_i \leqq x} f(x_i)$$

$F(x)$ entspricht damit den relativen Summenhäufigkeiten bei empirischen Verteilungen.

Für die Zufallsvariable X = Augenzahl beim Würfeln gilt:

$$F(1) = f(1) = 1/6$$
$$F(2) = f(1) + f(2) = 2/6 = 1/3$$
$$F(3) = f(1) + f(2) + f(3) = 3/6 = 1/2$$
$$F(4) = 2/3,\ F(5) = 5/6,\ F(6) = 1$$

Dabei ist zu beachten, daß $f(x)$ ja nur für die positiven ganzen Zahlen $1, 2, \ldots, 6$ Werte ungleich 0 annimmt. Man kann $F(x)$ auch für gebrochen rationale Zahlen berechnen.

So ist $F(1{,}31) = F(1) = 1/6$

$F(2{,}83) = F(2) = 1/3$ usw.

Die Verteilungsfunktion der Zufallsvariablen X = Augenzahl beim Würfeln ist in Abb. 29 dargestellt. Es handelt sich um eine sogenannte „Treppenkurve", die jeweils an den Stellen x nach oben springt, für die $f(x) > 0$ ist.

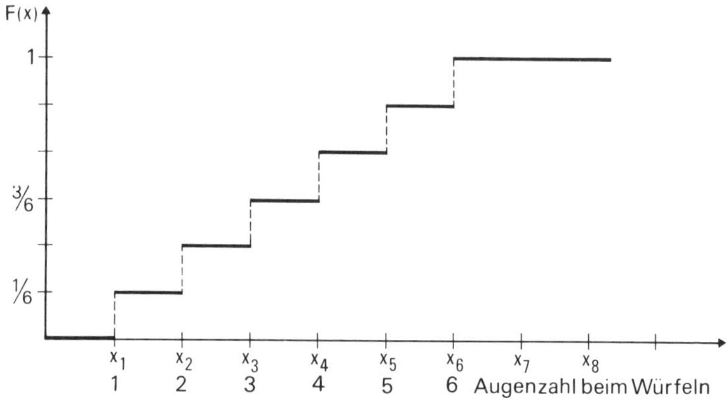

Abb. 29 Verteilungsfunktion $F(x)$ der diskreten Zufallsvariablen X = Augenzahl beim Würfeln

Verteilungsfunktion $F(x)$ und Wahrscheinlichkeitsdichte $f(x)$ einer stetigen Zufallsvariablen

Ist X eine *stetige Zufallsvariable*, so gibt es zwar keine Wahrscheinlichkeitsfunktion, da $W(X=x)$ in diesem Fall nicht definiert ist. Es existiert jedoch eine Verteilungsfunktion $F(x) = W(X \leqq x)$, denn die Aussage $W(X \leqq x)$ ist sehr wohl sinnvoll. Man kann nun mathematisch beweisen: Wenn X eine stetige Zufallsvariable ist, dann gibt es eine Funktion f, so daß die Verteilungsfunktion F von X dargestellt werden kann durch

$$F(x) = \int_{-\infty}^{x} f(t)\,\mathrm{d}t.$$

Das Integral $\int_{-\infty}^{x} f(t)\,\mathrm{d}t$ gibt dabei die Fläche unter der Kurve $f(t)$ von $-\infty$ bis $t = x$ an.

Außerdem gilt:

$$F(\infty) = \int_{-\infty}^{+\infty} f(t)\,\mathrm{d}t = W(X \leq +\infty) = 1$$

Die Funktion $f(x)$ nennt man die Wahrscheinlichkeitsdichte (probability density) der Zufallsvariablen X, und es gilt

$$f(x) = F'(x)$$

Abb. 30 veranschaulicht den Zusammenhang zwischen Verteilungsfunktion und Wahrscheinlichkeitsdichte. Es ist ersichtlich, daß dieser Zusammenhang als „Kurvenglättung" („Verstetigung") des Zusammenhangs zwischen der Wahrscheinlichkeitsfunktion und der Verteilungsfunktion bei einer diskreten Zufallsvariablen verstanden werden kann.

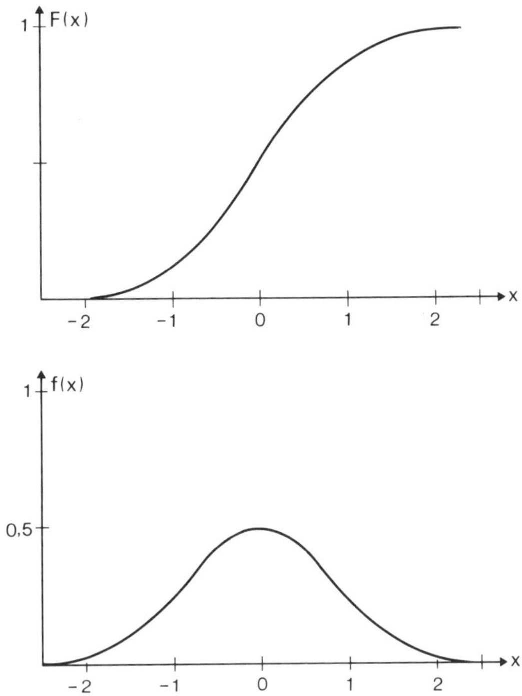

Abb. 30
Verteilungsfunktion $F(x)$ und Wahrscheinlichkeitsdrichte $f(x)$ einer stetigen Zufallsvariablen

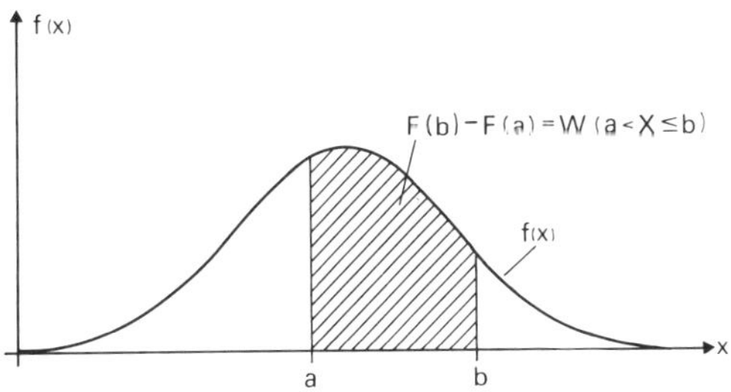

Abb. 31
Wahrscheinlichkeit $W(a < X \leqq b)$ für eine stetige Zufallsvariable X

Für eine stetige Zufallsvariable X läßt sich leicht die Wahrscheinlichkeit $W(a < X \leqq b)$ angeben, daß X einen Wert zwischen a und b annimmt. Es gilt nämlich (vgl. Abb. 31)

$$W(a < X \leq b) = \int_a^b f(t)\,\mathrm{d}t = F(b) - F(a)$$

mit $f(x)$ = Wahrscheinlichkeitsdichte von X

$F(x)$ = Verteilungsfunktion von X

Anschaulich ist $W(a < X \leq b)$ also gleich der Fläche unter der Kurve $f(x)$ zwischen a und b (vgl. Abb. 31).

Die Behauptung läßt sich leicht beweisen, wenn man bedenkt, daß laut Definition von F und W

$$W(a < X \leqq b) = W(x \leqq b) - W(X \leqq a)$$
$$= F(b) - F(a)$$

Parameter einer Zufallsvariablen

Die wichtigsten Parameter von Zufallsvariablen sind der Mittelwert μ (mean) und die Varianz (variance) σ^2.

Für diskrete Zufallsvariablen gilt:

$$\mu = \sum_{i=1}^{N} x_i f(x_i)$$

$$\sigma^2 = \sum_{i=1}^{N} (x_i - \mu)^2 f(x_i)$$

mit $f(x)$ = Wahrscheinlichkeitsfunktion von X

Diese Aussagen sind unmittelbar einsichtig, wenn man die $f(x_i)$ als relative Häufigkeiten interpretiert. Die beiden Aussagen entsprechen dann nämlich unseren Definitionen des arithmetischen Mittelwertes und der Standardabweichung für empirische Verteilungen.

Für stetige Zufallsvariablen gilt:

$$\mu = \int_{-\infty}^{+\infty} x f(x)\,\mathrm{d}x$$

$$\sigma^2 = \int_{-\infty}^{+\infty} (x - \mu)^2 f(x)\,\mathrm{d}x$$

5.4 Theoretische Verteilungen

Verteilungen von Grundgesamtheiten bzw. von Zufallsvariablen nennt man theoretische Verteilungen (probability distribution). Unter ihnen nimmt die Normalverteilung – auch Gaußsche oder Moivresche Verteilung genannt [1]) – eine zentrale Stellung ein, da sich viele empirische (Stichproben-)Verteilungen oberhalb eines bestimmten Stichprobenumfangs durch die Normalverteilung approximieren lassen. Außerdem basieren zahlreiche statistische Schätz- und Prüfverfahren auf der

[1]) de Moivre (1667–1754); Gauß (1777–1855)

Normalverteilung, indem sie nur anwendbar sind, falls die jeweils betrachtete(n) Grundgesamtheit(en) normal verteilt sind.

Aus diesem Grund wird die Normalverteilung im folgenden ausführlich behandelt, zumal sich an ihr gut die Arbeit mit theoretischen Verteilungen demonstrieren läßt.

Weitere theoretische Verteilungen werden nur kurz vorgestellt. Es handelt sich dabei um die t-Verteilung, die F-Verteilung, die χ^2-Verteilung (Chi-Quadrat-Verteilung), die wie die Normalverteilung stetige Verteilungen sind, und um die diskreten Verteilungen Binomialverteilung und Poissonverteilung.

Die Normalverteilung, Standardnormalverteilung

Die stetige Zufallsvariable mit der Wahrscheinlichkeitsdichte

$$f(x) = \frac{1}{b\sqrt{2\pi}} \cdot e^{-\frac{1}{2}\left(\frac{x-a}{b}\right)^2}$$

mit a, b reelle Zahlen

$$b > 0 \qquad \pi = 3,1416\ldots \qquad e = 2,7183\ldots$$

nennt man Normalverteilung (normal distribution). Mittelwert und Standardabweichung der Normalverteilung sind

$$\mu = a \qquad \sigma = b.$$

Deshalb schreibt man auch $$f(x) = \frac{1}{\sigma\sqrt{2\pi}} e^{-\frac{1}{2}\left(\frac{x-\mu}{\sigma}\right)^2}$$

Abb. 32 zeigt diese Wahrscheinlichkeitsdichte.

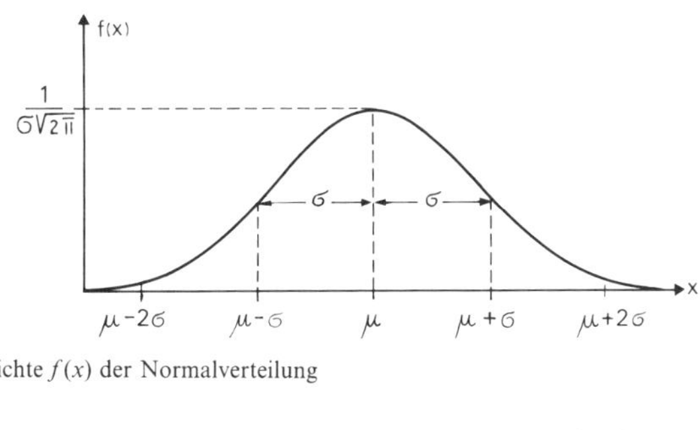

Abb. 32 Die Wahrscheinlichkeitsdichte $f(x)$ der Normalverteilung

Ihre Gestalt ist „glockenförmig", man spricht deshalb auch von Glockenkurve. Aus Abb. 32 lassen sich die Eigenschaften der Normalverteilung leicht erkennen: Die Normalverteilung ist unimodal, sie erreicht ihr Maximum für $x = \mu$ mit $f(x) = 1/\sigma\sqrt{2\pi}$. Von dort fällt die Kurve nach beiden Seiten ab. Für $x \to +\infty$ und $x \to -\infty$ geht $f(x)$ gegen 0, d.h. die x-Achse ist eine Asymptote.

Die Normalverteilung ist symmetrisch zur Achse $x = \mu$. Man sagt auch einfach: Sie ist symmetrisch um μ. D.h., für ein beliebiges x gilt: $f(\mu - x) = f(\mu + x)$.

Wie man der Gleichung für die Wahrscheinlichkeitsdichte entnimmt, ist $f(x)$ durch die beiden Parameter μ und σ eindeutig bestimmt. Es gibt also unendlich viele Normalverteilungen, je nachdem, wie man μ und σ wählt. Erst die Wahl eines μ und eines σ führen zu einer bestimmten Normalverteilung. Dabei legt der Mittelwert μ die Lage der Verteilung bezüglich der x-Achse fest, d.h., er bestimmt, ob die Kurve insgesamt weiter links oder rechts auf der x-Achse liegt. Durch die Standardabweichung σ wird dagegen die Form der Kurve festgelegt: Je größer σ ist, desto flacher und „breiter“ ist die Verteilung (vgl. Abb. 33).

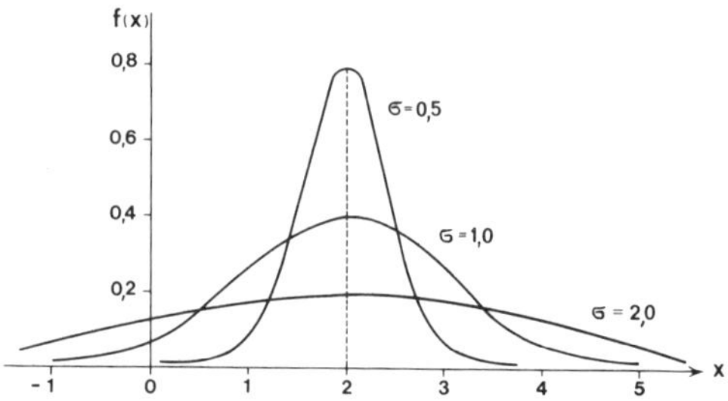

Abb. 33
Wahrscheinlichkeitsdichten der Normalverteilung für $\mu = 2$ und $\sigma = 0{,}5$; 1,0 und 2,0

Da eine Normalverteilung durch μ und σ eindeutig bestimmt ist, sagt man auch: Eine Zufallsvariable ist mit (μ, σ) normalverteilt bzw. eine Zufallsvariable weist eine $N(\mu, \sigma)$-Verteilung auf. Eine $N(2,3)$-Verteilung ist demnach eine Normalverteilung mit $\mu = 2$ und $\sigma = 3$.

Standardisiert man eine mit (μ, σ) normalverteilte Zufallsvariable X, indem man statt X die Variable Z mit

$$z = \frac{x - \mu}{\sigma}$$

betrachtet, so ist Z normalverteilt mit $(0, 1)$, d.h. Z ist eine $N(0,1)$-Verteilung bzw. Z hat den Mittelwert $\mu = 0$ und die Standardabweichung $\sigma = 1$.

Diese Zufallsvariable Z nennt man standardnormalverteilt. Für ihre Wahrscheinlichkeitsdichte schreibt man $\varphi(z)$, und es gilt:

$$\varphi(z) = \frac{1}{\sqrt{2\pi}}\, e^{-\frac{z^2}{2}}$$

Ihre Verteilungsfunktion wird entsprechend $\phi(z)$ geschrieben:

$$\phi(z) = \int_{-\infty}^{z} \varphi(z)\, dz = \frac{1}{\sqrt{2\pi}} \int_{-\infty}^{z} e^{-\frac{z^2}{2}}\, dz$$

Abb. 34 zeigt die Wahrscheinlichkeitsdichte und Verteilungsfunktion der Standardnormalverteilung.

Die Eigenschaften der Standardnormalverteilung entsprechen denen der Normalverteilung. Insbesondere ist die Standardnormalverteilung symmetrisch um $0 = \mu$, d.h. $\varphi(-z) = \varphi(z)$.
Wichtig ist für praktische Zwecke, daß den Werten $\mu \pm a\sigma$ einer mit (μ, σ) normalverteilten Zufallsvariablen die Werte $\pm a$ der Standardnormalverteilung entsprechen (vgl. Abb. 34).

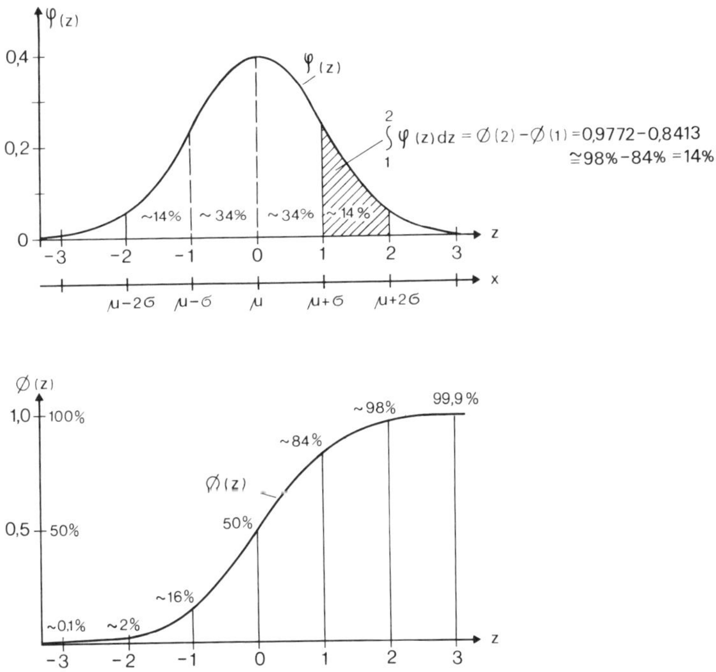

Abb. 34 Wahrscheinlichkeitsdichte $\sigma(z)$ und Verteilungsfunktion $\phi(z)$ der Standardnormalverteilung

Da sich jede Normalverteilung in eine Standardnormalverteilung (und umgekehrt) transformieren läßt, kommt der Standardnormalverteilung eine zentrale Bedeutung zu. Wir wollen deshalb noch einige wichtige Eigenschaften der Verteilungsfunktion der Standardnormalverteilung festhalten, die sich aus den allgemeinen Bemerkungen über Verteilungsfunktionen stetiger Zufallsvariablen und der Symmetrieeigenschaft der Standardnormalverteilung ergeben.

(1) $W(Z \leqq z) = \phi(z)$

(2) $W(Z > z) = 1 - \phi(z)$

Da $W(Z > z) + W(Z \leqq z) = 1$ ist, folgt $W(Z > z) = 1 - W(Z \leqq z) = 1 - \phi(z)$.
Für $1 - \phi(z)$ schreibt man auch der Kürze wegen $\phi^*(z)$.
Die „Flächen“ $\phi(z)$ und $\phi^*(z)$ zeigt Abb. 35.

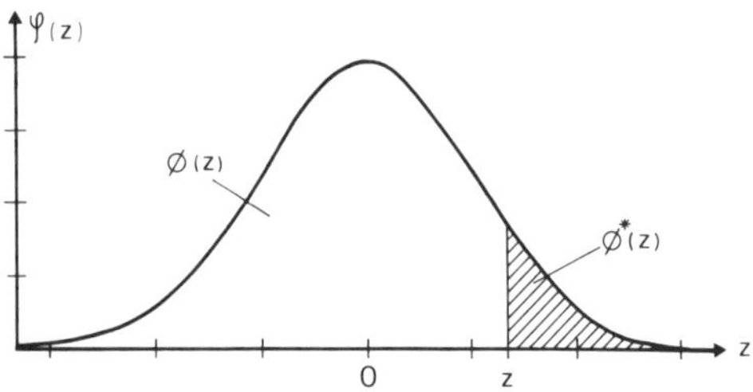

Abb. 35
Die Flächen $\phi(z)$ und $\phi^*(z)$ der Standardnormalverteilung

(3) $W(Z \leqq -z) = 1 - \phi(z) = \phi^*(z) = \phi(-z)$
Da $\varphi(z) = \varphi(-z)$, ist $\phi(-z) = 1 - \phi(z)$ bzw.
$W(Z \leqq -z) = W(Z > z)$

(4) $W(a < Z \leqq b) = \phi(b) - \phi(a)$

Die Werte der Verteilungsfunktion $\phi(z)$ liegen in Tafel 2 (Anhang) für positive z vor. Für negative z kann man ϕ mit Hilfe von (3) einfach berechnen.

Beispiele:

$\phi(2) = 0{,}9772 = 97{,}72\,\%$

$\phi(-2) = 1 - \phi(2) = 0{,}0228 = 2{,}28\,\%$

$W(1 < Z \leqq 2) = \phi(2) - \phi(1) = 0{,}9772 - 0{,}8413 = 0{,}1359 = 13{,}59\,\%$

$W(Z > 1{,}5) = 1 - \phi(1{,}5) = 1 - 0{,}9332 = 0{,}0668 = 6{,}68\,\%$

Anwendungsbeispiel: Für eine Klimastation sind über einen Zeitraum von 50 Jahren die jährlichen Niederschlagsmengen erhoben worden. Die empirische Verteilung entspreche einer Normalverteilung mit dem Mittelwert $\mu = 400$ mm und der Standardabweichung $\sigma = 100$ mm. Folgende Fragen sollen beantwortet werden:

(1) In wieviel % der Jahre fällt ein Niederschlag von weniger als 300 mm?
In wieviel % der Jahre fällt ein Niederschlag von mehr als 425 mm?

(2) Welche Niederschlagsmenge wird in 95 % der Jahre übertroffen?

Zu (1): Dieser Fragetypus ist z.B. für die Landwirtschaft in Trockengebieten der Erde von Bedeutung. Im statistischen Sinn ist nach den Wahrscheinlichkeiten $W(X \leqq 300)$ und $W(X > 425)$ für die mit (400,100) normalverteilte Zufallsvariable „Jahresniederschlag in mm' gefragt,

also $\quad W(X \leqq 300) = ?$

$\qquad\quad W(X > 425) = ?$

Wir müssen diese x-Werte zur Beantwortung der Frage in standardisierte z-Werte umwandeln.

Dem Wert $x_1 = 300$ entspricht bei der Standardnormalverteilung der Wert

$$z_1 = \frac{300 - \mu}{\sigma} = \frac{300 - 400}{100} = -1{,}0$$

Entsprechend ergibt sich für $x_2 = 425$ der Wert

$$z_2 = \frac{425 - \mu}{\sigma} = \frac{425 - 400}{100} = 0{,}25$$

Unsere beiden Fragen lassen sich also äquivalent formulieren:

$$W(X \leqq 300) = W(Z \leqq -1) = \phi(-1) = 1 - \phi(1) = ?$$

$$W(X > 400) = W(Z > 0{,}25) = 1 - \phi(0{,}25) = ?$$

Aus Tafel 2 (Anhang) entnehmen wir

$$\phi(1) = 0{,}8413, \text{ also } W(X \leqq 300) = 1 - \phi(1) = 0{,}1587 = 15{,}87\,\%$$

$$\phi(0{,}25) = 0{,}5987, \text{ also } W(X > 425) = 1 - \phi(0{,}25) = 0{,}4013 = 40{,}13\,\%$$

Das heißt: In 15,87% der Jahre ist an der Klimastation mit einer jährlichen Niederschlagsmenge von höchstens 300 mm zu rechnen, in 40,13% der Jahre sind dagegen mehr als 425 mm Niederschlag zu erwarten.

Abb. 36 veranschaulicht diese Wahrscheinlichkeiten.

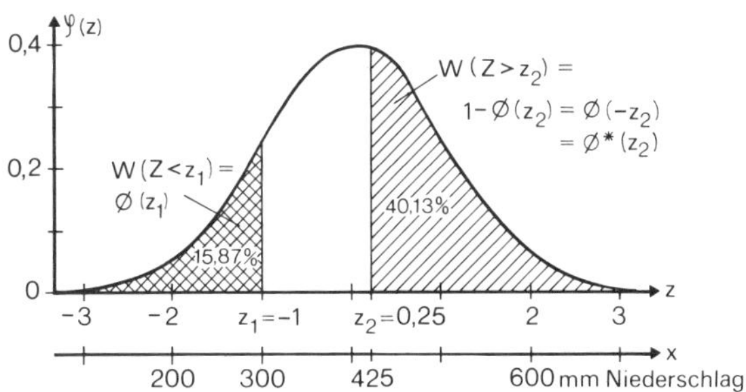

Abb. 36
Graphische Darstellung der Wahrscheinlichkeiten zu Frage (1)

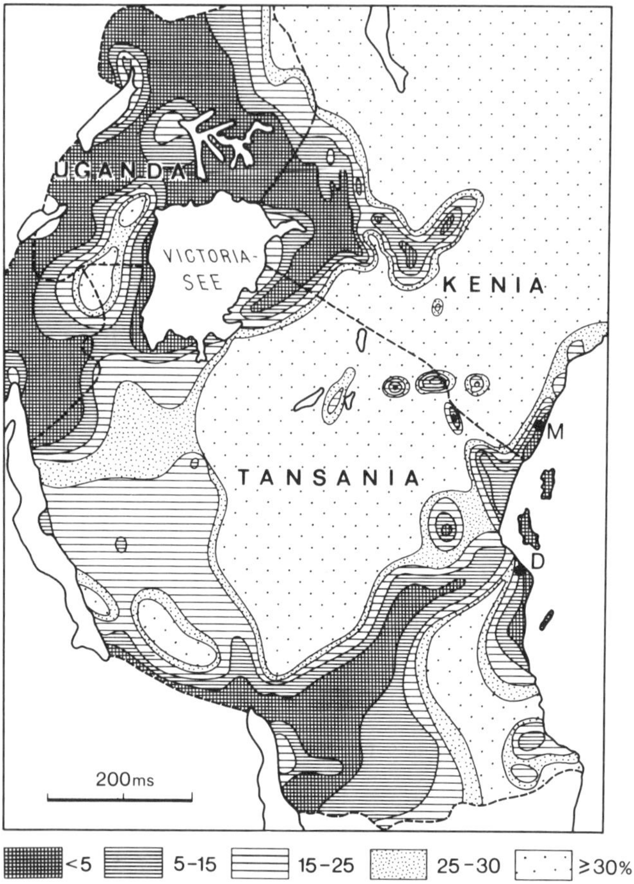

Abb. 37 Wahrscheinlichkeit der Jahre (%), in denen in Ostafrika weniger als 30 inches Niederschlag im Jahr fallen
Quelle: GLOVER, ROBINSON und HENDERSON 1954, S. 606

GLOVER, ROBINSON und HENDERSON (1954) geben zu dieser Frage ein instruktives Beispiel. Sie haben für die Klimastationen Ostafrikas die Wahrscheinlichkeit der Jahre berechnet, in denen weniger als 30 inches (1 inch entspricht etwa 2,5 cm) Niederschläge im Jahr fallen. Stationen mit gleicher Wahrscheinlichkeit wurden anschließend miteinander verbunden (vgl. Abb. 37).

Ein anderes Beispiel ist dem sowjetischen Agraratlas (Atlas sel'skogo chozjajstva SSSR, Moskau 1960, Abb. S. 41 – Begleittext S. 303) zu entnehmen.

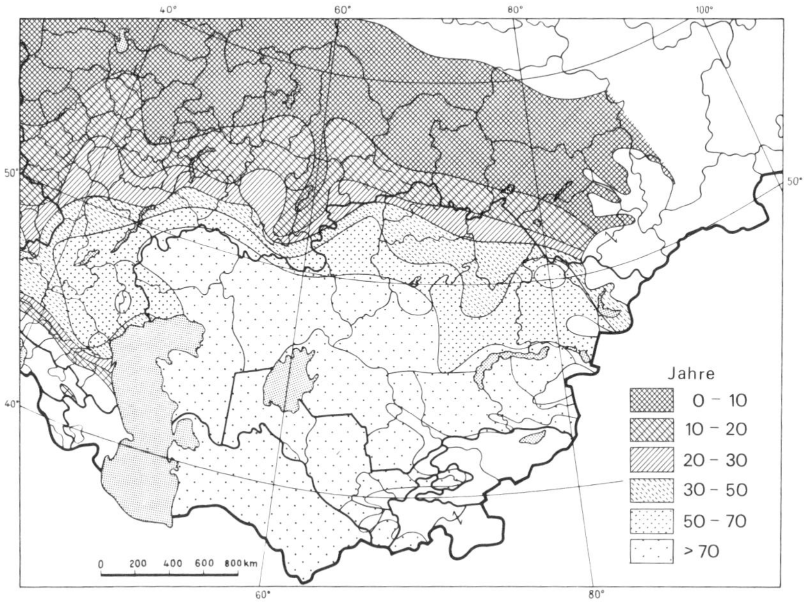

Abb. 38 Wahrscheinlichkeit der Jahre (%), in denen im Süden der Sowjet-Union infolge von Trockenwinden (suchovej) Schäden beim Sommerweizen zu erwarten sind
Quelle: Atlas sel'skogo chozjajstva SSR, Moskau 1960, S. 41

CUBERBILLER hat für die Sowjetunion die Wahrscheinlichkeit der Jahre berechnet, in denen Getreideschäden infolge von Trockenwinden (suchovej) zu erwarten sind.

Ein Teil der Karte ist hier als Abb. 38 für den Sommerweizen wiedergegeben. Man kann der Abbildung entnehmen, daß in den kasachstanischen, mittelasiatischen und nordkaukasischen Bereichen der Sowjetunion, also im wesentlichen in den Trockengebieten der Sowjetunion, in mehr als 50% der Jahre auf Grund von Trockenwinden Schäden beim Sommerweizen zu erwarten sind.

Zu (2): Während bei den Fragen (1) die Wahrscheinlichkeiten gesucht werden, mit denen gegebene Werte unter- bzw. überschritten werden, geht es bei dieser Frage darum, den Wert zu bestimmen, der mit einer vorgegebenen Wahrscheinlichkeit (z.B. 95%) überschritten wird.

Gefragt sei z.B. nach der jährlichen Niederschlagsmenge, die in 95% der Jahre in München überschritten wird. Gesucht wird also der Wert x, für den $W(X > x) = 0{,}95$ ist.

Wir bestimmen dazu mit Hilfe von Tafel 2 (Anhang) zunächst den Wert z, für den

$$W(Z > z) = 1 - \phi(z) = 0{,}95$$

bzw. $$\phi(z) = 1 - 0{,}95 = 0{,}05 \quad \text{ist.}$$

Die Funktion $\phi(z)$ ist allerdings in Tafel 2 nur für positive z tabelliert. Da $\phi(0) = 0{,}5$ ist, suchen wir offensichtlich ein negatives z, das wir nicht direkt der Tafel 2 entnehmen können.

Wir können aber ein positives z^* bestimmen, für das gilt:

$$z = -z^* \quad \text{und} \quad \phi(z) = 0{,}05$$

Denn es ist

$$\phi(z) = 1 - \phi(-z) = 1 - \phi(z^*) = 0{,}05$$

und damit

$$\phi(z^*) = 1 - \phi(z) \quad = 0{,}95.$$

Daraus ergibt sich (vgl. Tafel 2):

$$z^* = 1{,}645 \quad \text{und} \quad z = -1{,}645.$$

Wir müssen diesen z-Wert nun in den zugehörigen x-Wert unserer $N(400, 100)$-Verteilung transformieren.

Aus $\quad z = \frac{x - \mu}{\sigma}$

ergibt sich

$$x = z\sigma + \mu,$$

also $\quad x = -1{,}645 \cdot 100 + 400 = -164{,}5 + 400 = 235{,}5.$

Das heißt: In 95 % der Jahre ist mit einem Niederschlag von mehr als 235,5 mm zu rechnen.

Abb. 39 veranschaulicht diese Aussage.

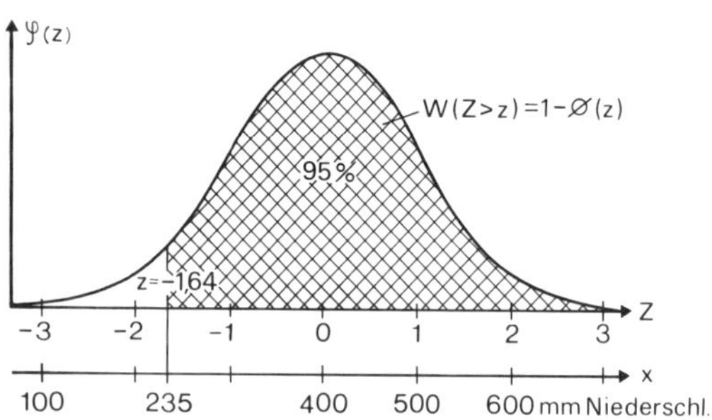

Abb. 39
Graphische Darstellung der Wahrscheinlichkeit zu Frage (2)

Diese Fragestellung läßt sich auf größere Gebiete ausdehnen, indem z.B. für alle Stationen des Gebiets die in 90 % der Jahre nicht überschrittene Niederschlagsmenge bestimmt und die Stationen mit der gleichen Niederschlagsmenge durch Isolinien verbunden werden.

GREGORY (1964) hat am Beispiel der Britischen Inseln die Fragestellung behandelt, welche Niederschlagsmenge in 10 % der Jahre nicht überschritten wird bzw. welche Niederschlagsmenge in 90 % der Jahre überschritten wird. Durch Interpolation konnten die Isolinien mit mindestens 50, 40, 30 und 20 inches Jahresniederschlag in 90 % der Jahre konstruiert werden. Die daraus resultierende Karte ist als Abb. 40 hier wiedergegeben.

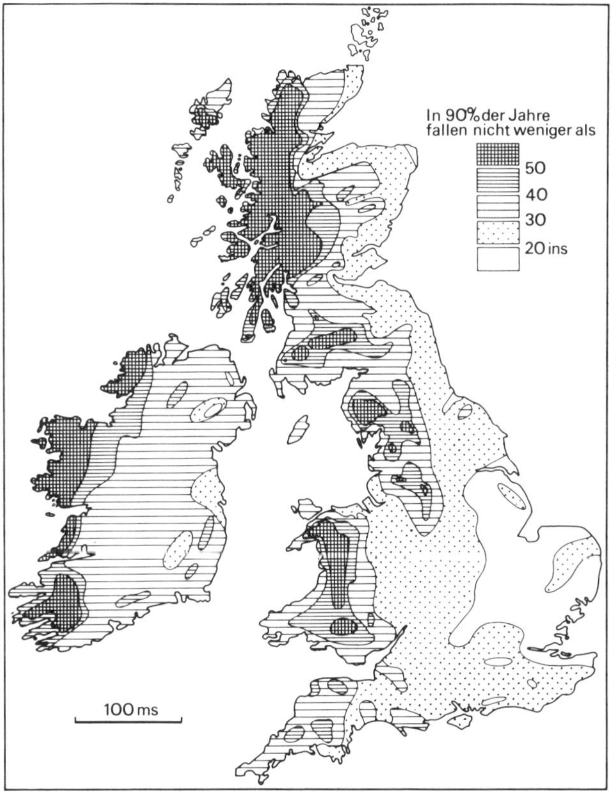

Abb. 40 Jährliche Niederschlagsmengen auf den Britischen Inseln, die in 90 % der Jahre überschritten werden
Quelle: GREGORY 1964, S. 56

Es zeigt sich, daß nahezu entlang der gesamten Westküste in 90 % der Jahre nicht weniger als 50 inches (etwa 1250 mm) Niederschlag im Jahr zu erwarten sind, entlang der Ostküste dagegen lediglich nur mit mindestens 30 inches (etwa 750 mm) zu rechnen ist.

Häufig ist man nicht an der Wahrscheinlichkeit interessiert, mit der bestimmte Werte einer normalverteilten Zufallsvariablen unter- oder überschritten werden, sondern – vor allem bei Schätzungen (s. Abschn. 5.5) – an der Wahrscheinlichkeit, mit der der Wert einer normalverteilten Zufallsvariablen in einem symmetrisch um den Mittelwert gelegenen Intervall liegt.

Sind die Intervallgrenzen gegeben (z. B. $\mu - a$ und $\mu + a$), so ist die Wahrscheinlichkeit $W(\mu - a < X \leqq \mu + a)$ gesucht. Ist umgekehrt die Wahrscheinlichkeit gegeben, mit der die Variablenwerte in dem Intervall liegen, so sind die Intervallgrenzen $\mu - a$ und $\mu + a$ gesucht.

Den beiden Fragestellungen entspricht bei der Standardnormalverteilung die Frage, in welchem Intervall $(-z, z)$ mit welcher Wahrscheinlichkeit die Werte liegen.

Nun ist $W(-z < Z \leqq z) = \phi(z) - \phi(-z) = D(z)$.

Die Funktion $D(z)$ liegt ebenfalls in tabellierter Form in Tafel 2 (Anhang) vor (vgl. auch Abb. 41).

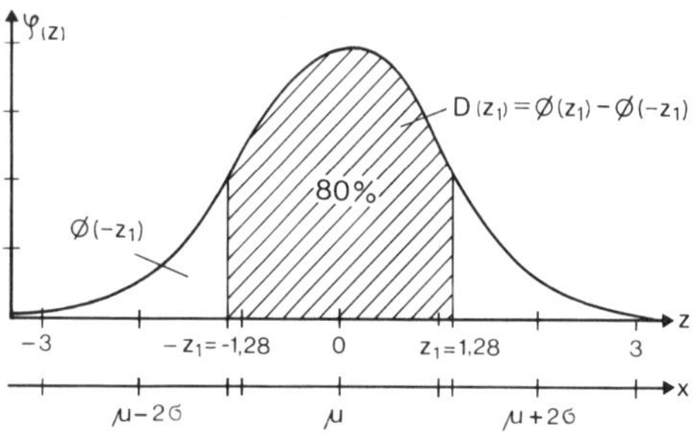

Abb. 41
Die Fläche $D(z)$ der Standardnormalverteilung

Um ihre Anwendung zu demonstrieren, greifen wir noch einmal auf das *Beispiel* der Niederschlagsmengen zurück.

Gefragt ist, zwischen welchen Grenzen 80 % der Jahresniederschläge liegen.

Aus $W(-z < Z \leqq z) = D(z) = 0{,}8$ erhält man mit Hilfe von Tafel 2 $z = 1{,}28$. D.h. bei der Standardnormalverteilung befinden sich 80 % der Werte in dem Intervall $(-1{,}28; 1{,}28)$. Werden die Grenzen zu den entsprechenden Grenzen der $N(400, 100)$-Verteilung zurücktransformiert, ergibt sich wegen $x = \sigma z + \mu$

$$x_1 = 100 \cdot (-1{,}28) + 400 = -128 + 400 = 272$$
$$x_2 = 100 \cdot \quad 1{,}28 \; + 400 = \quad 528\,.$$

D.h., 80 % der Niederschlagssummen liegen zwischen 272 mm und 528 mm.

Weitere theoretische Verteilungen

Ein wesentliches Ziel der im folgenden Kapitel 5.5 vorgestellten Verfahren besteht darin, von Eigenschaften einer Stichprobe auf solche der Grundgesamtheit zu schließen.

Insbesondere wollen wir auf der Grundlage von Stichproben Parameter der Grundgesamtheit (z.B. Mittelwert und Standardabweichung) schätzen und bestimmte Hypothesen über Eigenschaften von Grundgesamtheiten überprüfen. Dazu dienen neben der Normalverteilung weitere theoretische Verteilungen, die man auch Prüfverteilungen oder Stichprobenverteilungen nennt. Derartige Verteilungen gewinnt man auf folgendem Weg.

Man nehme alle Stichproben vom Umfang n aus der Grundgesamtheit einer stetigen Zufallsvariablen und berechne für jede Stichprobe einen bestimmten Parameter A (z.B. den Mittelwert). A wird nun variieren, da sein Wert davon abhängt, welche n Elemente genau gezogen wurden. D.h. A ist eine Funktion der Stichprobenelemente $x_1, \ldots, x_n : A = f(x_1, \ldots, x_n)$ und wird als Stichprobenfunktion bezeichnet. Im Falle des Mittelwertes gilt z.B.

$$A = \frac{1}{n}(x_1 + \ldots + x_n).$$

A ist nun selbst wieder eine stetige Zufallsvariable, und es kann die Verteilung von A bestimmt werden.

Falls z.B. X normalverteilt ist und A der Mittelwert von Stichproben vom Umfang n ist, so ist A normalverteilt um den Mittelwert $\mu_A = \mu$ (μ = Mittelwert von X) mit der Standardabweichung $\sigma_A = \sigma/\sqrt{n}$ (σ = Standardabweichung von X).

Wir wollen einige wichtige theoretische Verteilungen nun kurz vorstellen, ohne sie jedoch abzuleiten.

Die t-Verteilung

Die t-Verteilung (t-distribution) ist der Standardnormalverteilung sehr ähnlich, sie hat den Mittelwert 0 und ist ebenfalls symmetrisch um 0. Ihre Standardabweichung ist jedoch größer als 1, d.h., sie hat eine flachere Form (vgl. Abb. 42).

Sie hat eine einzige Bestimmungsgröße, den sogenannten Freiheitsgrad FG. Je kleiner FG ist, desto flacher ist die Verteilung, denn die t-Verteilung hat die Varianz

$$\sigma_t^2 = \frac{FG}{FG - 2}.$$

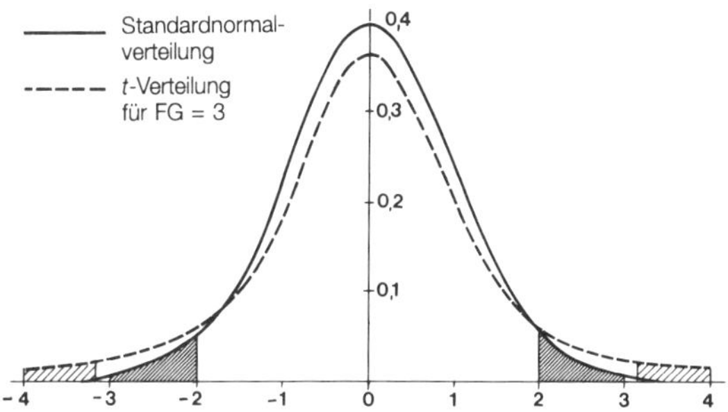

Abb. 42
Die t-Verteilung (für FG = 3) und die Normalverteilung
Quelle: Hengst 1967, S. 135

Für $FG > 30$ stimmt die t-Verteilung gut mit der Standardnormalverteilung überein, da dann $\sigma_t^2 \approx 1$ ist.

Es ist an dieser Stelle kurz der Begriff des Freiheitsgrades zu erläutern. Unter dem Freiheitsgrad einer Stichprobenfunktion (bzw. einer Prüfverteilung) versteht man die Anzahl der Stichprobenelemente, die zur Berechnung des Wertes der Stichprobenfunktion aus einer Stichprobe notwendig und hinreichend ist. Für die Stichprobenfunktion „Mittelwert" werden alle n Stichprobenelemente benötigt, also ist $FG = n$. Für die Stichprobenfunktion „Standardabweichung" werden dagegen nur $n-1$ Elemente benötigt, da die Berechnung der Standardabweichung die Kenntnis des arithmetischen Mittels voraussetzt. Aus dem arithmetischen Mittel läßt sich aber mit Hilfe von $(n-1)$ Elementen das n-te Element berechnen, das deshalb nicht notwendig für die Berechnung der Standardabweichung ist.

Allgemein gilt daher: Der FG ist gleich der Anzahl der Stichprobenelemente minus der Anzahl der bereits geschätzten Parameter, die zur Berechnung des Wertes der Stichprobenfunktion notwendig sind.

Die χ^2-Verteilung (Chi-Quadrat-Verteilung)

Die χ^2-Verteilung (chi-square distribution) ist eine stetige, asymmetrische Verteilung und nur für positive Werte definiert. Sie hat als einzige Bestimmungsgröße den Freiheitsgrad FG. Abb. 43 zeigt verschiedene χ^2-Verteilungen.

Wie man sieht, nähert sich die χ^2-Verteilung mit zunehmendem FG einer Normalverteilung, und zwar einer $N(FG, 2\,FG)$-Verteilung.

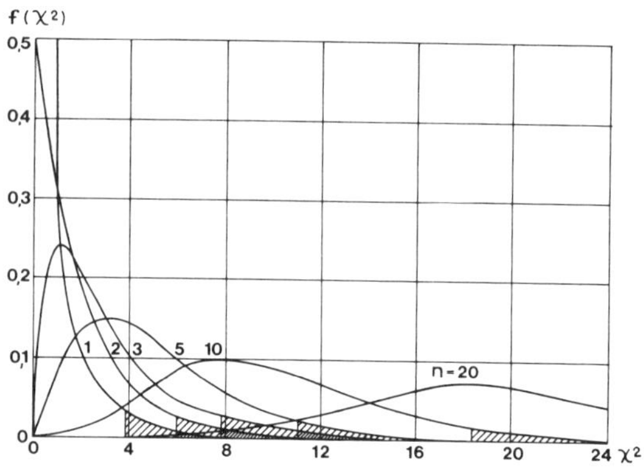

Abb. 43
Chi-Quadrat-Verteilungen für $n = 1, 2, 3, 5, 10$ und 20 Freiheitsgraden mit Verwerfungsbereich für $\alpha = 5\%$
Quelle: Linder 1964, S. 95

Die F-Verteilung

Die F-Verteilung ist wie die χ^2-Verteilung asymmetrisch und nur für positive Werte definiert. Sie hängt von 2 Bestimmungsgrößen ab, die beide Freiheitsgrade sind.

Diskrete Verteilungen

Bei einem Zufallsexperiment sei die Wahrscheinlichkeit, daß ein bestimmtes Ereignis E eintritt, $W(E) = p$.

Man kann sich nun fragen, wie groß die Wahrscheinlichkeit dafür ist, daß das Ereignis E genau k-mal eintritt, wenn man das Zufallsexperiment genau n-mal durchführt. Die Antwort wird durch die folgende Wahrscheinlichkeitsfunktion, die sogenannte Binomialverteilung, gegeben:

$$f(k)=\binom{n}{k}\cdot p^k\cdot(1-p)^{n-k} \qquad \text{(für } 0\le k\le n\text{)}$$

mit

$$\binom{n}{k}=\frac{n!}{k!\,(n-k)!} \qquad \text{(sprich „}n\text{ über }k\text{“)}$$

$$n!=1\cdot 2\cdot 3\ldots n \qquad \text{(sprich „}n\text{ Fakultät“)}$$

$$0!=1$$

$$\binom{n}{0}=1$$

Die Binomialverteilung hat 2 Bestimmungsgrößen, n und p. Abb. 44 zeigt verschiedene Binomialverteilungen. Die Binomialverteilung ist symmetrisch für $p = 0{,}5$ und nähert sich mit wachsendem n einer Normalverteilung.

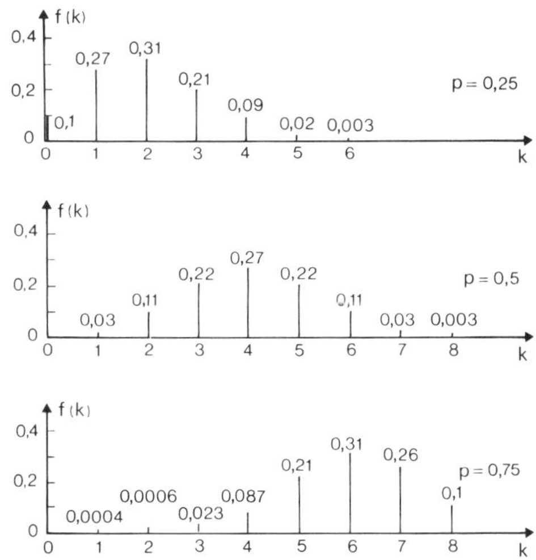

Abb. 44
Wahrscheinlichkeitsfunktion $f(k)$ der Binomialverteilung für $n = 8$ und verschiedene Werte von p

Für Mittelwert und Varianz der Binomialverteilung gilt:

$$\mu = n\cdot p$$

$$\sigma^2 = n\cdot p\cdot(1-p)$$

Beispiel: Wie groß ist die Wahrscheinlichkeit, daß bei 10maligem Werfen einer Münze 8mal „Kopf“ oben liegt?

In diesem Fall ist $p = 0{,}5$, $n = 10$, $k = 8$ und für $f(8)$ ergibt sich

$$\begin{aligned} f(8) &= \binom{10}{8} \cdot 0{,}5^8 \cdot 0{,}5^2 \\ &= \frac{10!}{8!\,2!}\, 0{,}5^{10} = \frac{10!}{8!\,2!} \left(\frac{1}{2}\right)^{10} \\ &= \frac{9 \cdot 10}{1 \cdot 2} \cdot \left(\frac{1}{2}\right)^{10} = \frac{90}{2} \cdot \frac{1}{1024} \\ &= 45/1024 \approx 4{,}4\,\% \end{aligned}$$

Bei großem n und kleinem p ist die Binomialverteilung umständlich zu berechnen. In solchen Fällen ist es sinnvoll, die sogenannte Poisson-Verteilung zu benutzen, die für große n und kleine p bei konstantem μ die Binomialverteilung gut approximiert. Ihre Wahrscheinlichkeitsfunktion ist

$$f(k) = \frac{\mu^k}{k!} e^{-\mu} \qquad k = 0, 1, \ldots$$

mit $e = 2{,}7183$

μ = Mittelwert der Verteilung

Die Poisson-Verteilung ist durch ihren Mittelwert μ eindeutig bestimmt. Außerdem stimmen Varianz und Mittelwert bei ihr überein: $\sigma^2 = \mu$.

Abb. 45 zeigt Wahrscheinlichkeitsfunktionen der Poisson-Verteilung für verschiedene μ. Die Poisson-Verteilung findet vor allem Anwendung auf „seltene“ Ereignisse, deren Wahrscheinlichkeit bei einem Zufallsexperiment sehr klein ist. Verteilt man Punkte zufällig auf die Gitterfelder eines Gitternetzes, läßt sich die resultierende Häufigkeitsverteilung gut durch eine Poisson-Verteilung beschreiben.

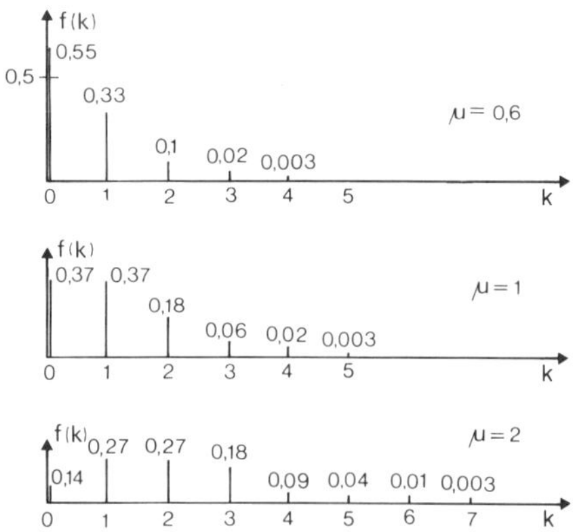

Abb. 45
Wahrscheinlichkeitsfunktion $f(k)$ der Poisson-Verteilung für $\mu = 0{,}6;\ 1;\ 2$

5.5 Einführung in die Schätz- und Teststatistik

Der empirische Wissenschaftler möchte häufig Aussagen über eine oder mehrere Grundgesamtheiten machen: über alle Wahlberechtigten in der BRD, über alle Pkw-Fahrer, über alle Städte in der BRD, über alle ländlichen Regionen in der BRD, über den Zusammenhang zwischen Temperatur und Verdunstung an allen Klimastationen usw. .

Statistische Aussagen über Grundgesamtheiten betreffen vor allem Angaben über die Verteilung (Häufigkeitsverteilung) oder die Parameter (z.B. arithmetisches Mittel, Standardabweichung) einer Zufallsvariablen.

Aus praktischen und theoretischen Gründen – z.B. im Fall unendlicher Grundgesamtheiten – ist es jedoch meistens unmöglich, Grundgesamtheiten zu untersuchen. Man begnügt sich stattdessen mit Stichproben und schließt von den Informationen, die man über die Stichprobe hat, auf statistische Eigenschaften der Grundgesamtheit.

Zwei Arten von Fragestellungen können wir unterscheiden.

(1) Man kennt bestimmte Parameter der Stichprobe und möchte mit ihrer Hilfe die entsprechenden Parameter der Grundgesamtheit schätzen, d.h. man schließt von einem Parameter p der Stichprobe auf den entsprechenden Parameter π der Grundgesamtheit.

Da Stichproben Zufallsauswahlen aus Grundgesamtheiten darstellen, ist ein solcher Schluß nicht mit absoluter Sicherheit möglich. Man kann höchstens sagen, in welchem Intervall der Parameter π der Grundgesamtheit mit einer gewissen Wahrscheinlichkeit liegt. Ein derartiges Intervall bezeichnet man als Konfidenzintervall. Wir werden uns mit derartigen Fragen im Abschnitt 5.5.1 beschäftigen.

(2) Der zweite Fragetypus bezieht sich auf Prüfungen und soll an zwei Beispielen verdeutlicht werden.

(a) Wir hatten bei dem Anwendungsbeispiel zur Normalverteilung etwas vorschnell festgestellt, daß die empirische Verteilung der Jahresniederschläge an der Klimastation einer Normalverteilung mit dem Mittelwert $\mu = 400$ mm und der Standardabweichung $\sigma = 100$ mm „entspricht". Die 50jährige Datenreihe stellt jedoch nur eine Stichprobe dar, für die wir als Parameter $\bar{x} = 400$ mm und als Standardabweichung $s = 100$ mm gegeben hatten. Daß die Stichprobenwerte normalverteilt sind, ist zunächst nicht mehr als eine Hypothese (Vermutung), die erst noch zu prüfen ist. Genauer ist die Hypothese zu prüfen: Die 50 Jahresniederschläge stellen eine Stichprobe aus einer mit (400, 100) normalverteilten Grundgesamtheit dar. Allgemeiner lautet die Frage: Stammt eine gegebene Stichprobe aus einer bestimmten Grundgesamtheit oder nicht?

(b) Wir greifen noch einmal das Beispiel der Größe der Kundeneinzugsbereiche zweier Geschäfte A und B auf. Die Frage war, ob die beiden Kundeneinzugsbereiche unterschiedlich groß sind. Wählt man das arithmetische Mittel der Entfernungen zwischen Kundenwohnungen und Geschäft als Maß für die Größe des Einzugsbereiches, so kann diese Frage im Sinne der Statistik präziser formuliert werden: Sind die beiden Mittelwerte der beiden Zufallsvariablen (Grundgesamtheiten) „Entfernung zwischen Kundenwohnung und Geschäft *A*" und „Entfernung zwischen Kundenwohnung und Geschäft *B*" gleich oder nicht? Die Frage wird mit Hilfe von zwei Stichproben zu beantworten versucht (Kunden des Geschäfts *A* und Kunden des Geschäfts *B*). Geprüft wird dann, ob die beiden Stichproben aus zwei Grundgesamtheiten mit unterschiedlichen Mittelwerten (und damit aus zwei verschiedenen Grundgesamtheiten) stammen oder nur aus einer Grundgesamtheit.

Schätzungen (estimations) und Prüfungen (Tests) (tests) erfolgen mit Hilfe von Stichprobenfunktionen, die als Schätz- und Prüf- bzw. Testfunktionen bezeichnet werden. Manchmal kann eine Stichprobenfunktion sowohl als Schätzfunktion als auch als Prüffunktion dienen.

5.5.1 Schätzungen und Konfidenzintervalle

Sei π der zu schätzende Parameter einer Grundgesamtheit. Man möchte π auf die bestmögliche Weise schätzen. Für eine „beste Schätzung" hat man in der Statistik mehrere Kriterien entwickelt, von denen dasjenige der „Erwartungstreue" (Verfälschungsfreiheit, Verzerrungsfreiheit, unbiased) am wichtigsten ist.

Wir nehmen an, π soll durch die Schätzfunktion (Zufallsvariable) $P(n) = P(x_1, \ldots, x_n)$ geschätzt werden und p sei ein Wert dieser Zufallsvariablen, der sich auf Grund einer bestimmten Stichprobe ergibt. p heißt Schätzwert für den Parameter π.

p ist dann ein erwartungstreuer Schätzwert für π, wenn der Mittelwert der Schätzfunktion (Zufallsvariablen) $P(n)$ gleich π ist, d.h. wenn gilt

$$\mu_{P(n)} = \pi$$

mit $\mu_{P(n)} =$ Mittelwert der Zufallsvariablen $P(n)$

Beispiele sind die Schätzungen des arithmetischen Mittels und der Standardabweichung.

Wir haben schon einmal festgestellt, daß das arithmetische Mittel $\overline{X}(n)$ von Stichproben vom Umfang n eine Stichprobenfunktion (und Zufallsvariable) ist. Man kann nun zeigen, daß der Mittelwert $\mu_{\overline{X}(n)}$ dieser Zufallsvariablen $\overline{X}(n) = \overline{X}(x_1, \ldots, x_n) = \frac{1}{n}(x_1 + \ldots + x_n)$ gleich dem Mittelwert μ der Grundgesamtheit ist, d.h.

$$\mu_{\overline{X}(n)} = \mu$$

Das bedeutet: Liegt eine einzige Stichprobe vor, so kann deren Mittelwert $\bar{x}$ als Schätzwert für μ dienen, und diese Schätzung ist erwartungstreu (sie erfüllt auch die anderen Kriterien für beste Schätzungen). Wichtig ist, die Schreibweise genau zu beachten. $\overline{X}(n)$ bezeichnet die Zufallsvariable „Mittelwert von Stichproben vom Umfang n", $\bar{x}$ steht dagegen für einen Wert dieser Zufallsvariablen, nämlich für den Mittelwert einer bestimmten Stichprobe.

Entsprechend gilt: Die Varianz $S^2(n)$ von Stichproben vom Umfang n ist eine Stichprobenfunktion (Zufallsvariable) mit

$$S^2(n) = S^2(x_1, \ldots, x_n) = \frac{1}{n}\sum_{i=1}^{n}(x_i - \bar{x})^2$$

Der Mittelwert dieser Zufallsvariablen ist allerdings nicht σ^2 (= Varianz der Grundgesamtheit), wie man leicht vermuten könnte, sondern

$$\frac{n-1}{n}\sigma^2, \quad \text{also} \quad \mu_{S^2(n)} = \frac{n-1}{n}\sigma^2$$

Benutzt man also die Varianz s^2 (bzw. Standardabweichung) zur Schätzung der Varianz σ^2 (bzw. Standardabweichung σ) der Grundgesamtheit, macht man einen „Fehler" bzw. man wählt nicht die bestmögliche Schätzung. Dagegen würde man eine erwartungstreue (und bestmögliche) Schätzung für σ^2 erhalten, wenn man statt $S^2(n)$ die Stichprobenfunktion $\frac{n}{n-1}S^2(n)$ benutzt, da gilt

$$\mu_{\frac{n}{n-1}\cdot S^2(n)} = \sigma^2$$

Das bedeutet, will man die Varianz (Standardabweichung) einer bestimmten Stichprobe als Schätzwert für die Varianz (Standardabweichung) der Grundgesamtheit wählen, muß man die Varianz der Stichprobe zu

$$s^2 = \frac{1}{n-1}\sum_{i=1}^{n}(x_i - \bar{x})^2$$

berechnen. Dagegen dividiert man für die Bestimmung der Varianz einer (diskreten) Grundgesamtheit durch n. Um diesen Unterschied deutlich zu machen, werden wir für den Rest dieses Bandes immer annehmen, die Stichprobenvarianz (bzw. Stichprobenstandardabweichung) sei die durch $(n-1)$ dividierte Summe der quadratischen Abweichungen.

Wir wissen jetzt, wie man die beiden wichtigsten Parameter einer Grundgesamtheit (Mittelwert und Varianz bzw. Standardabweichung) am besten aus den entsprechenden Maßen einer Stichprobe schätzt (= Punktschätzung).

Allerdings kann diese eine zufällig ausgewählte Stichprobe relativ ungünstig sein in dem Sinne, daß sie die Grundgesamtheit nicht optimal repräsentiert. Es ist deshalb sinnvoll, nicht nur eine reine punktuelle Schätzung des in Frage kommenden Parameters π der Grundgesamtheit durchzuführen, sondern darüber hinaus zu fragen, in welchem Intervall π mit welcher Wahrscheinlichkeit liegt. Man macht dann eine sogenannte Intervallschätzung.

Derartige Intervalle nennt man Konfidenzintervalle (confidence intervals), die zugehörigen Wahrscheinlichkeiten heißen Sicherheitswahrscheinlichkeiten.

Zu ihrer Bestimmung geht man im Prinzip wie folgt vor.

Sei π der zu schätzende Parameter der Grundgesamtheit, $P(n)$ eine Schätzfunktion für π und p der aus einer bestimmten Stichprobe gewonnene Schätzwert.

Man grenzt dann um p ein Intervall (p_u, p_o) ab, so daß der gesuchte Parameter π mit der Sicherheitswahrscheinlichkeit S in dem Intervall (p_u, p_o) liegt, d.h.

$$W(p_u \leq \pi \leqq p_o) = S$$

Setzt man $\alpha = 1 - S$, so liegt π mit der Wahrscheinlichkeit α außerhalb dieses Intervalls, d.h.

$$W(\pi < p_u \quad \text{oder} \quad \pi > p_o) = \alpha$$

α heißt die Irrtumswahrscheinlichkeit (significance level). Denn die Wahrscheinlichkeit, einen Irrtum zu begehen, wenn man annimmt, π liege innerhalb des Intervalls (p_u, p_o), ist α.

Da man nicht weiß, ob π eher oberhalb oder unterhalb von p liegt, ist es sinnvoll anzunehmen, daß die Irrtumswahrscheinlichkeit jeweils zur Hälfte unterhalb bzw. oberhalb des Intervalls (p_u, p_o) angesiedelt ist, d.h.

$$W(\pi < p_u) = \frac{\alpha}{2} \quad \text{und} \quad W(\pi > p_o) = \frac{\alpha}{2} \quad \text{(vgl. Abb. 46).}$$

Ist die Verteilung der Zufallsvariablen $P(n)$ symmetrisch, bedeutet das gleichzeitig, daß das Intervall (p_u, p_o) symmetrisch ist.

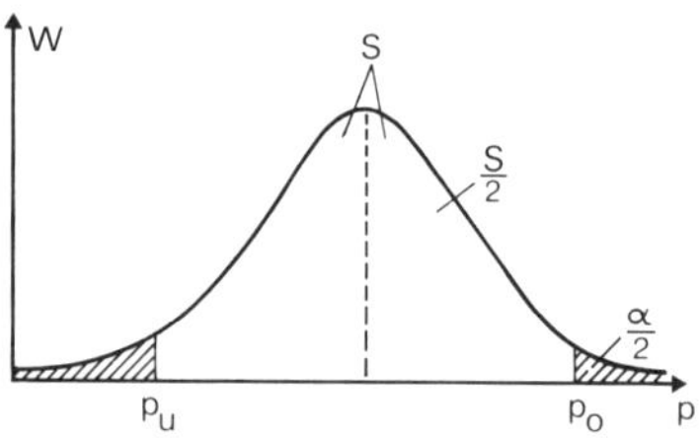

Abb. 46
Grenzen eines Konfidenzintervalls bei gegebener Sicherheitswahrscheinlichkeit S (bzw. Irrtumswahrscheinlichkeit $\alpha = 1 - S$) bei einer symmetrischen Verteilung

Es ist klar, daß die Intervallgrenzen p_u und p_o direkt von S bzw. α abhängen: Je größer S (je kleiner α) ist, desto weiter liegen p_u und p_o auseinander. Außerdem werden p_u und p_o durch die Schätzfunktion $P(n)$ (bzw. deren Verteilung) determiniert.

Konkret lassen sich Konfidenzintervalle zu einer gegebenen Sicherheitswahrscheinlichkeit nur bestimmen, wenn die Verteilung der Grundgesamtheit, deren Parameter geschätzt werden sollen, bekannt ist. Relativ einfach zu handhaben sind normalverteilte Grundgesamtheiten.

Wir wollen deshalb Konfidenzintervalle für den Mittelwert μ und die Standardabweichung σ einer normalverteilten Grundgesamtheit angeben.

Konfidenzintervall für den Mittelwert

Grundlage ist der an dieser Stelle nicht zu beweisende, aber nicht unplausible Satz: Ist X eine mit (μ, σ) normalverteilte Grundgesamtheit, so ist die Schätzfunktion $\bar{X}(n)$ (= Mittelwert von Stichproben vom Umfang n) ebenfalls normalverteilt, und zwar mit dem

Mittelwert $\mu_{\bar{X}(n)} = \mu$ und der

Standardabweichung $\sigma_{\bar{X}(n)} = \sigma / \sqrt{n}$.

Man bezeichnet die Standardabweichung einer Schätzfunktion als Standardfehler (standard error), um sie von der Standardabweichung der Grundgesamtheit zu unterscheiden. $\sigma/\sqrt{n}$ ist also der Standardfehler des Mittelwertes von Stichproben vom Umfang n.

Daß die Standardabweichung der Stichprobenmittelwerte nur das $1/\sqrt{n}$-fache der Standardabweichung der Grundgesamtheit ist, resultiert daraus, daß durch die Mittelwertbildung extreme Werte der Grundgesamtheit „verschwinden". Außerdem streuen die Stichprobenmittelwerte umso weniger bzw. sie liegen umso näher an μ, je größer der Stichprobenumfang ist.

Setzt man im übrigen $n = 1$, ist $\bar{X}(1) = X$ und $\sigma_{\bar{X}(1)} = \sigma$, d.h. die Schätzfunktion ist gleich der Zufallsvariablen.

Ist $\bar{X}(n)$ mit $(\mu, \sigma/\sqrt{n})$ normalverteilt, so ist nach Abschnitt 5.4 die Zufallsvariable

$$\frac{\bar{X}(n) - \mu_{\bar{X}(n)}}{\sigma_{\bar{X}(n)}} = \frac{\bar{X}(n) - \mu}{\sigma/\sqrt{n}}$$

eine Standardnormalverteilung.

Nun ist allerdings in der Regel bei unbekanntem μ auch die Standardabweichung σ der Grundgesamtheit unbekannt. Wir hatten jedoch gesehen, daß σ durch s geschätzt werden kann (s^2 = Wert der Schätzfunktion $S^2(n)$ bzw. s = Wert der Schätzfunktion $S(n)$).

Ersetzt man σ durch $S(n)$, so ist die Zufallsvariable

$$\frac{\bar{X}(n) - \mu}{S(n)/\sqrt{n}}$$

nicht mehr standardnormalverteilt, sondern t-verteilt mit $n - 1$ Freiheitsgeraden, d.h.

$$t_{n-1} = \frac{\bar{X}(n) - \mu}{S(n)/\sqrt{n}}$$

Zu einer gegebenen Irrtumswahrscheinlichkeit α gibt es nun ein t_u und t_o, so daß gilt

$$W(t_{n-1} < t_u) = \frac{\alpha}{2}$$

$$W(t_{n-1} > t_o) = \frac{\alpha}{2}$$

Da die t-Verteilung symmetrisch ist, muß $t_u = -t_o$ sein. t_o hängt von $\alpha/2$ ab, und deshalb schreibt man für t_o auch $t_{n-1,\,\alpha/2}$

$t_{n-1,\,\alpha/2}$ nennt man den zur Irrtumswahrscheinlichkeit $\alpha/2$ zugehörigen kritischen Wert (critical value) der t-Verteilung mit $(n-1)$ FG bei einseitiger Fragestellung. Einseitig heißt eine Fragestellung, wenn nach $W(t > t_0)$ oder nach $W(t < -t_o)$ gefragt wird. Sucht man dagegen die Wahrscheinlichkeit $W(t < -t_o$ oder $t > t_o)$, so spricht man von einer zweiseitigen Fragestellung.

Liegt nun eine bestimmte Stichprobe mit $\bar{x}$ und s vor, so nimmt t_{n-1} den Wert $\frac{\bar{x}-\mu}{s/\sqrt{n}}$ an. D.h. es gilt

$$W\left(\frac{\bar{x}-\mu}{s/\sqrt{n}} < -t_{n-1,\alpha/2}\right) = \frac{\alpha}{2}$$

und $$W\left(\frac{\bar{x}-\mu}{s\sqrt{n}} > t_{n-1,\alpha/2}\right) = \frac{\alpha}{2}.$$

Löst man diese beiden Ungleichungen in den Klammern jeweils nach μ auf, erhält man

$$W(\mu > \bar{x} + t_{n-1,\alpha/2} \cdot s/\sqrt{n}) = \frac{\alpha}{2}$$

und $$W(\mu < \bar{x} - t_{n-1,\alpha/2} \cdot s/\sqrt{n}) = \frac{\alpha}{2}$$

Die beiden gesuchten Grenzen des Konfidenzintervalls für den Mittelwert μ sind bei einer Irrtumswahrscheinlichkeit α also

$$p_u = \bar{x} - t_{n-1,\alpha/2} \cdot s/\sqrt{n}$$
$$p_o = \bar{x} + t_{n-1,\alpha/2} \cdot s/\sqrt{n}$$

Anders ausgedrückt: μ liegt mit der Wahrscheinlichkeit $1-\alpha$ in dem Konfidenzintervall

$$\bar{x} - t_{n-1,\alpha/2} \cdot s/\sqrt{n} \leq \mu \leq \bar{x} + t_{n-1,\alpha/2} \cdot s/\sqrt{n}$$

Beispiel: Wir nehmen an, 25 zufällig ausgewählte Kunden eines Geschäfts seien nach dem Standort ihrer Wohnung befragt worden, die Entfernung der Kundenwohnungen vom Geschäft sei annähernd normalverteilt, die mittlere Entfernung sei $\bar{x} = 3700$ m bei einer Standardabweichung von $s = 900$ m. Gesucht wird ein Konfidenzintervall für den Mittelwert μ der Grundgesamtheit für die Irrtumswahrscheinlichkeit $\alpha = 10\,\%$ bzw. Sicherheitswahrscheinlichkeit $1-\alpha = 90\,\%$. Es ist also:

$$\bar{x} = 3700 \text{ m}$$

und $$s/\sqrt{n} = 900/\sqrt{25} = 180 \text{ m}.$$

Wir müssen nun das kritische $t_{24,5\,\%}$ für die einseitige Fragestellung bestimmen. Tafel 3 (im Anhang) enthält die kritischen Werte der t-Verteilung für verschiedene Irrtumswahrscheinlichkeiten bei einseitiger Fragestellung. Der gesuchte t-Wert ist im vorliegenden Fall $t_{24,5\,\%} = 1{,}71$.

Damit ist

$p_u = \bar{x} - t_{24,5\%} \cdot s/\sqrt{n} = 3700\,\text{m} - 1{,}71 \cdot 180\,\text{m} = 3392{,}2\,\text{m}$ die untere Grenze,

$p_o = \bar{x} + t_{24,5\%} \cdot s/\sqrt{n} = 3700\,\text{m} + 1{,}71 \cdot 180\,\text{m} = 4007{,}8\,\text{m}$ die obere Grenze

des Konfidenzintervalls. Also gilt:

$$3392{,}2\,\text{m} \leq \mu \leq 4007{,}8\,\text{m}.$$

Wir können sagen: Die mittlere Entfernung aller Kundenwohnungen von dem Geschäft liegt mit 90%iger Wahrscheinlichkeit zwischen 3392,2 m und 4007,8 m.

Hätten wir eine größere Sicherheitswahrscheinlichkeit bzw. eine kleinere Irrtumswahrscheinlichkeit gewählt, z.B. $1 - \alpha = 95\%$ bzw. $\alpha = 5\%$, wäre das Konfidenzintervall größer geworden. In diesem Fall beträgt der kritische t-Wert nämlich $t_{24,2^1/_2\%} = 2{,}06$, d.h. die Grenzen des Konfidenzintervalls für μ sind

$$p_u = 3700\,\text{m} - 2{,}06 \cdot 180\,\text{m} = 3329{,}2\,\text{m},$$

$$p_o = 3700\,\text{m} + 2{,}06 \cdot 180\,\text{m} = 4070{,}8\,\text{m}.$$

Dieses Beispiel bestätigt die Aussage, daß mit größerer Sicherheitswahrscheinlichkeit bzw. kleinerer Irrtumswahrscheinlichkeit die Konfidenzintervalle größer werden.

Konfidenzintervall für die Standardabweichung

Konfidenzintervalle für die Standardabweichung lassen sich mit Hilfe der χ^2-Verteilung bestimmen. Es läßt sich zeigen, daß die Variable

$$\frac{S^2(n)}{\sigma^2}(n-1)$$

mit $S^2(n)$ = Schätzfunktion „Varianz von Stichproben vom Umfang n" χ^2-verteilt mit $(n-1)$ Freiheitsgraden ist.

Sei die Irrtumswahrscheinlichkeit wieder α. Da die χ^2-Verteilung asymmetrisch ist, müssen wir für die untere und obere Grenze des Konfidenzintervalls zwei kritische χ^2-Werte suchen, nämlich

χ_u^2, so daß $W(\chi^2 < \chi_u^2) = \alpha/2$ bzw.

χ_o^2, so daß $W(\chi^2 > \chi_o^2) = \alpha/2$ bzw. $W(\chi^2 \leq \chi_o^2) = 1 - \alpha/2$

Wir setzen wieder

$$\chi_u^2 = \chi_{n-1,\,\alpha/2}^2 \quad \text{und} \quad \chi_o^2 = \chi_{n-1,\,1-\alpha/2}^2$$

Für ein gegebenes α liegt bei gegebener Stichprobe mit der Varianz s^2 die Varianz σ^2 der Grundgesamtheit mit der Wahrscheinlichkeit $1 - \alpha$ also zwischen

$$\frac{s^2 \cdot (n-1)}{\chi_{n-1,\,\alpha/2}^2} \quad \text{und} \quad \frac{s^2 \cdot (n-1)}{\chi_{n-1,\,1-\alpha/2}^2}$$

Das Konfidenzintervall für σ^2 bei der Irrtumswahrscheinlichkeit α ist demnach

$$\frac{s^2 \cdot (n-1)}{\chi^2_{n-1,\,\alpha/2}} < \sigma^2 \leq \frac{s^2 \cdot (n-1)}{\chi^2_{n-1,\,1-\alpha/2}}$$

Entsprechend ergibt sich das Konfidenzintervall für die Standardabweichung σ:

$$\sqrt{\frac{s^2 \cdot (n-1)}{\chi^2_{n-1,\,\alpha/2}}} \leq \sigma \leq \sqrt{\frac{s^2 \cdot (n-1)}{\chi^2_{n-1,\,1-\alpha/2}}}$$

Die kritischen Werte der χ^2-Verteilung finden sich in Tafel 4 (Anhang).

Greifen wir das vorige *Beispiel* auf, so erhalten wir für $FG = 24$ und $\alpha = 10\,\%$ folgende Grenzen des Konfidenzintervalls für die Standardabweichung σ der Kundenentfernungen:

$$p_u = \sqrt{\frac{s^2 \cdot (n-1)}{\chi^2_{n-1,\,\alpha/2}}} = \sqrt{\frac{900^2 \cdot 24}{\chi^2_{24,5\,\%}}} = \sqrt{\frac{810\,000 \cdot 24}{36,4}} = 730,8$$

$$p_o = \sqrt{\frac{s^2 \cdot (n-1)}{\chi^2_{n-1,\,1-\alpha/2}}} = \sqrt{\frac{900^2 \cdot 24}{\chi^2_{24,95\,\%}}} = \sqrt{\frac{810\,000 \cdot 24}{13,8}} = 1186,9$$

Somit gilt:

$$730,8\,\text{m} \leqq \sigma \leqq 1186,9\,\text{m}.$$

Wir können sagen: Die mittlere Streuung (Standardabweichung) der Entfernung aller Kundenwohnungen von dem Geschäft liegt mit 90%iger Wahrscheinlichkeit zwischen 730,8 und 1186,9 m.

Konfidenzintervalle für die Standardabweichung lassen sich auch mit Hilfe der t-Verteilung bestimmen. Die χ^2-Verteilung liefert jedoch bessere Ergebnisse (d.h. engere Intervalle bei gleicher Irrtumswahrscheinlichkeit), so daß sie vorzuziehen ist.

5.5.2 Das Prinzip statistischer Tests

Ziel statistischer Tests ist es, mit Hilfe von Stichproben Hypothesen (Vermutungen über Grundgesamtheiten) zu prüfen. Da die Prüfung auf der Basis von Stichproben erfolgt, kann sie nie sicher sein in dem Sinne, daß man sagen könnte: Eine Hypothese ist wahr oder falsch. Das Resultat statistischer Tests kann immer nur sein: Eine Hypothese ist mit einer gewissen Wahrscheinlichkeit wahr oder falsch.

Die Hypothesen über Grundgesamtheiten betreffen meistens ihre Parameter oder ihre Verteilung. Allerdings können in der Statistik nur sogenannte Nullhypothesen (null hypothesis) H_0 geprüft werden, die in der Regel die Gleichheit von bestimmten Parametern oder Verteilungen besagen, z. B.

- die Parameter oder Verteilungen von zwei (oder mehreren) Grundgesamtheiten sind gleich;
- die Verteilung einer Grundgesamtheit ist gleich einer bestimmten vorgegebenen Verteilung, z. B. der Normalverteilung mit (μ, σ);
- die Parameter einer Grundgesamtheit sind gleich bestimmten vorgegebenen Werten.

Die Verneinung von H_0, also die Hypothese „H_0 ist falsch", wird als Alternativhypothese H_A bezeichnet. In der Praxis möchte man häufig die Alternativhypothesen H_A bestätigen. Man tut dies, indem man die entsprechende Nullhypothese H_0 widerlegt. Dabei ist jedoch darauf zu achten, daß H_0 und H_A wirklich alternativ sind, d.h. es darf außer H_A keine anderen zu H_0 alternativen Hypothesen geben bzw. die Verneinung von H_0 ist gleichbedeutend mit der Bejahung von H_A.

Tests, die sich auf das Prüfen solcher Alternativhypothesen beziehen, heißen Signifikanztests. Nur sie sollen uns hier beschäftigen.

Wichtig ist der Unterschied von ein- und zweiseitigen Tests, der an dem folgenden Beispiel verdeutlicht werden soll. Betrachtet werden die Mittelwerte μ_1 und μ_2 zweier Grundgesamtheiten. Die Nullhypothese H_0 lautet: $\mu_1 = \mu_2$, die Alternativhypothese H_A ist dann: $\mu_1 \neq \mu_2$. Ein Test, mit dem nur geprüft werden soll, ob die beiden Parameter gleich oder ungleich sind, heißt zweiseitig.

Nimmt man die Hypothese H_A an, weiß man allerdings nicht, ob $\mu_1 > \mu_2$ oder $\mu_1 < \mu_2$ ist. Kann man dagegen auf Grund theoretischer Überlegungen oder bereits vorliegender empirischer Untersuchungen eine der beiden Möglichkeiten ausschließen, bietet es sich an, die Hypothese H_A von vornherein zu spezifizieren, etwa $H_A: \mu_1 > \mu_2$. In diesem Fall lautet die Nullhypothese $H_0: \mu_1 \leq \mu_2$, und man führt einen einseitigen Test durch.

Beim Testen von Verteilungen ist eine Unterscheidung in einseitige und zweiseitige Tests natürlich nicht sinnvoll, da für Verteilungen keine Größer-Kleiner-Relation definiert ist.

Wie geht man nun bei der Prüfung einer Nullhypothese mit Hilfe von Stichproben vor? Um H_0 zu testen, setzt man H_0 als richtig voraus und wählt eine Stichprobenfunktion als sogenannte Prüfgröße, deren Verteilung

- von H_0 abhängt,
- unter der Voraussetzung, daß H_0 gilt, bekannt ist.

Der zu der (den) Stichprobe(n) gehörende Wert der Stichprobenfunktion kann als Elementarereignis der Prüfgröße angesehen werden. Gehört dieses Zufallsereignis einer – unter der Bedingung, daß H_0 gilt – sehr unwahrscheinlichen Ereignismenge E an, bedeutet dies, $W(E/H_0)$ ist sehr gering. Tritt die Ereignismenge trotz ihrer sehr geringen Wahrscheinlichkeit ein, so werden wir eher annehmen, daß H_0 falsch ist, als daß H_0 richtig ist. Das bedeutet: Wir werden eher die Hypothese H_A annehmen als die Hypothese H_0.

Zur Verdeutlichung dieser Vorgehensweise greifen wir noch einmal die Frage auf, ob die durchschnittlichen „Kundenentfernungen" (als Maß für die Größe der Einzugsbereiche) der beiden Geschäfte A und B gleich sind oder nicht.

Die Nullhypothese H_0 ist: $\mu_A = \mu_B$, die Alternativhypothese H_A ist: $\mu_A \neq \mu_B$.

Die mittlere Entfernung von je 30 Kunden beider Geschäfte sei $\bar{x}_A = 5{,}5$ km, $\bar{x}_B = 5{,}4$ km. Können wir nun mit Hilfe einer Prüfgröße feststellen, daß die Wahrscheinlichkeit für die absolute Differenz $|\bar{x}_A - \bar{x}_B| = 100$ m der beiden Stichprobenmittelwerte unter der Bedingung, daß $\mu_A = \mu_B$ ist, sehr klein ist, würden wir eher annehmen, daß die beiden Stichproben nicht aus Grundgesamtheiten mit dem gleichen Mittelwert gezogen wurden, wir würden also die Hypothese H_A: $\mu_A \neq \mu_B$ annehmen. Wäre dagegen die Wahrscheinlichkeit für die absolute Differenz 100 m „relativ" hoch (unter der Bedingung $\mu_A = \mu_B$), wird man sagen: Der Unterschied zwischen den beiden Stichprobenmittelwerten ist eher auf die bei jeder Ziehung einer Stichprobe auftretenden zufälligen „Schwankungen" zurückzuführen; er ist so klein, daß er sehr wohl ausschließlich das Resultat der Zufallsauswahl sein kann. Es liegt mithin kein zwingender Anlaß vor, die Nullhypothese abzulehnen.

Wir müssen uns allerdings bei dieser Überlegung bewußt sein, daß die Wahrscheinlichkeit für das Elementarereignis $|x_A - \bar{x}_B| = 100$ m sowieso sehr gering ist bzw. gar nicht berechnet werden kann, da $|\bar{X}_A - \bar{X}_B|$ eine stetige Zufallsvariable ist. Bei stetigen Zufallsvariablen lassen sich aber Elementarereignissen keine Wahrscheinlichkeiten zuordnen. Deshalb ist es notwendig, statt $|\bar{x}_A - \bar{x}_B| = 100$ m eine Ereignismenge zu betrachten, z.B. $|\bar{X}_A - \bar{X}_B| > 90$ m, in der das Elementarereignis liegt und für die die Wahrscheinlichkeit unter der Bedingung H_A berechnet werden kann.

Die Wahrscheinlichkeit $W(E/H_0)$ wird mit Hilfe einer Prüfgröße berechnet. Dies soll an einem Beispiel verdeutlicht werden, aus dem die einzelnen formalen Schritte beim Testen in allgemeiner Form abgeleitet werden können.

Wir nehmen an, die Nullhypothese H_0 laute: Der Mittelwert einer Grundgesamtheit ist $\mu = a$ (wobei a eine bestimmte, fest vorgegebene Zahl sei). Die Grundgesamtheit sei normalverteilt.

Für die Prüfung von H_0 kann man nun die schon bei den Schätzungen vorgestellte t-Verteilung als Prüfgröße (= Prüffunktion) benutzen.

$$t = \frac{\bar{X}(n) - \mu}{S(n)/\sqrt{n}} \qquad \text{mit } FG = n - 1$$

Unter der Voraussetzung, daß H_0: $\mu = a$ gilt, wäre diese Prüfgröße

$$t = \frac{\bar{X}(n) - a}{S(n)/\sqrt{n}} \qquad \text{mit } FG = n - 1$$

Hat man nun eine Stichprobe vom Umfang n mit einem Mittelwert $\bar{x}$ und einer Standardabweichung s, so nimmt diese Prüfgröße den Wert

$$\hat{t} = \frac{\bar{x} - a}{s/\sqrt{n}} \qquad \text{an.}$$

Wir wollen Werte einer Prüfgröße für bestimmte Stichproben immer mit einem „^" („Dach") kennzeichnen, um sie von der Prüfgröße, die ja eine Zufallsvariable (Grundgesamtheit) ist, zu unterscheiden.

Ist $|\bar{x} - a|$ sehr klein (sehr groß), so gilt dies auch für $|\hat{t}|$. Im Fall, daß $|\hat{t}|$ klein ist, können wir die Abweichung $|\bar{x} - a|$ als Resultat der Zufallsauswahl auffassen; wir würden dann H_0 beibehalten: $\mu = a$. Ist $|\hat{t}|$ dagegen sehr groß, ist der Abstand $|\bar{x} - a|$ „wahrscheinlich" nicht allein auf den Zufall zurückzuführen. Wir nehmen dann eher an, die Stichprobe stammt nicht aus einer Grundgesamtheit mit $\mu = a$, sondern aus einer Grundgesamtheit mit $\mu \neq a$ (Alternativhypothese H_A). Die Frage ist, ab welchem Schwellenwert $|\hat{t}|$ als so groß anzusehen ist, daß wir H_0 ablehnen. Genauer suchen wir zwei Schwellenwerte, nämlich ein t_u (für negative t) und t_0 (für positive t), für die $W(t < t_u$ oder $t > t_0)$, also die Wahrscheinlichkeit, daß die Prüfgröße t einen Wert kleiner als t_u oder größer als t_0 annimmt, sehr klein ist. Diese Wahrscheinlichkeit (für das Unterschreiten von t_u oder das Überschreiten von t_0) heißt Signifikanzniveau α. Für die Festlegung von t_u und t_0 muß α vorgegeben sein.

Konkret ermittelt man die Schwellenwerte, indem man

ein t_u mit $W(t < t_u) = \alpha/2$ und

ein t_0 mit $W(t > t_o) = \alpha/2$ sucht.

Die Aussage $W(t > t_0) = \alpha/2$ ist gleichbedeutend mit der Aussage $W(t \leqq t_0) = 1 - \alpha/2$. Außer von dem Signifikanzniveau α hängen t_u und t_0 auch von der Anzahl der Freiheitsgrade ab. Bezeichnet man allgemein mit $t_{FG,\alpha}$ den Wert der mit FG Freiheitsgraden t-verteilten Zufallsvariablen, für die $W(t \leqq t_{FG,\alpha}) = \alpha$ ist, so können wir

$$t_{n-1,\alpha/2} \text{ für } t_u \text{ und } t_{n-1,1-\alpha/2} \text{ für } t_0$$

schreiben.

Ist nun $\hat{t} < t_{n-1,\alpha/2}\,(= t_u)$ oder $\hat{t} > t_{n-1,1-\alpha/2}\,(= t_o)$, so lehnen wir die Nullhypothese $H_0 \colon \mu = a$ ab. Ist dagegen $t_{n-1,\alpha/2} \leq \hat{t} \leq t_{n-1,1-\alpha/2}$, behalten wir die Nullhypothese bei.

Wegen der Symmetrie der t-Verteilung ist im übrigen $t_{n-1,\alpha/2} = -t_{n-1,1-\alpha/2}$, wovon wir schon bei den Schätzungen Gebrauch gemacht haben.

Wir können damit allgemein folgende Schritte beim Testen von Alternativhypothesen (H_0 gegen H_A) festhalten (zweiseitiger Test).

(1) Genaue Definition der Nullhypothese H_0 und ihrer Alternativhypothese H_A.

(2) Auswahl einer geeigneten Testgröße g, deren Verteilung unter der Voraussetzung, daß H_0 richtig ist, bekannt ist.

(3) Festlegung des Signifikanzniveaus α.

(4) Bestimmung der Schwellenwerte $g_{FG,\alpha/2}$ und $g_{FG,1-\alpha/2}$ und Vergleich dieser Werte mit dem aus der (den) Stichprobe(n) ermittelten Wert $\hat{g}$ der Prüfgröße.

(5) Ist $\hat{g} < g_{FG,\alpha/2}$ oder $\hat{g} > g_{FG,1-\alpha/2}$, ist die Nullhypothese abzulehnen.

Diese Schrittfolge gilt für einen zweiseitigen Test (vgl. Abb. 47).

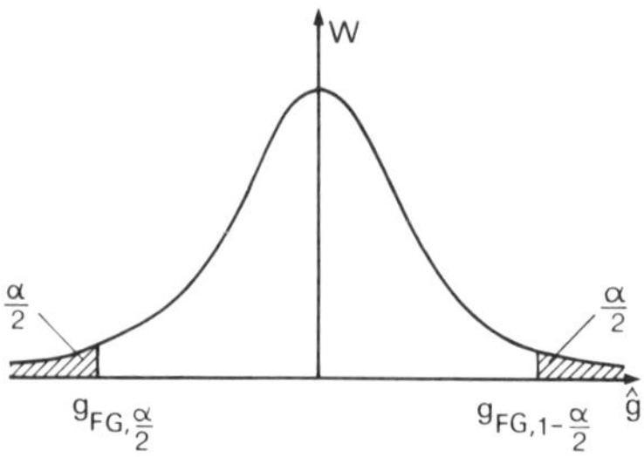

Abb. 47
Schwellenwerte in Abhängigkeit vom Signifikanzniveau bei einem zweiseitigen Test

Bei einem einseitigen Test braucht nur ein Schwellenwert berechnet zu werden. Kehren wir dazu zu dem Beispiel zurück.

Fall a:

Ist H_0: $\mu \leq a$, H_A: $\mu > a$, so muß ein Schwellenwert t_* bestimmt werden, für den $W(t > t_*) = \alpha$ bzw. $W(t \leq t_*) = 1 - \alpha$ ist, d.h. $t_* = t_{n-1,\,1-\alpha}$.

Fall b:

Ist dagegen $H_0: \mu \geq a$, $H_A: \mu < a$, so muß für den Schwellenwert t_* gelten: $W(t < t_*) = \alpha$, d.h.

$$t_* = t_{n-1,\,\alpha}.$$

Allgemein sind bei einseitigen Tests die Schritte (4) und (5) wie folgt umzuformulieren (vgl. Abb. 48).

(4) Je nach Fragestellung ist entweder
(a) ein Schwellenwert $g_{FG,1-\alpha}$ oder
(b) ein Schwellenwert $g_{FG,\alpha}$
zu bestimmen, mit dem der aus der (den) Stichprobe(n) ermittelte Wert $\hat{g}$ der Prüfgröße zu vergleichen ist.

(5) Ist entweder $\hat{g} > g_{FG,1-\alpha}$ (Fall *a*) oder
$\hat{g} < g_{FG,\alpha}$ (Fall *b*), so ist die Nullhypothese abzulehnen.

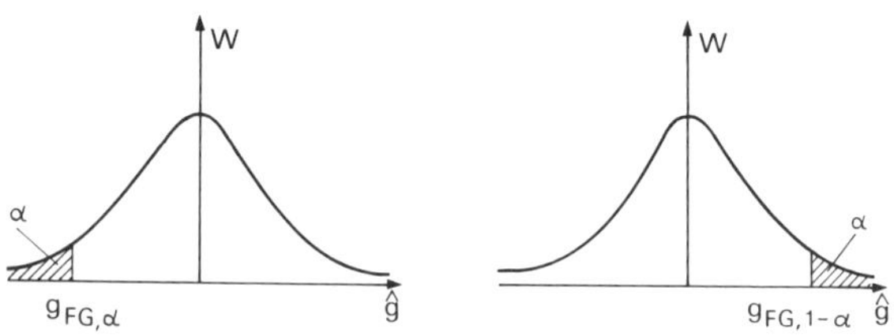

Abb. 48 Schwellenwert und Signivikanzniveau bei einem einseitigen Test (rechts Fall a, links Fall b)

5.5.3 Tests für das arithmetische Mittel und die Standardabweichung

Wir stellen zunächst geeignete Prüfgrößen für die verschiedenen Tests vor und demonstrieren anschließend ihre Anwendung an einigen Beispielen. Es sei betont, daß diese Tests jeweils (eine) normalverteilte Grundgesamtheit(en) voraussetzen.

Tests für das arithmetische Mittel

(1) Getestet wird, ob das arithmetische Mittel μ einer Grundgesamtheit mit einem vorgegebenen Wert a übereinstimmt (siehe unser Beispiel in Kap. 5.5.2).

$$H_0: \mu = a \qquad H_A: \mu \neq a$$

Als Prüfgröße wählt man, wie oben schon dargestellt,

$$t = \frac{\bar{X}(n) - a}{S(n)/\sqrt{n}}$$

Sie ist t-verteilt mit $(n-1)$ Freiheitsgraden.

(2) Getestet wird, ob die beiden Mittelwerte μ_1 und μ_2 zweier normalverteilter Grundgesamtheiten übereinstimmen.

$$H_0: \mu_1 = \mu_2 . \qquad H_A: \mu_1 \neq \mu_2 .$$

Wir unterscheiden nach den Varianzen der Grundgesamtheiten und dem Umfang der für den Test benutzten Stichproben folgende Fälle, wobei

n_1 der Umfang der ersten Grundgesamtheit,
n_2 der Umfang der zweiten Grundgesamtheit ist.

(a) Sei $\sigma_1^2 = \sigma_2^2$ und $n_1 = n_2 = n$.
Als Prüfgröße kann man dann

$$t = \frac{\bar{X}_1(n) - \bar{X}_2(n)}{\sqrt{\frac{S_1^2(n) + S_2^2(n)}{n}}}$$

wählen, die t-verteilt mit $(2n-2)$ Freiheitsgraden ist.

(b) Sei $\sigma_1^2 = \sigma_2^2$, aber $n_1 \neq n_2$
Als Prüfgröße kann wiederum die t-Verteilung mit

$$t = \frac{\bar{X}_1(n_1) - \bar{X}_2(n_2)}{\sqrt{\left(\frac{n_1 + n_2}{n_1 \cdot n_2}\right) \cdot \left(\frac{(n_1-1)S_1^2(n_1) + (n_2-1)S_2^2(n_2)}{n_1 + n_2 - 2}\right)}}$$

verwendet werden. Sie hat $(n_1 + n_2 - 2)$ Freiheitsgrade.

(c) Sei $\sigma_1^2 \neq \sigma_2^2$ und $n_1 = n_2 = n$
Die Prüfgröße

$$t = \frac{\overline{X}_1(n) - \overline{X}_2(n)}{\sqrt{\dfrac{S_1^2(n) + S_2^2(n)}{n}}}$$

ist t-verteilt mit

$$FG = n - 1 + \frac{2n-2}{\dfrac{s_1^2}{s_2^2} + \dfrac{s_2^2}{s_1^2}}$$

(d) Sei $\sigma_1^2 \neq \sigma_2^2$ und $n_1 \neq n_2$
Die Prüfgröße

$$t = \frac{\overline{X}_1(n_1) - \overline{X}_2(n_2)}{\sqrt{\dfrac{S_1^2(n_1)}{n_1} + \dfrac{S_2^2(n_2)}{n_2}}}$$

ist t-verteilt mit

$$FG = \frac{\left(\dfrac{s_1^2}{n_1} + \dfrac{s_2^2}{n_2}\right)^2}{\dfrac{\left(\dfrac{s_1^2}{n_1}\right)^2}{n_1+1} + \dfrac{\left(\dfrac{s_2^2}{n_2}\right)^2}{n_2+1}} - 2$$

Test für die Varianz bzw. Standardabweichung

(1) Getestet wird, ob die Varianz (Standardabweichung) $\sigma^2(\sigma)$ einer Grundgesamtheit mit einem vorgegebenen Wert $b^2(b)$ übereinstimmt.

$$H_0\colon\ \sigma^2 = b^2\,(\sigma = b) \qquad H_A\colon\ \sigma^2 \neq b^2\,(\sigma \neq b)$$

Als Prüfgröße wählt man $\chi^2 = (n-1)\dfrac{S^2(n)}{b}$,

die χ^2-verteilt mit $(n-1)$ Freiheitsgraden ist.

(2) Getestet wird, ob die beiden Varianzen (Standardabweichungen) $\sigma_1^2(\sigma_1)$ und $\sigma_2^2(\sigma_2)$ zweier Grundgesamtheiten übereinstimmen.

$$H_0\colon\ \sigma_1^2 = \sigma_2^2\,(\sigma_1 = \sigma_2) \qquad H_A\colon\ \sigma_1^2 \neq \sigma_2^2\,(\sigma_1 \neq \sigma_2)$$

Seien s_1^2 und s_2^2 die beiden Stichprobenvarianzen mit $s_1^2 > s_2^2$.
n_1 und n_2 seien die beiden Stichprobenumfänge.
Dann ist die Prüfgröße

$$F = \frac{S_1^2(n_1)}{S_2^2(n_2)}$$

F-verteilt mit den beiden Freiheitsgraden $n_1 - 1$ und $n_2 - 1$.

Bei diesem sogenannten F-Wert steht vereinbarungsgemäß die größere der beiden Varianzen im Zähler, die kleinere im Nenner des Bruches. Genauer wird nämlich beim F-Test die Hypothese H_0: $\sigma_1^2 \leq \sigma_2^2$ gegen die Alternativhypothese H_A: $\sigma_1^2 > \sigma_2^2$ getestet, d. h. dieser Test ist eigentlich immer ein einseitiger Test.

Beispiele: (1) Bei einer aus den 139 Oblasti der Sowjetunion gezogenen Stichprobe vom Umfang $n = 60$ ergeben sich bezüglich der Natalität ein arithmetischer Mittelwert von $\bar{x} = 19{,}90‰$ und eine Standardabweichung von $s = 7{,}35‰$. Es stellt sich nun die Frage, ob der Wert $\bar{x}$ noch als gute Schätzung des tatsächlichen Mittelwertes von 18,82‰ angesehen werden kann. In diesem Fall müßte man sagen: Die Stichprobe ist tatsächlich eine Zufallsstichprobe aus einer Grundgesamtheit mit $\mu = 18{,}82‰$.

H_0: $\mu = 18{,}82‰$ ($= a$, vorgegebener Wert); H_A: $\mu \neq 18{,}82‰$.
Wir wählen als Signifikanzniveau $\alpha = 5\%$.

Da es sich um einen zweiseitigen Test handelt und außerdem die t-Verteilung symmetrisch ist, sind die beiden Schwellenwerte $t_{59;2,5\%}$ und $t_{59;97,5\%}$ mit $t_{59;2,5\%} = -t_{59;97,5\%}$ zu bestimmen.
Aus Tafel 3 ergibt sich: $t_{59;97,5\%} \approx 2{,}004$ und damit $t_{59;2,5\%} \approx -2{,}004$.

Aus der Stichprobe errechnet sich $\hat{t} = \dfrac{19{,}9 - 18{,}82}{7{,}35/\sqrt{60}} = 1{,}1382.$

Damit ist $t_{59;2,5\%} \leq \hat{t} \leq t_{59;97,5\%}$. Wir können also die Nullhypothese nicht ablehnen und können annehmen, daß die Stichprobe tatsächlich zufällig aus der Grundgesamtheit gezogen wurde.

(2) Häufig untersucht man mit Hilfe eines Tests für Mittelwerte, ob zwischen zwei Variablen ein Zusammenhang besteht. So wird in der geographischen und demographischen Literatur die These vertreten, daß der wirtschaftliche Entwicklungsstand einer Region Einfluß auf die Natalität hat derart, daß

- wirtschaftlich hoch entwickelte Regionen eine geringe Natalität,
- wirtschaftlich unterentwickelte Regionen eine hohe Natalität

aufweisen. Die Frage ist, ob diese Beziehung, die für das Verhältnis Industrieländer-Entwicklungsländer charakteristisch ist, auch innerhalb eines sozialistischen Staates Gültigkeit hat. Mit Hilfe von Tab. 2 lassen sich in der Sowjetunion „unterentwickelte" und „entwickelte" Regionen grob abgrenzen.

Unterentwickelte Gebiete: Oblasti Nr. 31–70 und 107–139
Entwickelte Gebiete: Oblasti Nr. 1–30 und 71–106.

Zur ersten Gruppe gehören die Oblasti des Ostens, Mittelasiens und Transkaukasiens, während die zweite Gruppe weitgehend mit dem westlichen Teil der Sowjetunion identisch ist.

Unsere Ausgangshypothese besagt: Die unterentwickelten Oblasti haben im Durchschnitt eine höhere Natalität als die entwickelten.

Fassen wir die beiden Gruppen als Stichproben auf, so haben wir folgende Frage zu untersuchen: Stammen die beiden Stichproben aus Grundgesamtheiten mit gleichem Mittelwert (der Natalität) oder ist der Mittelwert der ersten Grundgesamtheit größer als derjenige der zweiten Grundgesamtheit?

Wir haben also einen einseitigen Test durchzuführen mit

$$H_0: \mu_1 \leq \mu_2 \qquad H_A: \mu_1 > \mu_2$$

Tab. 17 zeigt die relevanten Werte der beiden Stichproben.

Tab. 17 Arithmetisches Mittel und Standardabweichung in den beiden unterschiedlich entwickelten Bereichen der Sowjetunion

		$\bar{x}$	s
STP 1	$73 (= n_1)$	22,48	8,06
STP 2	$66 (= n_2)$	14,77	2,41

Wir wollen als Signifikanzniveau $\alpha = 5\%$ annehmen. Um den Test durchführen zu können, muß zunächst geprüft werden, ob $\sigma_1^2 = \sigma_2^2$ oder $\sigma_1^2 \neq \sigma_2^2$. Diese Prüfung führen wir mit dem F-Test durch.

Es ist $\hat{F} = \frac{s_1^2}{s_2^2} = \frac{8{,}06^2}{2{,}41^2} = 11{,}19$

Der Schwellenwert beim F-Test ergibt sich bei einem Signifikanzniveau von $\alpha = 5\%$ aus Tafel 5 (Anhang). Gesucht wird $F_{72,65;5\%}$. Er findet sich in der Spalte $m_1 = 72$ und in der Zeile $m_2 = 65$. Durch Interpolation zwischen den Spalten (m_1) 50 und 100 und zwischen den Zeilen (m_2) 60 und 80 erhält man $F_{72,65;5\%} \approx 1{,}52$.

Wir können also die Nullhypothese bezüglich der Varianzen ablehnen und gehen davon aus, daß $\sigma_1^2 > \sigma_2^2$. Wir müssen daher für den Test der Mittelwerte die Variante 2 (d) wählen.

Der Freiheitsgrad berechnet sich dann wie folgt:

$$FG = \frac{\left(\frac{8{,}06^2}{73} + \frac{2{,}41^2}{66}\right)^2}{\frac{\left(\frac{8{,}06^2}{73}\right)^2}{73+1} + \frac{\left(\frac{2{,}41^2}{66}\right)^2}{66+1}} - 2 = \frac{0{,}9563}{0{,}0108} - 2 = 88{,}55 - 2 \approx 86$$

Als Wert der Prüfgröße t erhält man für die beiden Stichproben

$$\hat{t} = \frac{22{,}48 - 14{,}77}{\sqrt{\frac{8{,}06^2}{73} + \frac{2{,}41^2}{66}}} = \frac{7{,}71}{0{,}9889} = 7{,}7965$$

Der Schwellenwert ist bei einseitigem Test, $\alpha = 5\%$ und 86 Freiheitsgraden $t_{86;5\%} \approx 1{,}666$ (s. Tafel 3 im Anhang).

Da $\hat{t} > t_{86;5\%}$, ist die Nullhypothese abzulehnen.

Die beiden Stichproben stammen aus Grundgesamtheiten mit verschiedenen Mittelwerten. Auch in sozialistischen Staaten gilt also, daß bei höherem Entwicklungsstand die Natalität geringer ist.

Kritik

Normalerweise stehen in Statistikbüchern nur Beispiele, die „passen". Wir haben hier zwei Beispiele aus der „Realität" vorgestellt, d.h. so, wie sie sich immer wieder in Publikationen geographischer (und anderer) Fachzeitschriften finden – vielleicht auch noch an anderer Stelle in diesem Buch. Das gilt insbesondere für das zweite Beispiel.

Um es gleich vorweg zu sagen: Die beiden Beispiele sind (streng statistisch gesehen) *vollkommen sinnlose* Beispiele für die Anwendung statistischer Methoden – und zwar aus zwei Gründen. Wir haben sie aufgenommen als „Rechenbeispiele", vor allem aber, um an ihnen die Fragwürdigkeit einer „blinden" Anwendung von Formeln aufzuzeigen.

(1) Wir hatten festgehalten, daß die vorgestellten Tests für den Mittelwert und die Varianz (Standardabweichung) nur anwendbar sind, wenn die jeweiligen Grundgesamtheiten, über die Aussagen in Form der Hypothesen H_0 und H_A gemacht werden, normalverteilt sind.

Im zweiten Beispiel haben wir *nicht* geprüft, ob diese Voraussetzung erfüllt ist. Beim ersten Beispiel ist sie ganz sicher *nicht* erfüllt. Die Grundgesamtheit des ersten Beispiels ist ja die Zufallsvariable „Natalität auf Oblast-Ebene in der Sowjetunion". Wir hatten in Kap. 4 festgestellt, daß die Verteilung nicht normalverteilt, sondern schief ist (vgl. auch Abschn. 5.5.4). D.h., wir hätten den Test nicht anwenden dürfen.

Die vorgestellten Tests sind extrem restriktiv, da sie nur auf normalverteilte Grundgesamtheiten angewendet werden können. Insbesonders in den Sozialwissenschaften sind solche Grundgesamtheiten aber äußerst selten, vielmehr herrschen schiefe Verteilungen vor. Wir werden in Abschnitt 5.5.6 einen Test für den Mittelwert kennenlernen, der „verteilungsunabhängig" ist, d.h. keine Voraussetzungen hinsichtlich der Verteilung der Grundgesamtheiten macht.

Es sei allerdings hinzugefügt, daß die Ansichten darüber, ob Tests noch angewendet werden können, wenn „die Voraussetzungen" nicht erfüllt sind, auseinandergehen. Die t-Verteilung setzt z.B. nur bei „kleinen" Stichprobenumfängen Normalverteilungen der Grundgesamtheit voraus. Mit größer werdenden Stichprobenumfängen nähern sich nämlich die Prüfgrößen für den Mittelwert der t-Verteilung an, auch wenn die Grundgesamtheiten nicht normalverteilt sind. Allerdings weiß man nicht genau, ab wann die Annäherung gut genug ist. In jedem Fall sind deshalb verteilungsunabhängige Tests, falls sie existieren, vorzuziehen.

(2) Der zweite Kritikpunkt ist mehr inhaltlicher Art und betrifft nur das zweite Beispiel. Wir hatten vorgegeben, prüfen zu wollen, ob die Beziehung zwischen wirtschaftlichem Entwicklungsstand und Natalität „auch innerhalb eines sozialistischen Staats Gültigkeit hat".

Diese Frage kann zunächst in zwei verschiedenen Weisen interpretiert bzw. präzisiert werden:

(a) Gibt es einen sozialistischen Staat, in dem diese Beziehung gültig ist? Die Antwort ist offensichtlich: ja, in der Sowjetunion. Für diese Antwort hätten wir allerdings keinen komplizierten Test machen müssen, sie folgt vielmehr direkt aus Tab. 17.

(b) Gilt diese Beziehung in allen sozialistischen Staaten?

Zur Beantwortung dieser Frage hätten wir alle „sozialistischen Staaten" der Erde untersuchen müssen. Wir hätten dazu für jeden dieser Staaten die durchschnittliche Natalität in den entwickelten und in den unterentwickelten Regionen berechnen müssen und hätten dann sehen können, wie die Frage zu beantworten wäre.

Wir haben dagegen so getan, als könnten wir die unterentwickelten (entwickelten) Gebiete in der Sowjetunion als Zufallsstichproben aus Grundgesamtheiten von unterentwickelten (entwickelten) Gebieten in sozialistischen Staaten auffassen. Solche Grundgesamtheiten sind jedoch kaum denkbar und falls doch, stellt die Sowjetunion eine Klumpenstichprobe dar, die weder zufällig noch repräsentativ ist. D.h., es ist unmöglich, die Ergebnisse für die Sowjetunion, wie sie in Tab. 16 aufgeführt sind, auf irgendeine Grundgesamtheit zu übertragen.

Wenn eine solche Übertragung aber ausgeschlossen ist, macht ein Test keinen Sinn. Er ist schlicht überflüssig.

Eine dritte Möglichkeit der Interpretation, die zuletzt GÜSSEFELDT (1988, S. 69ff) noch einmal entschieden vertreten hat, geht von folgender Überlegung aus:

Das Gesamtgebiet der Sowjetunion läßt sich auf beliebig viele unterschiedliche Weisen in eine jeweils flächendeckende Menge von n Raumeinheiten zerlegen. Jede dieser Zerlegungen stellt eine Stichprobe vom Umfang n dar. Die vorgegebene Zerlegung in Oblasti ist eine Zufallsstichprobe, da Grenzen im Laufe der Geschichte häufig verändert wurden, und zwar auch „zufällig" je nach der spezifischen Interessenlage, Machtkonstellation, usw.

Schließt man sich dieser Auffassung an, kann man auch Tests in unserem Beispiel einen Sinn zubilligen. Die Frage allerdings wäre, ob es tatsächlich sinnvoll ist, die Oblasti der Sowjetunion als Ergebnis eines Zufallsprozesses anzusehen.

Empirische Wissenschaftler beginnen allmählich, statistische Verfahren, insbesondere solche der analytischen Statistik, kritischer anzuwenden. Hinweisen möchten wir in diesem Zusammenhang auf das sehr informative Buch von KRIZ (1981) mit einer gründlichen Kritik an der oftmals sinnlosen Anwendung der Statistik in den Sozialwissenschaften.

5.5.4 Prüfung von Verteilungen

Die Prüfung von Verteilungen kann sich auf die absoluten Häufigkeiten bzw. die Wahrscheinlichkeitsfunktionen (Wahrscheinlichkeitsdichten) oder auf die Summenhäufigkeiten bzw. Verteilungsfunktionen beziehen. Im ersten Fall kommt der sogenannte χ^2-Test für die Güte der Anpassung in Betracht, im zweiten Fall der hier nicht besprochene Kolmogoroff-Smirnoff-Test.

Der χ^2-Anpassungstest (chi-square goodness of fit test) ist verteilungsunabhängig und gehört zu den wichtigsten und am häufigsten angewandten Tests in der Statistik.

Er prüft, ob die Wahrscheinlichkeitsfunktion bzw. -dichte $f(x)$ einer Grundgesamtheit, aus der eine Stichprobe gezogen wurde, mit einer vorgegebenen Wahrscheinlichkeitsfunktion bzw. -dichte $f_0(x)$ übereinstimmt (H_0) oder nicht (H_A).

$$H_0: f(x) = f_0(x) \qquad H_A: f(x) \neq f_0(x).$$

Man betrachtet dazu die folgende Prüfgröße

$$\sum_{i=1}^{k} \frac{(BH_i - TH_i)^2}{TH_i}$$

mit k = Anzahl der Klassen der Stichprobe

BH_i = beobachtete absolute Häufigkeit der i-ten Klasse

TH_i = theoretisch zu erwartende absolute Häufigkeit der i-ten Klasse, wenn die Hypothese H_0 gilt.

Diese Prüfgröße ist annähernd χ^2-verteilt mit $FG = k - 1 - a$ (a = Anzahl der aus der Stichprobe geschätzten Parameter, die zur Durchführung des Tests notwendig sind). Voraussetzung für die „annähernde" χ^2-Verteilung der Prüfgröße ist, daß die TH_i genügend groß sind. Im allgemeinen nimmt man an, daß die $TH_i \geq 5$ sein müssen. Ist diese Voraussetzung nicht erfüllt, müssen Klassen zusammengelegt werden. Dadurch verringert sich die Zahl der Freiheitsgrade.

Man kann den χ^2-Test grundsätzlich auf den Vergleich zwischen einer beobachteten empirischen und einer theoretischen Häufigkeitsverteilung anwenden, also auch auf den Fall, daß die BH_i Häufigkeiten der i-ten Klasse einer Grundgesamtheit sind.

Beispiele: (1) An einer Klimastation wurde in 10 Jahren in den meteorologischen Jahreszeiten folgende Anzahl von Tagen mit Gewittern beobachtet (vgl. Tab. 18).

Tab. 18 Absolute Häufigkeit von Tagen mit Gewittern in 10 Jahren nach Jahreszeiten

Jahreszeit		Absolute Häufigkeit von Tagen mit Gewittern in 10 Jahren
Winter	(Dezember–Februar)	$b_1 = 9$
Frühjahr	(März–Mai)	$b_2 = 32$
Sommer	(Juni–August)	$b_3 = 58$
Herbst	(September–November)	$b_4 = 17$

Tab. 18 legt die Vermutung nahe, daß sich die Gewitter nicht gleichmäßig über das Jahr verteilen, sondern daß die Gewitterhäufigkeit von der Jahreszeit abhängig ist. Wir formulieren als Nullhypothese

H_0: Die Verteilung der Gewitter über die Jahreszeiten ist eine Gleichverteilung und als Alternativhypothese

H_A: Die Verteilung der Gewitter über die Jahreszeiten ist keine Gleichverteilung.

Die Anzahl der Klassen $k = 4$. Die beobachteten Häufigkeiten sind in Tab. 18 aufgeführt. Die unter der Hypothese H_0 theoretisch zu erwartenden Häufigkeiten sind $TH_1 = TH_2 = TH_3 = TH_4 = \frac{116}{4} = 29$.

Wir erhalten daraus einen Wert von

$$\hat{\chi}^2 = \frac{(9-29)^2}{29} + \frac{(32-29)^2}{29} + \frac{(58-29)^2}{29} + \frac{(17-29)^2}{29} = 48{,}1.$$

Die Zahl der Freiheitsgrade ist $k - 1 - a = 4 - 1 - 0 = 3$ (da kein Parameter der Grundgesamtheit aus der Stichprobe geschätzt wird, ist $a = 0$). Wählen wir als Signifikanzniveau $\alpha = 5\,\%$, ergibt sich aus Tafel 4 (im Anhang) ein Schwellenwert von

$$\chi^2_{3;5\,\%} = 7{,}81.$$

Da $\hat{\chi}^2 > \chi^2_{3;5\,\%}$, können wir die Nullhypothese ablehnen. Unsere anfängliche Vermutung, daß die Gewitterhäufigkeit von der Jahreszeit abhängt, ist statistisch gesichert.

BAHRENBERG (1973) benutzte den χ^2-Test in ähnlicher Weise, um aus 4 möglichen Einteilungen des Jahres in Jahreszeiten die optimale zu finden. Für alle 4 möglichen Einteilungen wurden die Abweichungen der beobachteten Häufigkeitsverteilung von einer Gleichverteilung für jede der mitteleuropäischen Tiefdruckbahnen mit dem χ^2-Test geprüft. Die Einteilung, bei der die meisten χ^2-Werte auf dem $5\,\%$-Niveau signifikant waren, wurde als die optimale gewählt.

(2) Wir wollen prüfen, ob die Verteilung der „Natalität in der Sowjetunion auf Oblastebene" eine Normalverteilung ist (vgl. das Beispiel (1) im vorigen Abschnitt). Das Signifikanzniveau sei $\alpha = 1\,\%$.

Die Nullhypothese besagt:

H_0: Die „Natalität in der Sowjetunion auf Oblastebene" ist normalverteilt.

Die Alternativhypothese H_A lautet dann

H_A: Die „Natalität in der Sowjetunion auf Oblastebene" ist nicht normalverteilt.

Die Anwendung des χ^2-Tests erfolgt mit Hilfe der Tab. 19.

Die beobachteten Häufigkeiten sind direkt aus der Tab. 2 zu entnehmen. Unter der Voraussetzung, daß H_0 gilt, sind nun die theoretisch zu erwartenden absoluten Häufigkeiten für die einzelnen Klassen zu berechnen.

Wenn H_0 gilt, ist die „Natalität" normalverteilt. Als Schätzwerte für den Mittelwert und die Standardabweichung dieser Normalverteilung wählen wir den Mittelwert $\bar{x} = 18{,}82\,‰$ und die Standardabweichung $s = 7{,}18\,‰$ unserer Datenreihe aus Tab. 1.

Tab. 19 Test der Variable „Natalität in der Sowjetunion auf Oblastebene“ auf Normalität mit Hilfe des χ^2-Anpassungstests

Klassen	BH_i	„standardisierte“ Klassen	w_i	TH_i	$\frac{(BH_i - TH_i)^2}{TH_i}$
< 14	33	< −0,67	0,2514	34,94	0,1077
14 − 18	60	−0,67 − −0,12	0,2008	27,91	36,8960
18 − 22	13	−0,12 − 0,44	0,2178	30,27	9,8531
22 − 26	12	0,44 − 1,00	0,1713	23,81	5,8579
26 − 30	6	1,00 − 1,55	0,0981	13,64	4,2793
30 − 34	3	1,55 − 2,11	0,0432	6,00 }	
34 − 38	9	2,11 − 2,67	0,0136	1,89 } 8,42	5,1421
≧ 38	3	≧ 2,67	0,0038	0,53 }	
					62,1361 = $\hat{\chi}^2$

Wir nehmen also an, die „Natalität“ sei normalverteilt mit ($\mu = 18{,}82$; $\sigma = 7{,}18$). Unter dieser Voraussetzung lassen sich dann die Klassengrenzen der empirischen Verteilung in entsprechende Klassengrenzen der Standardnormalverteilung umrechnen. Seien x_u und x_o zwei Klassengrenzen der empirischen Verteilung, dann sind $\frac{x_u - 18{,}82}{7{,}18}$ und $\frac{x_o - 18{,}82}{7{,}18}$ die standardisierten Klassengrenzen. Für die so gewonnenen Klassen lassen sich nun mit Hilfe von Tafel 2 (Anhang) die Wahrscheinlichkeiten berechnen, mit denen sie auftreten (Spalte w_i der Tab. 19). $w_i \cdot n$(n = Gesamtzahl der empirischen Werte) gibt dann die theoretisch zu erwartenden Häufigkeiten unter der Hypothese H_0 an. Sie befinden sich in der Spalte „TH_i“ der Tab. 19. Wie man sieht, sind die beiden letzten TH_i zu klein (nämlich < 5), so daß die letzten drei Klassen zusammengefaßt werden müssen und wir bei der Berechnung der Prüfgröße statt von ursprünglich 8 Klassen nur von 6 Klassen ausgehen können.

Insgesamt ergibt sich $\hat{\chi}^2 = 62{,}1361$.

Die Anzahl der Freiheitsgrade ist $k - 1 - a$, also $FG = 6 - 1 - 2 = 3$ ($a = 2$, da zwei Parameter der Normalverteilung geschätzt werden mußten). Der kritische Schwellenwert der χ^2-Verteilung ist

$$\chi^2_{3;1\%} = 11{,}34 \text{ (vgl. Tafel 4).}$$

Da $\hat{\chi}^2 > \chi^2_{3;1\%}$, muß die Nullhypothese abgelehnt werden, die „Natalität in der Sowjetunion auf Oblastebene“ ist nicht normalverteilt (und wir hätten den Test im Beispiel 1 des vorigen Abschnitts nicht anwenden dürfen).

5.5.5 Ergänzende Hinweise zu Konfidenzintervallen und Tests

Das Signifikanzniveau α

Das Signifikanzniveau (significance level) α ist bei der Festlegung von Konfidenzintervallen wie auch beim Testen von zentraler Bedeutung. Bei Konfidenzintervallen bestimmt es die Größe des Intervalls: Je kleiner α, desto größer ist das Konfidenzintervall, desto „ungenauer" ist die Schätzung des Parameters. Die größere Ungenauigkeit der Schätzung wird aber durch die kleinere Irrtumswahrscheinlichkeit bzw. durch die größere Sicherheitswahrscheinlichkeit $1-\alpha$, daß der geschätzte Parameter auch tatsächlich in dem angegebenen Konfidenzintervall liegt, ausgeglichen.

Beim Testen bestimmt das Signifikanzniveau die Schwellenwerte (oder kritischen Werte) der Prüfgröße. Liegt ein Prüfgrößenwert jenseits der (des) Schwellenwerte(s), wird die Nullhypothese abgelehnt. Je kleiner α, desto größer ist das Intervall zwischen den Schwellenwerten (t-Test) bzw. zwischen 0 und dem Schwellenwert (χ^2-Test, F-Test und allgemein bei Tests mit Prüfgrößen, die nur positive Werte annehmen). Mit anderen Worten: Je kleiner α, desto kleiner ist der Bereich jenseits der (des) Schwellenwerte(s). Diesen Bereich bezeichnet man als Verwerfungsbereich, weil die Nullhypothese verworfen wird, wenn die Prüfgröße g einen Wert $\hat{g}$ in diesem Verwerfungsbereich annimmt. Das bedeutet: Je kleiner α ist, desto schwieriger ist es, die Nullhypothese zu verwerfen, d.h. die Alternativhypothese anzunehmen. In der Regel möchte man in der Statistik die Alternativhypothese „beweisen", indem man zeigt, daß die Nullhypothese sehr unwahrscheinlich ist. Je kleiner nun α ist, desto sicherer kann die Alternativhypothese als richtig angenommen werden (falls der Prüfgrößenwert im Verwerfungsbereich liegt).

Wir kommen damit zu den Fehlern, die beim Testen auftreten können.

Fehler (Risiken beim Testen)

Folgende Situationen sind beim Prüfen von Hypothesen mittels eines statistischen Test denkbar (vgl. Tab. 20).

Tab. 20 Mögliche Situationen beim statistischen Testen mit Fehlern 1. und 2. Art

Entscheidung des Tests	„Wirklichkeit"	
	H_0 wahr	H_0 falsch
H_0 abgelehnt	Fehler 1. Art	Richtige Entscheidung
H_0 beibehalten	Richtige Entscheidung	Fehler 2. Art

Uns interessieren hier nur die möglichen Fehler bei der Anwendung von Tests.

(1) Der Fehler 1. Art tritt auf, wenn die Nullhypothese abgelehnt wird, obwohl sie gilt. Die Alternativhypothese wird in diesem Fall also fälschlicherweise angenommen. Die Wahrscheinlichkeit für einen Fehler 1. Art bezeichnen wir mit Risiko I. Sie ist gleich α. Denn gemäß dem Testprinzip kann man mit der Wahrscheinlichkeit α erwarten, daß eine Prüfgröße einen Wert in dem Verwerfungsbereich annimmt, obwohl H_0 richtig ist (und zwar auf Grund einer zufallsbedingten, „unglücklichen" Stichprobenauswahl).

Will man also H_A „beweisen" und möglichst sicher bei der Annahme von H_A gehen, ist α sehr klein zu wählen, um den Fehler erster Art möglichst unwahrscheinlich zu machen. Deshalb wird bei Signifikanztests in der Regel $\alpha = 5\,\%$, $1\,\%$ oder gar $0{,}1\,\%$ gewählt. Wichtig ist, α vor dem Testen festzulegen. Denn man sollte vor einer Handlung überlegen, welches Risiko man mit ihr einzugehen bereit ist.

(2) Der Fehler 2. Art tritt auf, wenn die Hypothese H_0 beibehalten wird, obwohl sie falsch ist. Die Wahrscheinlichkeit für einen solchen Fehler nennt man Risiko II und bezeichnet sie mit β. β hängt von α ab: Je kleiner α, desto größer β.

Der Fehler 2. Art wird dann relevant, wenn man eigentlich H_0 bestätigen möchte. Dieser Fall tritt besonders bei der Anwendung des χ^2-Tests auf, wenn man nämlich beweisen will, daß eine empirische Verteilung gut durch eine theoretische Verteilung angepaßt wird (um z. B. die Voraussetzung beim t-Test zu erfüllen). Der Fehler β kann allerdings nicht angegeben werden. Auf jeden Fall ist aber das gelegentlich beobachtbare Vorgehen abzulehnen, eine Nullhypothese als bewiesen anzunehmen, wenn sie nicht auf einem kleinen Signifikanzniveau (z. B. $\alpha = 5\,\%$) abgelehnt werden kann. Denn die Hypothese H_0 nicht ablehnen zu können, bedeutet nicht, sie bewiesen zu haben. In der Praxis wird man eher mit einem $\alpha = 30\,\%$ oder gar $50\,\%$ arbeiten, wenn man die Hypothese H_0 „annehmen" möchte.

In engem Zusammenhang mit dem Risiko II steht die Teststärke (Trennschärfe eines Tests). Sie ist definiert durch $1 - \beta$ und bezeichnet damit die Wahrscheinlichkeit, einen Fehler 2. Art zu vermeiden, bzw. die Wahrscheinlichkeit, H_0 auch tatsächlich abzulehnen, wenn sie falsch ist. Hat man mehrere Testverfahren zur Verfügung, so stellt die Teststärke ein wichtiges Kriterium für die Auswahl eines geeigneten Tests dar.

Wir weisen noch einmal auf die Voraussetzungen hinsichtlich der Verteilung der Grundgesamtheit(en) bei der Durchführung eines Tests hin. Verteilungsabhängige Tests sind, falls die Voraussetzungen erfüllt sind, trennschärfer als verteilungsunabhängige, die aber häufiger anwendbar sind. Wir wollen zum Schluß dieses Kapitels noch einen verteilungsunabhängigen Test für den Mittelwert vorstellen.

5.5.6 Der U-Test von Mann/Whitney

Der U-Test vergleicht eigentlich nicht die Mittelwerte zweier Grundgesamtheiten, sondern deren zentrale Tendenz, d.h. er prüft, ob die eine Zufallsvariable „insgesamt" größer ist als die andere. Voraussetzung ist lediglich, daß die beiden Zufallsvariablen die gleiche Form der Verteilung aufweisen, daß also z. B. die beiden Zufallsvariablen symmetrisch sind oder asymmetrisch mit gleicher Schiefe sind, was mit dem χ^2-Anpassungstest überprüft werden kann, Darüber hinaus müssen die beiden Zufallsvariablen natürlich mit der gleichen Maßeinheit gemessen werden (sonst wäre die Frage, ob die eine „insgesamt" größer ist als die andere, sinnlos).

Der U-Test benutzt nicht die Variablenwerte selbst, sondern nur ihre Rangordnung.

Die Nullhypothese lautet: Die beiden Zufallsvariablen sind insgesamt gleich groß, d.h.

$$H_0\colon\ \mu_1 = \mu_2 \quad \text{bzw.}\ Me_{X_1} = Me_{X_2} \quad (Me_{X_i} = \text{Median der Variablen } X_i)$$

Die Alternativhypothese H_A ist

$$H_A\colon\ \mu_1 \neq \mu_2 \quad \text{bzw.} \quad Me_{X_1} \neq Me_{X_2}$$

Wir nehmen an, die Umfänge der Stichproben aus den beiden Grundgesamtheiten seien n_1 und n_2. Zur Berechnung des Wertes $\hat{U}$ der Prüfgröße U werden die $(n_1 + n_2)$ Stichprobenelemente in eine *gemeinsame* Rangordnung gebracht, die Rangzahlen reichen dann von 1 bis $(n_1 + n_2)$.

Anschließend werden die Rangzahlen jeder Stichprobe aufsummiert.

Sei R_1 = Summe der Rangzahlen der Elemente der 1. Stichprobe (die zur Zufallsvariablen X_1 gehört)

R_2 = Summe der Rangzahlen der Elemente der 2. Stichprobe (die zur Zufallsvariablen X_2 gehört)

$\hat{U}$ wird nun definiert als Minimum (U_1, U_2) mit

$$U_1 = n_1 \cdot n_2 + \frac{n_1(n_1+1)}{2} - R_1$$

$$U_2 = n_1 \cdot n_2 + \frac{n_2(n_2+1)}{2} - R_2$$

Für U_1 und U_2 gilt: $U_1 + U_2 = n_1 \cdot n_2$

Der U-Test kann ein- und zweiseitig angewandt werden. Die U-Verteilung nimmt nur positive Werte an. Ihre kritischen Werte $U_{n_1, n_2; \alpha}$ finden sich in Tafel 6 (Anhang).

Ist $1/\hat{U} > 1/U_{n_1, n_2; \alpha}$ wird H_0 abgelehnt.

Für genügend große Stichprobenumfänge $(n_1, n_2 > 8)$ kann statt der Testgröße U die Standardnormalverteilung Z als Testgröße verwendet werden mit

$$Z = \frac{U - \dfrac{n_1 n_2}{2}}{\sqrt{\dfrac{n_1 n_2 (n_1 + n_2 + 1)}{12}}}$$

Kommen in der gemeinsamen Rangordnung der beiden Stichproben bestimmte Werte mehrfach vor, so wird ihnen eine gemittelte Rangzahl zugewiesen. In Tab. 21 tritt z.B. der Wert 7,0 an der 13. und 14. Stelle auf. Er erhält dann jeweils die Rangzahl 13,5. Entsprechend verfährt man, wenn ein Wert mehr als zweimal auftritt.

Solche sogenannten Bindungen beeinflussen U nur dann, wenn sie „zwischen" den Stichproben auftreten, wenn also der gleiche Wert sowohl in der einen als auch in der anderen Stichprobe auftritt.

Im Fall von Bindungen und der Verwendung der Standardnormalverteilung als Testgröße muß Z korrigiert werden:

$$Z = \frac{U - \frac{n_1 n_2}{2}}{\sqrt{\frac{n_1 \cdot n_2}{n(n-1)} \cdot \left(\frac{n^3 - n}{12} - \sum_{i=1}^{r} \frac{t_i^3 - t_i}{12}\right)}}$$

mit r = Anzahl der verschiedenen Bindungen

t_i = Anzahl der Werte (Stichprobenelemente), die bei der i-ten Bindung die gleiche Rangzahl haben

$n = n_1 + n_2$

Beispiel: Um auf dem 5%-Signifikanzniveau zu entscheiden, ob die Kundeneinzugsbereiche zweier Geschäfte A und B gleich sind (zweiseitige Fragestellung), wurden 10 zufällig ausgewählte Kunden jedes Geschäfts nach ihrem Wohnstandort befragt. Die insgesamt 20 Kunden wurden nach der „Entfernung zwischen Wohnung und Geschäft“ in eine Rangordnung gebracht (Tab. 21).

Tab. 21 Gemeinsame Rangordnung der Entfernung zwischen Wohnung und Geschäft von je 10 Kunden zweier Geschäfte A und B

Rang	1	2	3	4	5	6	7	8	9	10
Entfernung	0,8	1,0	1,8	2,0	3,0	3,1	4,0	4,1	4,9	5,0
Geschäft	*B*	*A*	*B*	*A*	*A*	*B*	*A*	*B*	*B*	*A*

			13,5							
Rang	11	12	13	14	15	16	17	18	19	20
Distanz	5,8	6,0	7,0	7,0	7,8	8,0	8,8	9,0	9,9	10,0
Kaufhaus	*B*	*A*	*A*	*B*	*B*	*A*	*B*	*A*	*B*	*A*

Es gilt:

Geschäft A: $R_1 = 107{,}5 \qquad U_1 = 10 \cdot 10 + \frac{10(10+1)}{2} - 107{,}5 = 47{,}5$

Geschäft B: $R_2 = 102{,}5 \qquad U_2 = 10 \cdot 10 + \frac{10(10+1)}{2} - 102{,}5 = 52{,}5$

$\hat{U} = \text{Minimum}\,(U_1, U_2) = 47{,}5$

Aus Tafel 6 (Anhang) ist ersichtlich $U_{10,10;5\%} = 23$

Da $\quad 1/\hat{U} = \frac{1}{47{,}5} < \frac{1}{23} = 1/U_{10,10;5\%}$,

kann die Nullhypothese nicht abgelehnt werden, d.h. wir können nicht sagen, die Geschäfte A und B haben unterschiedlich große Einzugsbereiche.

Zu dem gleichen Ergebnis wären wir gekommen, wenn wir die Standardnormalverteilung als Testgröße benutzt hätten. Wegen der Bindung müssen wir die korrigierte Variante anwenden:

$$z = \frac{\left(47{,}5 - \dfrac{10 \cdot 10}{2}\right)}{\sqrt{\dfrac{10 \cdot 10}{20(20-1)} \cdot \left(\dfrac{20^3 - 20}{12} - \dfrac{2^3 - 2}{12}\right)}} = -\frac{2{,}5}{174{,}87} = -0{,}0143$$

Die kritischen Werte der Standardnormalverteilung für ein 5%-Signifikanzniveau sind $-1{,}96$ und $1{,}96$, da $D\,(1{,}96) = 95\,\%$ (vgl. Tafel 2). $-0{,}0143$ liegt innerhalb des Intervalls $(-1{,}96; 1{,}96)$, also nicht im Verwerfungsbereich. D. h., wir können die Nullhypothese nicht ablehnen.

Es sollte daran gedacht werden: Angesichts des kleinen α ist die Wahrscheinlichkeit für den Fehler 2. Art recht groß, so das wir nicht ohne weiteres sagen können, wir hätten die Nullhypothese bewiesen. Allerdings ist $D\,(0{,}0143) < 1{,}60\,\%$ (vgl. Tafel 2), der z-Wert liegt damit sehr nahe an dem bei Gültigkeit von H_0 im „Idealfall zu erwartenden" $z = 0$. Diese Feststellung spricht für die Annahme von H_0.

Mit anderen Worten: Selbst wenn wir $\alpha = 90\,\%$ gewählt hätten, hätten wir die Hypothese H_0 nicht widerlegen können.

Literatur

Zitiert

Atlas sel'skogo chozjajstva SSSR. Moskau 1960

Bahrenberg, G. (1973): Auftreten und Zugrichtung von Tiefdruckgebieten in Mitteleuropa. Münster (= Westfälische Geographische Studien 26)

Glover, J.; Robinson, P.; Henderson, J.P. (1954): Provisional maps of the reliability of annual rainfall in East Africa. Quarterly Journal of the Royal Meteorological Society 80, S. 602–609

Gregory, S. (1964): Statistical methods and the geographer. London

Güßefeldt, J. (1988): Kausalmodelle in Geographie, Ökonomie und Soziologie. Eine Einführung mit Übungen und einem Computerprogramm. Berlin u. a.

Hengst, M. (1967): Einführung in die mathematische Statistik und ihre Anwendung. Mannheim

Kriz, J. (1981): Methodenkritik empirischer Sozialforschung. Eine Problemanalyse sozialwissenschaftlicher Forschungspraxis. Stuttgart

Linder, A. (1964): Statistische Methoden für Naturwissenschaftler, Mediziner und Ingenieure. 4. Aufl. Basel

Weber, E. (1967): Grundriß der biologischen Statistik. 6. Aufl. Stuttgart

Weiterführend

Vgl. die am Ende des Buches aufgeführten Lehrbücher der Statistik.

6 Regressions- und Korrelationsanalyse

Regressions- und Korrelationsanalyse (regression and correlation analysis) beschäftigen sich mit bivariaten und multivariaten Verteilungen. Insbesondere behandeln sie die Frage nach dem Zusammenhang zwischen zwei oder mehreren Zufallsvariablen. Solche Fragen können zwar auch schon mit den im vorigen Kapitel vorgestellten Tests beantwortet werden, allerdings nur sehr eingeschränkt. Tests können nämlich höchstens die Frage beantworten, ob überhaupt ein Zusammenhang zwischen zwei Zufallsvariablen besteht. Man denke z.B. an den t-Test, mit dessen Hilfe man untersuchen kann, ob zwischen der Natalität und dem wirtschaftlichen Entwicklungsstand ein statistisch signifikanter Zusammenhang festzustellen ist.

Will man darüber hinaus wissen, welcher Art, welcher Form und wie stark der Zusammenhang zwischen mehreren Variablen ist, kommt die Regressions- und Korrelationsanalyse zur Anwendung. Mit der Korrelationsanalyse wird die Stärke des Zusammenhangs zweier (mehrerer) Variablen ermittelt, die Regressionsanalyse zielt dagegen auf die Form des Zusammenhangs ab. Korrelations- und Regressionsanalyse können sowohl rein deskriptiv auf empirische Grundgesamtheiten als auch analytisch auf Stichproben angewandt werden.

Hinsichtlich des Skalenniveaus ist festzuhalten: Je nachdem, welches Skalenniveau die beteiligten Variablen aufweisen, sind unterschiedliche Techniken der Korrelations- und Regressionsanalyse anzuwenden. Die zunächst vorgestellten Verfahren setzen metrisches Skalenniveau aller beteiligten Variablen voraus. Korrelationsmaße für ordinal- und nominal-skalierte Variablen werden in Abschnitt 6.8 besprochen. Regressionsanalysen für nicht metrisch-skalierte Variablen haben erst in den letzten Jahren an Bedeutung gewonnen. Sie werden im 2. Band behandelt.

6.1 Typen von Zusammenhängen

Wir wollen kurz einige Typen von Zusammenhängen unterscheiden, die mit Hilfe der Korrelations- und Regressionsanalyse untersucht werden können.

(1) Eine Variable Y hängt von einer anderen Variablen X ab (einfacher einseitiger Zusammenhang):

$$Y \longleftarrow X$$

Z.B. hängt die Verdunstung (Y) von der Lufttemperatur (X) ab.

(2) Zwei Variablen Y und X bedingen sich gegenseitig bzw. hängen jeweils voneinander ab (einfacher wechselseitiger Zusammenhang):

$$Y \leftrightarrows X$$

Die Verdunstung hängt zwar von der Lufttemperatur ab, umgekehrt beeinflußt sie aber auch die Lufttemperatur, da zur Verdunstung Wärme benötigt wird.

(3) Eine Variable Y hängt von mehreren anderen Variablen $X_1, \ldots, X_n$ ab (mehrfacher Zusammenhang):

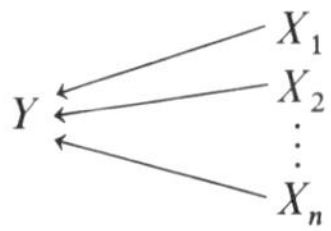

So hängt die Verdunstung (Y) nicht nur von der Lufttemperatur X_1 – wie in (1) angenommen wurde – ab, sondern z. B. auch von der Sonneneinstrahlung (X_2), der relativen Luftfeuchtigkeit (X_3) und der Luftturbulenz (X_4).

(4) Daneben sind viel kompliziertere Zusammenhangsstrukturen denkbar. Im Beispiel zu (3) stehen ja auch die einzelnen Einflußvariablen noch untereinander in Beziehung. So wird die Lufttemperatur von der Sonneneinstrahlung beeinflußt, die relative Luftfeuchtigkeit von der Lufttemperatur. Berücksichtigen wir nun diese, immer noch relativ wenigen Beziehungen, erhalten wir eine Struktur, wie sie das sogenannte Pfaddiagramm zeigt:

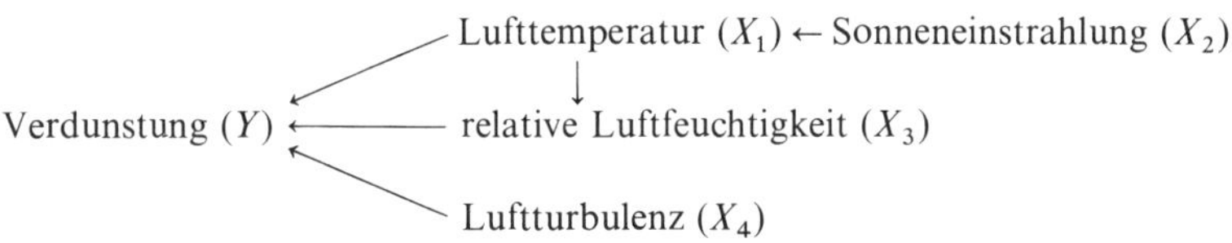

(5) Ein besonderer Fall ist gegeben, wenn zwei Variablen Y und X von einer dritten Variablen Z abhängen:

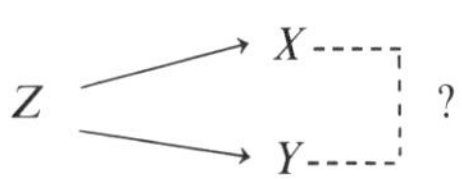

In solchen Fällen kann man formal einen Zusammenhang zwischen X und Y feststellen, obwohl eine „inhaltliche" Abhängigkeit zwischen X und Y nicht bestehen muß.

Wir werden uns in diesem Buch mit den Typen (1) und (2) befassen. Die komplexen Strukturen (3) und (4) werden im 2. Band behandelt.

6.2 Lineare Einfachregression

Die Regressionsanalyse versucht, die Form (Art) des Zusammenhangs zwischen Variablen festzustellen. Mit ihrer Hilfe wird also untersucht, wie eine Variable Y von n Variablen $X_1, \ldots, X_n$ abhängt bzw. wie man von dem Wertetupel $(x_1, \ldots, x_n)$ auf den Wert y der Variablen Y schließen kann. Der Schluß von $X_1, \ldots, X_n$ auf Y, Regression genannt, setzt immer die Trennung zwischen den Ausgangsvariablen (unabhängigen Variablen, Regressoren, regressor variables, Prädiktorvariablen)

$X_1, \ldots, X_n$ und der Zielvariablen (abhängigen Variablen, Regressand, dependent variable) Y voraus. Diese Trennung ist inhaltlich bestimmt. Bei dem Beispiel des Typs 3 ist die Verdunstung die abhängige Variable, Sonneneinstrahlung, Lufttemperatur, relative Luftfeuchtigkeit und Luftturbulenz sind die unabhängigen Variablen.

Der einfachste Fall der Regressionsanalyse liegt vor, wenn nur zwei Variablen Y und X betrachtet werden. Man spricht dann von einer Einfachregression. Untersucht man, wie eine Variable von zwei bzw. mehreren anderen Variablen abhängt, handelt es sich um eine Zweifach- bzw. Mehrfachregression (multiple Regression).

Wir beschäftigen uns im folgenden nur mit der Einfachregression, und zwar zunächst nur mit deren elementarster Variante, der linearen Einfachregression.

Das Prinzip der linearen Einfachregression wird am Beispiel der Verdunstung und Lufttemperatur erläutert. Wir wollen die Verdunstung (Y) in Abhängigkeit von der Lufttemperatur (X, unabhängige Variable) darstellen. Die Frage ist dann:

> Welche Funktion $Y = f(X)$ beschreibt möglichst gut die Beziehung zwischen Y und X.

In der Statistik nennt man die Funktion $Y = f(X)$ auch die Regression von Y nach X.

Um die Abhängigkeit der Verdunstung Y von der Lufttemperatur X in Form einer Funktion darstellen zu können, geht man am besten von einer Meßreihe von Verdunstungs- und Lufttemperaturwerten aus, wie sie Tab. 22 für die Verdunstungsmeßanlage Senne im südöstlichen Münsterland zeigt. Die Daten stellen eine Stichprobe mit $n = 36$ aus einer insgesamt 21-jährigen Meßreihe 1956–1976 dar.

Bei den Verdunstungswerten handelt es sich um Meßwerte der sogenannten aktuellen Evapotranspiration (= Verdunstung von einem pflanzenbestandenen (grasbedeckten) Bodenkörper), die mit Hilfe einer Lysimeteranlage gemessen wurden. Die Meßtechnik von Lysimeteranlagen bedingt, daß in unseren Breiten im Winter auch „negative" Verdunstungswerte auftreten können, so daß negative Werte der Verdunstung in der Tab. 22 nicht verwundern sollten.

Wir können die in Tab. 22 enthaltenen Wertepaare (x_i, y_i) in ein rechtwinkliges Koordinatensystem eintragen und erhalten ein sog. Streuungsdiagramm (Abb. 49). Die Punktwolke deutet auf eine bestimmte Tendenz hin, die wir in diesem Fall annähernd durch eine Gerade kenntlich machen können, die mitten durch die Punktwolke zu legen ist. Wir hätten somit eine Funktion $Y = f(X)$, nämlich die Gerade $Y = a + bX$, zu suchen, die die Abhängigkeit beschreibt. Diese Gerade, also die lineare Einfachregression $Y = a + bX$ zu bestimmen, heißt nun nichts anderes, als durch die Punktwolke eine „mittlere Gerade" so zu legen, daß die Tendenz der Punktwolke, der regelhafte lineare Verlauf, am besten ausgedrückt wird. Diese „mittlere Gerade" gibt an, in welchem Maße die Verdunstung mit der Lufttemperatur ansteigt.

Tab. 22 Mittlere Tagessummen der Verdunstung (Evapotranspiration) im Monat und mittlere monatliche Lufttemperatur der Landverdunstungsmeßanlage Senne (Lysimeter 1: Sand)

Quelle: Staatliches Amt für Wasser- und Abfallwirtschaft Münster

Jahr/Monat	i	Mittlere tägl. Verdunstung im Monat (mm) y_i	Mittlere monatl. Lufttemperatur (°C) x_i
1973			
Januar	1	−0,20	1,06
Februar	2	−0,38	1,41
März	3	0,07	3,88
April	4	0,57	5,40
Mai	5	2,33	11,63
Juni	6	1,92	15,89
Juli	7	1,37	17,29
August	8	2,14	17,97
September	9	0,70	14,29
Oktober	10	0,01	8,12
November	11	−0,10	4,02
Dezember	12	−0,36	1,03
1974			
Januar	13	−0,65	3,98
Februar	14	−0,11	3,48
März	15	0,50	5,49
April	16	1,57	8,41
Mai	17	1,78	10,54
Juni	18	2,40	13,56
Juli	19	1,96	14,07
August	20	2,27	16,89
September	21	1,38	12,90
Oktober	22	−0,21	5,62
November	23	−0,72	5,48
Dezember	24	−0,24	5,65
1975			
Januar	25	−0,09	5,22
Februar	26	0,34	1,94
März	27	0,13	3,45
April	28	0,94	6,07
Mai	29	1,92	10,24
Juni	30	1,91	14,36
Juli	31	2,53	17,64
August	32	1,48	19,69
September	33	1,06	14,90
Oktober	34	0,56	7,40
November	35	−0,15	3,67
Dezember	36	−0,21	1,58

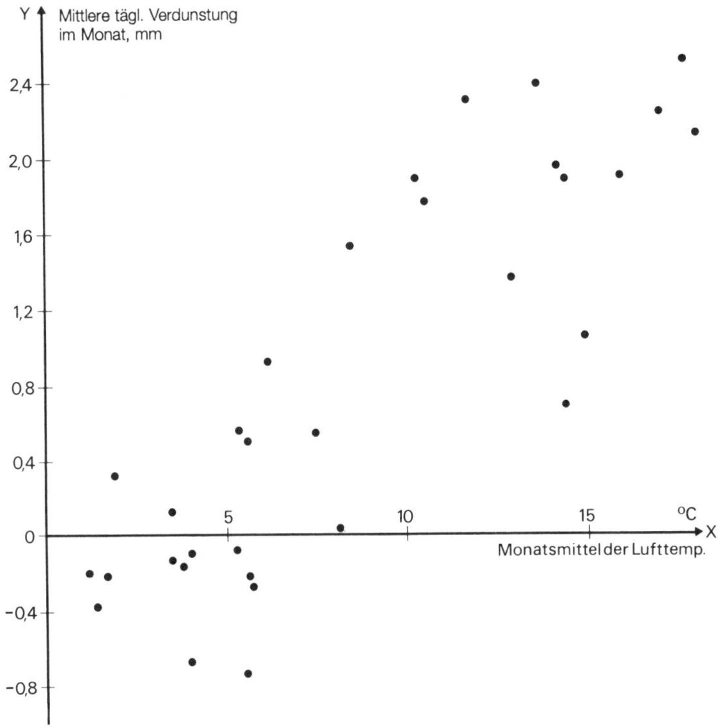

Abb. 49 Streuungsdiagramm der Werte aus Tab. 22

6.2.1 Die Bestimmung der Regressionsgeraden

Die exakte Bestimmung der Regressionsgerade $Y = a + bX$ bedeutet, die Parameterwerte a und b so zu bestimmen, daß die Gerade die in dem Streuungsdiagramm vorhandene lineare Tendenz optimal wiedergibt. Für die Erreichung dieses Zieles sind zunächst zwei Überlegungen wichtig:

(a) Es ist klar, daß die genaue Lage der Regressionsgeraden (und damit die genauen Werte für a und b) allein von der Verteilung der Punkte im Streuungsdiagramm, also von den Wertepaaren $(x_i, \; y_i)$ abhängt.

(b) An die Regressionsgerade wird die Bedingung gestellt, sie solle die Punktwolke optimal repräsentieren. Es ist also zunächst festzulegen, was optimal überhaupt bedeuten soll.

Im Zusammenhang mit (a) wird „optimal" sinnvollerweise bedeuten, daß alle Punkte möglichst nahe an der Geraden liegen. „Möglichst nahe" kann so aufgefaßt werden, daß die mittlere Entfernung der Punkte von der Geraden

$(=\sum_{i=1}^{n}|e_i|/n$ mit $|e_i|=$ Entfernung des Punktes (x_i, y_i) von der Geraden; $n=$ Anzahl der Punkte) so klein wie möglich ist. Das heißt aber: die Summe der Enfernungen $|e_i|$ $(=\sum_{i=1}^{n}|e_i|)$ muß minimiert werden. Wir erhalten also insgesamt: die Gerade $Y=a+bX$ repräsentiert die Punktwolke dann optimal, wenn die Summe der Entfernungen der Punkte von dieser Geraden am kleinsten ist.

Zu klären bleibt jetzt noch, wie die Entfernung genau definiert sein soll. So sind etwa die Möglichkeiten „kürzeste Entfernung" oder „vertikale Entfernung" denkbar (s. Abb. 50). Aus rechentechnischen Gründen benutzt man die vertikalen Entfernungen $|e_i|$.. Sie sind die Absolutbeträge der vertikalen Abweichungen $e_i = y_i - (a+bx_i)$ (vgl. Abb. 50). Diese vertikalen Abweichungen werden auch als Residuen bezeichnet. Sie geben an, wie groß die Differenz zwischen dem tatsächlichen y_i-Wert und dem zu x_i gehörenden y-Wert auf der Regressionsgeraden ist.

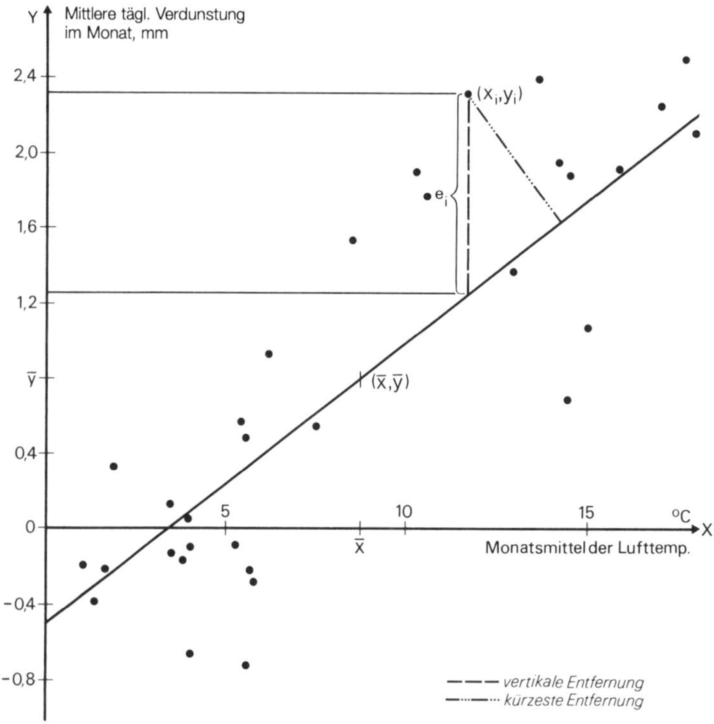

Abb. 50 Regressionsgerade und mögliche Entfernungsdefinitionen am Beispiel des Streuungsdiagramms aus Abb. 49

Mathematisch ausgedrückt bedeutet das:

a) Bestimmung der Geraden $Y = a + bX$ heißt Bestimmung der Parameter a und b.

b) Die vertikalen Entfernungen der Punkte P_i (x_i, y_i) von der zu berechnenden Geraden sind:

$$|e_i| = |y_i - (a + bx_i)|.$$

a und b sind also so zu bestimmen, daß

$$\sum_{i=1}^{n} |e_i| \to \text{Minimum}$$

Aus mathematischen Gründen geht man nicht von den einfachen Entfernungen $|e_i|$ aus, sondern von ihrem Quadrat e_i^2, d.h. a und b werden so bestimmt, daß

$$E = \sum_{i=1}^{n} e_i^2 = \sum_{i=1}^{n} |y_i - (a + bx_i)|^2 = \sum_{i=1}^{n} (y_i - (a + bx_i))^2$$

$$= \sum_{i=1}^{n} (y_i - a - bx_i)^2 \to \text{Min}$$

Dieses Prinzip zur Konstruktion einer „bestmöglichen Geraden“ nennt man das GAUSSsche Prinzip der kleinsten Quadrate (least squares principle).

E ist eine Funktion von a und b: $E = E(a, b)$. Die Summe der Entfernungsquadrate zu minimieren bedeutet dann:

a und b sind so zu wählen, daß die Funktion $E = E(a, b)$ ein Minimum annimmt. Notwendig dafür ist, daß die Funktion E an dieser Stelle in ihren beiden partiellen Ableitungen $\frac{\partial E}{\partial a}$ und $\frac{\partial E}{\partial b}$ gleich Null ist:

$$\frac{\partial E}{\partial a} = 0, \qquad \frac{\partial E}{\partial b} = 0$$

Mit anderen Worten: Es werden diejenigen Werte a und b gesucht, für die gilt:

$$\frac{\partial E}{\partial a} = \sum_{i=1}^{n} -2(y_i - a - bx_i) = 0 \qquad \frac{\partial E}{\partial b} = \sum_{i=1}^{n} -2x_i(y_i - a - bx_i) = 0$$

Hieraus folgt:

$$-2\sum_{i=1}^{n} (y_i - a - bx_i) = 0 \quad \text{und}$$

$$-2\sum_{i=1}^{n} x_i \cdot (y_i - a - bx_i) = 0$$

und weiter

$$\sum_{i=1}^{n} (y_i - a - bx_i) = 0 \quad \text{und}$$

$$\sum_{i=1}^{n} x_i (y_i - a - bx_i) = 0$$

Die Gleichungen (I) $\sum_{i=1}^{n} y_i - na - b \sum_{i=1}^{n} x_i = 0$

(II) $\sum_{i=1}^{n} x_i y_i - a \sum_{i=1}^{n} x_i - b \sum_{i=1}^{n} x_i^2 = 0$

werden als Normalgleichungen bezeichnet.

Mit den Normalgleichungen (I) und (II) erhält man zwei Gleichungen für die beiden Unbekannten a und b.

Multiplikation von (I) mit $\sum_{i=1}^{n} x_i$ und von (II) mit n und anschließende Subtraktion der Gleichung (II) von (I) ergibt

$$\sum_{i=1}^{n} x_i \cdot \sum_{i=1}^{n} y_i - na \cdot \sum_{i=1}^{n} x_i - b \cdot \left(\sum_{i=1}^{n} x_i\right)^2 = 0$$

$$n \cdot \sum_{i=1}^{n} x_i y_i - na \cdot \sum_{i=1}^{n} x_i - nb \cdot \sum_{i=1}^{n} x_i^2 = 0 \quad \text{Subtraktion}$$

$$\sum_{i=1}^{n} x_i \cdot \sum_{i=1}^{n} y_i - n \cdot \sum_{i=1}^{n} x_i y_i - b \cdot \left(\sum_{i=1}^{n} x_i\right)^2 + nb \cdot \sum_{i=1}^{n} x_i^2 = 0, \text{ d.h.}$$

$$b \cdot \left(n \sum_{i=1}^{n} x_i^2 - \left(\sum_{i=1}^{n} x_i\right)^2\right) = n \sum_{i=1}^{n} x_i y_i - \sum_{i=1}^{n} x_i \cdot \sum_{i=1}^{n} y_i \quad \text{und}$$

$$b = \frac{n \cdot \sum_{i=1}^{n} x_i y_i - \sum_{i=1}^{n} x_i \cdot \sum_{i=1}^{n} y_i}{n \sum_{i=1}^{n} x_i^2 - \left(\sum_{i=1}^{n} x_i\right)^2}$$

$b(=b_{yx})$ heißt der Regressionskoeffizient (regression coefficient) von y nach x.

Man kann die ermittelte Formel für den Regressionskoeffizienten weiter umformen, so daß man zu folgender vereinfachter Darstellung gelangt, bei der im Zähler die Kovarianz und im Nenner die Varianz erscheint (vgl. Kap. 4.2):

$$\frac{\sum_{i=1}^{n} (x_i - \bar{x})(y_i - \bar{y})}{\sum_{i=1}^{n} (x_i - \bar{x})^2}$$

Entsprechend kann a aus (I) und (II) berechnet werden, indem (I) mit $\sum_{i=1}^{n} x_i^2$ und (II) mit $\sum_{i=1}^{n} x_i$ multipliziert wird und dann (II) von (I) subtrahiert wird. Es ergibt sich

$$a = \frac{\sum_{i=1}^{n} x_i^2 \cdot \sum_{i=1}^{n} y_i - \sum_{i=1}^{n} x_i \cdot \sum_{i=1}^{n} x_i y_i}{n \cdot \sum_{i=1}^{n} x_i^2 - \left(\sum_{i=1}^{n} x_i\right)^2}$$

$a\,(= a_{yx})$ heißt Regressionskonstante.

6.2.2 Berechnung der Regressionsgeraden für das Beispiel „Abhängigkeit der Verdunstung von der Lufttemperatur"

Selbst preiswerte Taschenrechner sind mit festen Programmen zur Berechnung einer Regressionsgeraden ausgerüstet. Sofern ein solcher Taschenrechner nicht zur Verfügung steht, geht man am besten wie folgt vor: Man berechnet zunächst die einzelnen Glieder der beiden Formeln für a und b

$$\sum_{i=1}^{n} x_i, \quad \sum_{i=1}^{n} y_i, \quad \sum_{i=1}^{n} x_i y_i, \quad \sum_{i=1}^{n} x_i^2$$

und fertigt dazu folgendes Schema an:

i	Verdunstung y_i	Lufttemperatur x_i	$x_i y_i$	x_i^2
1	−0,20	1,06	−0,2120	1,1236
2	−0,38	1,41	−0,5358	1,9881
.	.	.	.	.
.	.	.	.	.
.	.	.	.	.
36	−0,21	1,58	−0,3318	2,4964
	$\sum_{i=1}^{36} y_i = ?$	$\sum_{i=1}^{36} x_i = ?$	$\sum_{i=1}^{36} x_i y_i = ?$	$\sum_{i=1}^{36} x_i^2 = ?$

Für die Wertpaare aus Tab. 22 ergibt sich

$$b_{yx} = 0{,}1489$$

$$a_{yx} = -0{,}5101$$

Die Regressionsgerade lautet demnach (vgl. Abb. 50)

$$Y = -0{,}5101 + 0{,}1489\,X$$

6.2.3 Zur Interpretation einer Regressionsgleichung

Für die einzelnen Stichprobenwerte folgt aus der Ableitung der Regressionsgeraden: $y_i = a + bx_i + e_i$, wobei die e_i als zufallsbedingte Abweichungen angesehen werden, die aus Meßungenauigkeiten resultieren, aber auch daraus, daß in die Regressionsanalyse eine Reihe von unabhängigen Variablen, die ebenfalls Einfluß auf Y ausüben, nicht aufgenommen wurde. Dabei wird angenommen, daß diese übrigen Variablen keinen systematisch verzerrenden Einfluß ausüben, sondern eben insgesamt nur zu zufälligen Abweichungen der einzelnen Punkte von der Regressionsgeraden führen.

Das der Regressionsanalyse zugrunde liegende Modell ist also nicht

$$Y = a + bX,$$

sondern

$$Y = a + bX + \varepsilon,$$

mit ε = Zufallsvariable (Zufallsfehler), die die zufälligen Abweichungen repräsentiert.

Außerdem weisen wir an dieser Stelle schon darauf hin, daß die „besten Werte" a und b ja aus einer Stichprobe gewonnen wurden und als Schätzungen für die tatsächlichen Parameter α und β der bivariaten Grundgesamtheit (Y, X) dienen. Wir kommen darauf im Abschnitt 6.4 zurück.

Mit Hilfe der Regressionsgeraden kann für beliebiges x der Zufallsvariablen X berechnet werden, welchen Wert Y für dieses x annimmt. In unserem Beispiel erhält man z.B. für den in der Stichprobe nicht auftretenden Wert $x' = 12\,°\mathrm{C}$ folgenden Verdunstungswert y', indem man den Wert $x' = 12\,°\mathrm{C}$ in die ermittelte Regressionsgleichung einsetzt:

$$\begin{aligned} y' = a + bx' &= -0{,}5101 + 0{,}1489\,x' \\ &= -0{,}5101 + 0{,}1489 \cdot 12 \\ &= 1{,}2767 \end{aligned}$$

Dieser Wert von $y' = 1{,}2767$ mm ist ein Schätzwert für den wahren Wert der Verdunstung bei einer Lufttemperatur von $x' = 12$ °C. Der Regressionskoeffizient b gibt an, um wieviel Einheiten sich Y verändert, wenn sich X um eine Einheit verändert, nämlich um b. b heißt auch die Steigung der Geraden. So steigt die tägliche Verdunstungssumme um 0,1489 mm, wenn die Lufttemperatur um 1 °C zunimmt.

Ist b positiv, ist die Beziehung zwischen Y und X gleichsinnig, für negative b ist sie gegensinnig.

Die Regressionskonstante a bezeichnet den Schnittpunkt der Regressionsgeraden mit der y-Achse, denn für $X = 0$ ist $Y = a$.

6.2.4 Die Bestimmung des Trends einer Zeitreihe

Für Prognosen interessiert häufig die Frage, wie sich eine Variable in der Vergangenheit entwickelt hat. Man versucht, einen Entwicklungstrend zu erkennen, der die Prognose zukünftiger Variablenwerte erlaubt – allerdings nur unter der Voraussetzung, daß der beobachtete Trend in Zukunft anhält. Ist der Trend linear, läßt sich die „Gaußsche Methode der kleinsten Quadrate" für Prognosezwecke benutzen. Wir demonstrieren dies an der Natalität und dem Verstädterungsgrad in der Sowjetunion, deren Werte für die Jahre 1950–1976 zur Verfügung stehen (Tab. 23).

Tab. 23 Entwicklung der Natalität und Verstädterung in der Sowjetunion 1950–1976
Quelle: Statistische Jahrbücher der UdSSR, Moskau 1963 ff.

Jahr	Natalität	Städt. Bev. in % d. Bev.
1950	26,7	40,2
1951	27,0	41,6
1952	26,5	42,7
1953	25,1	43,8
1954	26,6	44,4
1955	25,7	44,6
1956	25,2	45,4
1957	25,4	46,7
1958	25,3	47,9
1959	25,0	48,8
1960	24,9	49,9
1961	23,8	50,5
1962	22,4	51,2
1963	21,2	51,9
1964	19,6	52,6
1965	18,4	53,3
1966	18,2	54,0
1967	17,4	54,7
1968	17,3	55,5
1969	17,0	56,3
1970	17,4	57,0
1971	17,8	57,9
1972	17,8	58,8
1973	17,6	59,6
1974	18,0	60,4
1975	18,1	61,3
1976	18,4	61,9

Solche zeitlich geordneten Wertereihen bezeichnet man als Zeitreihen (time series). Abb. 51 und 52 veranschaulichen graphisch die zeitliche Entwicklung der beiden Variablen. Deutlich ist ein starker, fast konstanter Anstieg von Jahr zu Jahr bei der Verstädterung zu beobachten, während bei der Natalität ein nicht ganz so konstanter Abfall zu verzeichnen ist. Graphisch drückt sich diese Tendenz in dem linearen Anstieg bzw. Absinken der Werte aus. Eine eindeutige, quantitative Bestimmung dieser linearen Tendenz, die wir auch als linearen Trend bezeichnen, würde die zu Anfang formulierte Fragestellung lösen helfen. Die in 6.2.1 für die Berechnung der Regressionsgeraden benutzte Methode der kleinsten Quadrate hilft uns auch hier weiter, indem wir die Variablen Natalität bzw. Verstädterung als abhängige Variablen ($=Y$) und die Zeit ($=$ Jahre) als die unabhängige Variable ($= X$) auffassen. Betont

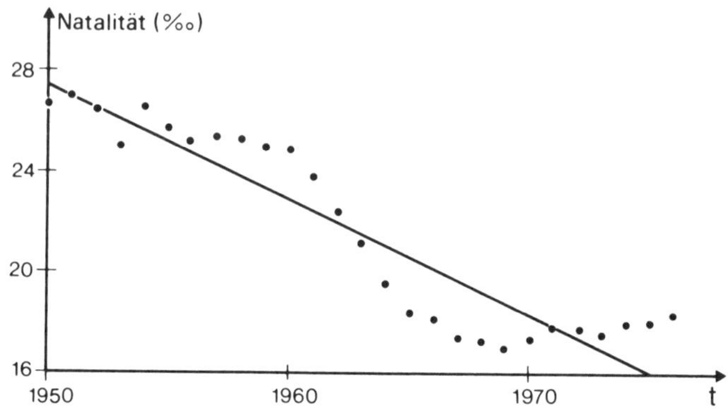

Abb. 51 Entwicklung der Natalität in der Sowjetunion 1950–1976 mit ihrem linearen Trend

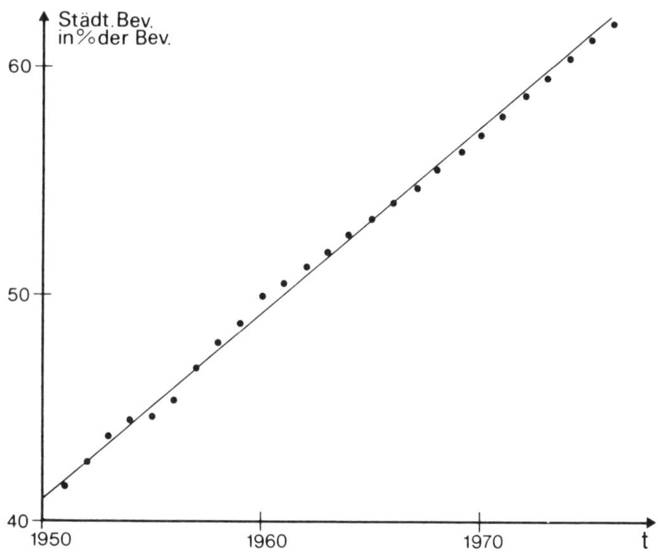

Abb. 52 Entwicklung der Verstädterung in der Sowjetunion 1950–1976 mit ihrem linearen Trend

werden muß, daß mit „Abhängigkeit" nicht gemeint ist, die beiden Variablen würden kausal durch die Zeit bedingt; es geht vielmehr ausschließlich um die optimale Erfassung des linearen Trends der beiden Zeitreihen, also um ein formales Problem.

Führt man die beiden Trendanalysen für die Verstädterung und die Natalität durch, so erhält man [1]):

Natalität: $Y = 27{,}9017 - 0{,}4485\,t$

Verstädterung: $Y = 40{,}2479 + 0{,}8101\,t$

Es ergibt sich also folgende Aussage hinsichtlich der zeitlichen Entwicklung:
- die Natalität sinkt jedes Jahr tendenziell um etwa 0,4485 ‰
- die Verstädterung wächst jedes Jahr tendenziell um etwa 0,8101 %.

6.3 Lineare Einfachkorrelation nach PEARSON

Die Korrelationsanalyse beschäftigt sich damit, die Stärke des Zusammenhangs zwischen Variablen zu messen. Im Gegensatz zur Regressionsanalyse ist bei der Korrelationsanalyse eine Unterscheidung in eine abhängige und in eine unabhängige Variable nicht notwendig. Wir werden trotzdem von dieser Unterscheidung ausgehen, da Korrelations- und Regressionsanalyse eng verwandt sind und wir den sogenannten PEARSONschen Produktmoment-Korrelationskoeffizienten (product moment correlation) aus der Regressionsanalyse ableiten wollen.

Liegen die Wertepaare (Punkte) (x, y) zweier Variablen X und Y *alle* auf einer Geraden, so wird der funktionale Zusammenhang zwischen Y und X beschrieben durch

$$Y = a + bX.$$

Für die Stichprobenwerte gilt dann

$$y_i = a + bx_i$$

und $$\bar{y} = a + b\bar{x}.$$

In diesem Fall einer perfekten deterministischen Beziehung gilt für die Stichprobenvarianzen

$$\begin{aligned} s_Y^2 = \frac{1}{n-1}\sum_{i=1}^{n}(y_i-\bar{y})^2 &= \frac{1}{n-1}\sum_{i=1}^{n}(a+bx_i-a-b\bar{x})^2 \\ &= \frac{1}{n-1}\sum_{i=1}^{n} b^2(x_i-\bar{x})^2 \\ &= b^2\cdot\frac{1}{n-1}\sum_{i=1}^{n}(x_i-\bar{x})^2 = b^2\cdot s_X^2 \end{aligned}$$

[1]) Als Variable „Zeit" wurden nicht die Jahreszahlen, sondern die transformierten Werte „Jahreszahl–1950" genommen (d. h. 1950 $\rightarrow t = 0$; 1951 $\rightarrow t = 1$; ....). Eine solche Transformation ändert den Wert des Trendkoeffizienten (= Regressionskoeffizient b) nicht.

D.h., die Varianz der y_i ist ausschließlich ein „Resultat" der Varianz der x_i. Geht man dagegen – wie in der Regressionsanalyse – von einem Modell

$$Y = a + bX + \varepsilon$$

bzw. $\quad y_i = a + bx_i + e_i$ aus,

so ist die Varianz der y_i nicht mehr das b^2-fache der Varianz der x_i. Vielmehr ist

$$\begin{aligned}
s_Y^2 &= \frac{1}{n-1} \sum_{i=1}^{n} (y_i - \bar{y})^2 = \frac{1}{n-1} \sum_{i=1}^{n} (a + bx_i + e_i - a - b\bar{x} - e_{\bar{x}})^2 \\
&= \frac{1}{n-1} \sum_{i=1}^{n} (bx_i - b\bar{x} + e_i - e_{\bar{x}})^2 \\
&= \frac{1}{n-1} \sum_{i=1}^{n} [(bx_i - b\bar{x})^2 + (e_i - e_{\bar{x}})^2 + 2(bx_i - b\bar{x})(e_i - e_{\bar{x}})] \\
&= \frac{1}{n-1} \sum_{i=1}^{n} (bx_i - b\bar{x})^2 + \frac{1}{n-1} \sum_{i=1}^{n} [(e_i - e_{\bar{x}})^2 + 2(bx_i - b\bar{x})(e_i - e_{\bar{x}})] \\
&= b^2 \cdot s_X^2 + \frac{1}{n-1} S
\end{aligned}$$

Man kann nun zeigen, daß $S \geqq 0$ ist (wobei $S = 0$ genau dann gilt, wenn alle $e_i = 0$ sind).

Die Varianz der y_i setzt sich also aus 2 Teilen zusammen: Der erste Teil resultiert allein aus der Varianz der x_i, der zweite Teil resultiert aus den mehr oder minder großen Abweichungen der Stichprobenpunkte von den Regressionsgeraden.

Es liegt daher nahe, das Verhältnis des ersten Teils zur gesamten Varianz der y_i als Maß für die Stärke des Zusammenhangs zwischen X und Y zu wählen. Dieses Maß heißt Bestimmtheitsmaß (coefficient of determination) B:

$$B = \frac{b^2 \cdot \frac{1}{n-1} \sum_{i=1}^{n} (x_i - \bar{x})^2}{\frac{1}{n-1} \sum_{i=1}^{n} (y_i - \bar{y})^2} = \frac{b^2 \cdot s_X^2}{s_Y^2}$$

Es gilt: $0 \leq B \leq 1$.

Insbesondere ist $B = 1$, wenn $S = 0$, d.h. wenn alle Punkte auf der Regressionsgeraden liegen und der funktionale Zusammenhang streng deterministisch ist.

B nennt man auch kurz den durch die Regression von Y nach X „erklärten" Varianzteil (explained variance) von Y.

Bezeichnet man mit $\hat{y}_i$ die zu den x_i gehörigen Werte von Y, also die Schätzwerte der y_i, so liegen die Punkte $(x_i, \hat{y}_i)$ genau auf der Regressionsgeraden. Es gilt (vgl. Abb. 53):

$$\hat{y}_i = a + bx_i \quad \text{und}$$

$$y_i - \hat{y}_i = e_i$$

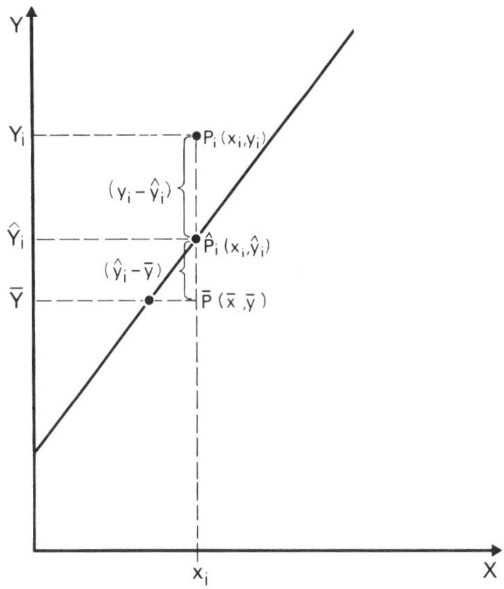

Abb. 53
Schätzwerte $\hat{y}_i$ und Stichprobenpunkte (x_i, y_i) bei der Regressionsanalyse

Das Optimierungsverfahren zur Bestimmung der Regressionsgeraden gewährleistet, daß die Regressionsgerade durch den Punkt $(\bar{x}, \bar{y})$ geht und $\sum_{i=1}^{n} e_i = 0$ ist, d.h. es gilt $\bar{y} = \bar{\hat{y}}$.

Für die Varianz der Schätzwerte ergibt sich daraus:

$$s_{\hat{y}}^2 = \frac{1}{n-1} \sum_{i=1}^{n} (\hat{y}_i - \bar{y})^2 = \frac{1}{n-1} \sum_{i=1}^{n} (a + bx_i - a - b\bar{x})^2$$

$$= b^2 \cdot \frac{1}{n-1} \sum_{i=1}^{n} (x_i - \bar{x})^2$$

Damit kann B auch ausgedrückt werden durch

$$B = \frac{\sum_{i=1}^{n} (\hat{y}_i - \bar{y})^2}{\sum_{i=1}^{n} (y_i - \bar{y})^2}$$

Als Produktmoment-Korrelationskoeffizienten (Maß für die Stärke des Zusammenhangs zwischen X und Y) wählt man allerdings nicht B, sondern r_{XY} mit

$$\boxed{r_{XY}^2 = B}$$

Diese Definition hat einige Vorteile, wie man aus den folgenden Umformungen erkennt:

$$B = \frac{\sum_{i=1}^{n} (\hat{y}_i - \bar{y})^2}{\sum_{i=1}^{n} (y_i - \bar{y})^2} = \frac{\sum_{i=1}^{n} (a + bx_i - a - b\bar{x})^2}{\sum_{i=1}^{n} (y_i - \bar{y})^2} = \frac{\sum_{i=1}^{n} (bx_i - b\bar{x})^2}{\sum_{i=1}^{n} (y_i - \bar{y})^2}$$

$$= \frac{b^2 \cdot \sum_{i=1}^{n} (x_i - \bar{x})^2}{\sum_{i=1}^{n} (y_i - \bar{y})^2} = \frac{\left(\sum_{i=1}^{n} (x_i - \bar{x}) \cdot (y_i - \bar{y})\right)^2 \cdot \sum_{i=1}^{n} (x_i - \bar{x})^2}{\left(\sum_{i=1}^{n} (x_i - \bar{x})^2\right)^2 \cdot \sum_{i=1}^{n} (y_i - \bar{y})^2}$$

$$= \frac{\left(\sum_{i=1}^{n} (x_i - \bar{x}) \cdot (y_i - \bar{y})\right)^2}{\sum_{i=1}^{n} (x_i - \bar{x})^2 \cdot \sum_{i=1}^{n} (y_i - \bar{y})^2}.$$

Damit ist

$$\boxed{r_{XY} = \frac{\sum_{i=1}^{n} (x_i - \bar{x}) \cdot (y_i - \bar{y})}{\sqrt{\sum_{i=1}^{n} (x_i - \bar{x})^2 \cdot \sum_{i=1}^{n} (y_i - \bar{y})^2}}}$$

r_{XY} läßt sich auch schreiben als

$$r_{XY} = \frac{\dfrac{\sum_{i=1}^{n} (x_i - \bar{x})(y_i - \bar{y})}{n-1}}{\sqrt{\dfrac{\sum_{i=1}^{n} (x_i - \bar{x})^2}{(n-1)} \cdot \dfrac{\sum_{i=1}^{n} (y_i - \bar{y})^2}{(n-1)}}} = \frac{s_{XY}}{s_X \cdot s_Y}$$

s_{XY} ist die gemeinsame Varianz, die sogenannte Kovarianz (covariance), der beiden Variablen X und Y. r_{XY} ist damit die bezüglich der Standardabweichungen von X und Y normierte Kovarianz der beiden Variablen X und Y. In der Gleichung für r_{XY} sind die x_i und die y_i austauschbar, d.h. $r_{XY} = r_{YX}$. Mit anderen Worten: Der Korrelationskoeffizient ist (im Unterschied zu b) unabhängig davon, welche Variable man als abhängig und welche man als unabhängig ansieht.

Außerdem nimmt der Korrelationskoeffizient (im Unterschied zu B) auch negative Werte an.

Insbesondere gilt für den Korrelationskoeffizienten r_{XY}:

(1) $r_{YX} = r_{XY}$ hat das gleiche Vorzeichen wie b_{YX}. Ist $r_{YX} > 0$, so besteht eine gleichsinnige Beziehung zwischen Y und X, für $r_{YX} < 0$ ist die Beziehung gegensinnig.

(2) Der Korrelationskoeffizient nimmt nur Werte zwischen -1 und $+1$ an, da $r_{YX} = \sqrt{B}$ und $0 \leqq B \leqq 1$. Es ist also $-1 \leqq r_{XY} \leqq 1$.

(3) Ist $r_{XY} = 0$, so heißen die beiden Variablen unkorreliert.

(4) Die Stärke des (linearen) Zusammenhangs zwischen X und Y ist umso größer, je näher $|r_{XY}|$ bei 1 liegt.

Für die Stichprobenwerte aus Tab. 22 ergibt sich:

$$r_{XY} = 0{,}8381$$
$$B = 0{,}7024 = 70{,}24\,\%.$$

70,24 % der Gesamtvarianz der y_i können also auf die Varianz der x_i zurückgeführt werden. Bestimmtheitsmaß und Korrelationskoeffizient weisen offensichtlich auf einen recht starken Zusammenhang zwischen Verdunstung und Lufttemperatur hin.

6.4 Analytisch-statistische Probleme bei der Regressions- und Korrelationsanalyse

Je nachdem, welche Stichprobe man aus einer bivariaten Grundgesamtheit zieht, werden der Korrelationskoeffizient r_{XY}, das Bestimmtheitsmaß B, der Regressionskoeffizient b_{YX} sowie die Schätzwerte $\hat{y}_i$ unterschiedliche Werte aufweisen. Wählt man für das Beispiel aus Tab. 22 anstatt der dreijährigen Meßreihe 1973–1975 als Stichprobe die dreijährigen Meßreihen 1971–1973 und 1967–1969 (Stichprobenumfänge $n = 36$), so ergeben sich für die betrachteten Parameter abweichende Werte (vgl. Tab. 24).

Tab. 24 Ergebnis der Regressions- und Korrelationsanalyse der Verdunstung nach der Lufttemperatur für drei verschiedene Stichproben (Verdunstungsmeßanlage Senne)

	Stichprobe 1 Jahre 1973–75 $n = 36$	Stichprobe 2 Jahre 1971–73 $n = 36$	Stichprobe 3 Jahre 1967–69 $n = 36$
Korrelations-koeffizient	0,8381	0,8742	0,8162
Bestimmtheits-maß	70,24 %	76,42 %	66,62 %
Regressions-koeffizient	0,1489	0,1368	0,1380
Regressions-konstante	−0,5101	−0,3108	−0,2021

Es ist daher noch einmal zu betonen, daß die aus einer Stichprobe gewonnenen Korrelations- und Regressionsparameter Schätzwerte für die entsprechenden Parameter der bivariaten Grundgesamtheit (X, Y) sind.

D.h. insbesondere: r ist ein Element der Zufallsvariablen R (= Korrelationskoeffizient von Zufallsstichproben von n Paaren (x_i, y_i) aus der bivariaten Grundgesamtheit (X, Y)), die als Schätzfunktion für ϱ (= Korrelationskoeffizient der bivariaten Grundgesamtheit (X, Y)) dient. Entsprechend ist b_{YX} ein Schätzwert für den Parameter β_{YX}(= Regressionskoeffizient von Y nach X der bivariaten Grundgesamtheit (X, Y)).

Folgende analytisch-statistischen Probleme interessieren besonders:

1. Ist $\varrho = 0 (H_0)$ oder $\varrho \neq 0 (H_A)$?
   Ist $\beta_{YX} = 0 (H_0)$ oder $\beta_{YX} \neq 0 (H_A)$?
2. Welche Konfidenzintervalle kann man zu gegebenen Sicherheitswahrscheinlichkeiten (bzw. Irrtumswahrscheinlichkeiten) für ϱ und β_{YX} abgrenzen?

Korrelationsanalyse

Wir betrachten zunächst diese Fragen für den Korrelationskoeffizienten ϱ. Sie lassen sich exakt nur beantworten, wenn X und Y binormalverteilt sind, d.h., wenn die bivariate Grundgesamtheit (X, Y) eine zweidimensionale Normalverteilung darstellt.

Wir können hier nicht tiefer in die Theorie multivariater theoretischer Verteilungen eindringen. Allerdings können einige Eigenschaften der Binormalverteilung veranschaulicht werden.

(1) Die Binormalverteilung hat außer den Parametern μ_X, μ_Y, σ_X^2 und σ_Y^2 als fünften Parameter noch ϱ, wobei ϱ definiert ist durch $\varrho = \text{Kovarianz}(X, Y)/(\sigma_X \cdot \sigma_Y)$.

Abb. 54 zeigt eine Binormalverteilung mit $\varrho = 0$.

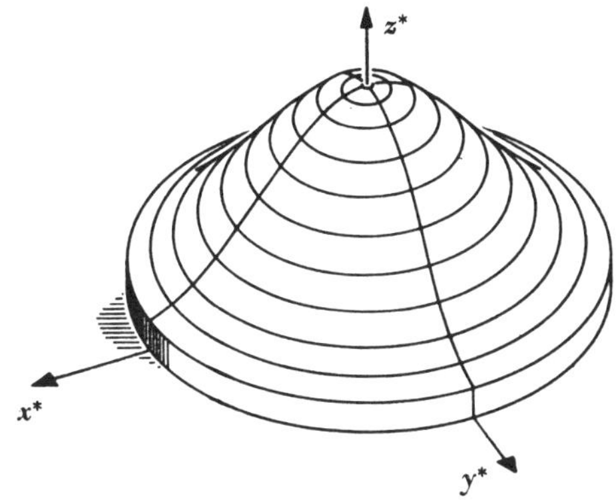

Abb. 54
Die Binormalverteilung für $\varrho = 0$
Quelle: Kreyszig 1967, S. 312

Die Schnittflächen zwischen der Wahrscheinlichkeitsdichte und der (X, Y)-Ebene sind jeweils konzentrische Kreise. Wäre $\varrho \neq 0$, würden diese Kreise zu Ellipsen und die dreidimensionale Form der Binormalverteilung würde entsprechend gestreckt.

(2) Projiziert man die Dichtefunktion einer Binormalverteilung auf eine zur X-Achse oder zur Y-Achse parallele Ebene, so erhält man als sogenannte Randverteilungen jeweils eindimensionale Normalverteilungen.

Ist (X, Y) also eine Binormalverteilung, so sind X und Y jeweils univariate Normalverteilungen. Der umgekehrte Schluß ist übrigens nicht möglich.

Abb. 55 veranschaulicht diesen Fall, wobei die Punkte eine Zufallsstichprobe aus der Binormalverteilung darstellen und die Geraden den aus der Stichprobe ermittelten Regressionsgeraden entsprechen.

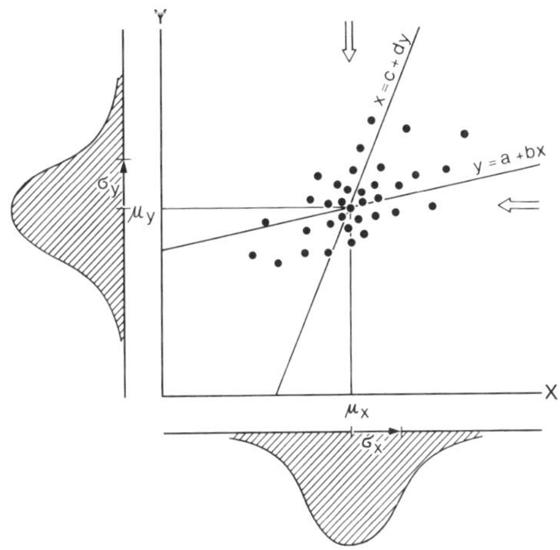

Abb. 55
Eindimensionale Normalverteilungen der beiden Variablen X und Y der Binormalverteilung (X, Y)

(3) Für beliebiges $x_0 \in X$ und $y_0 \in Y$ gilt, falls (X, Y) eine Binormalverteilung ist: Die bedingten Wahrscheinlichkeitsdichten $f(Y/X = x_0)$ und $f(X/Y = y_0)$ sind jeweils eindimensionale Normalverteilungen.

Der zentrale Satz für den Korrelationskoeffizienten ϱ einer Binormalverteilung lautet nun:

ϱ ist genau dann gleich 0, wenn die beiden Variablen X und Y stochastisch unabhängig voneinander sind. Falls $\varrho \neq 0$, sind die beiden Variablen mehr oder weniger abhängig voneinander, und diese Abhängigkeit wird am besten durch das lineare Modell $Y = \alpha + \beta X$ bzw. $X = \alpha^* + \beta^* Y$ beschrieben.

Sind X und Y dagegen *nicht* binormalverteilt, so kann man zwar ϱ bestimmen, aber ϱ ist nicht mehr ein Maß für die (stochastische) Abhängigkeit der beiden Variablen schlechthin, sondern nur noch für ihre lineare Abhängigkeit. Abb. 56 möge dies verdeutlichen. Sie zeigt verschiedene Stichproben aus bivariaten Grundgesamtheiten und die Korrelationskoeffizienten der Stichproben. Das Bild oben rechts zeigt nun, daß der Korrelationskoeffizient der Stichprobe (Schätzwert für den linearen Zusammenhang zwischen X und Y) zwar 0 ist, die beiden Variablen aber trotzdem stark voneinander abhängen, wobei die Abhängigkeit durch eine U-förmige Verteilung ausgedrückt wird. Ein solches Ergebnis ($\varrho \approx 0$ bei gleichzeitigem engen Zusammenhang der beiden Variablen X und Y) ist nur möglich, wenn X und Y nicht binormalverteilt sind.

Wir können also festhalten:
Sind zwei Variablen binormalverteilt, so ist ϱ ein Maß für die Stärke des Zusammenhangs zwischen den beiden Variablen.

Sind zwei Variablen nicht binormalverteilt, so ist ϱ ein Maß nur für die Stärke des linearen Zusammenhangs zwischen den beiden Variablen.

Um in der Forschungspraxis die Aussagekraft eines aus einer Stichprobe gewonnenen Korrelationskoeffizienten r beurteilen zu können, müßte man vorher prüfen, ob die beiden Variablen binormalverteilt sind. Eine derartige Prüfung ist zwar grundsätzlich möglich, aber in der Praxis fast immer ausgeschlossen, da der Umfang von zweidimensionalen Stichproben meistens zu gering ist. Man behilft sich damit zu testen, ob die beiden univariaten Verteilungen normalverteilt sind (gemäß unserer Aussage (2)), obwohl es durchaus, wenn auch selten, vorkommen kann, daß zwei Randverteilungen jeweils normalverteilt sind, ohne daß die zweidimensionale Grundgesamtheit binormalverteilt ist. Die folgenden Schätzungen und Tests für den Korrelationskoeffizienten sind eigentlich nur anwendbar, falls die zweidimensionale Grundgesamtheit binormalverteilt ist. Sie sind jedoch relativ robust gegenüber Verletzungen dieser Voraussetzung.

Test für den Korrelationskoeffizienten ϱ

Man möchte prüfen, ob der Schätzwert r der Stichprobe $\{(x_i, y_i), i = 1, \ldots, n\}$, dafür spricht, daß $\varrho = 0$ (die beiden Variablen sind unabhängig voneinander) oder $\varrho \neq 0$ ist.

$$H_0\colon\ \varrho = 0\,, \qquad H_A\colon\ \varrho \neq 0\,.$$

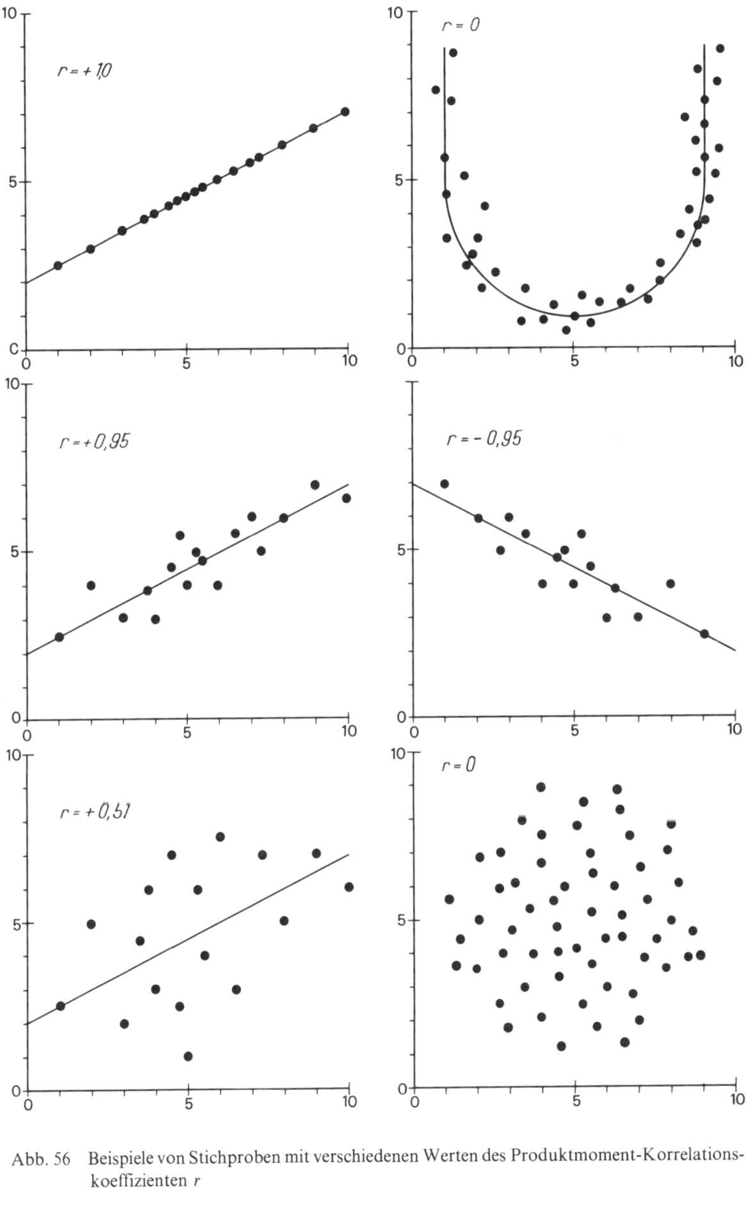

Abb. 56 Beispiele von Stichproben mit verschiedenen Werten des Produktmoment-Korrelationskoeffizienten *r*

Unter der Voraussetzung H_0 ist die Testgröße

$$t = \frac{R \cdot \sqrt{n-2}}{\sqrt{1-R^2}}$$

t-verteilt mit $(n-2)$ Freiheitsgraden.

Man sucht also den für die zweiseitige Fragestellung kritischen Wert $t_{n-2,\alpha/2}$ und kontrolliert, ob $\hat{t} = \frac{r \cdot \sqrt{n-2}}{\sqrt{1-r^2}} > t_{n-2,\alpha/2}$ ist.

Für die Verdunstung und die Lufttemperatur (Werte aus Tab. 22) hatte sich ergeben: $r = 0{,}8381$, $r^2 = 0{,}7024$.

Bei einem Signifikanzniveau von $\alpha = 5\,\%$ ist $t_{34;\,2{,}5\,\%} = 2{,}032$ (Tafel 3).

Außerdem ist $\hat{t} = \frac{0{,}8381 \cdot \sqrt{34}}{1 - 0{,}7024} = 8{,}9587$,

also $\hat{t} = 8{,}9587 > 2{,}032 = t_{34;\,2{,}5\,\%}$.

Wir können daher mit einer Sicherheitswahrscheinlichkeit von 95 % sagen, daß zwischen der Verdunstung und der Lufttemperatur ein Zusammenhang besteht.

Dieser Test ist sehr häufig in der Praxis. Deshalb finden sich die kritischen Werte des Produktmoment-Korrelationskoeffizienten und für verschiedene Signifikanzniveaus und Freiheitsgrade in einer eigenen Tabelle (Tafel 7, Anhang).

Zusätzlich können zwei oder mehrere Korrelationskoeffizienten darauf überprüft werden, ob die entsprechenden Korrelationskoeffizienten der Grundgesamtheiten gleich sind (H_0) oder nicht (H_A). Und es können Konfidenzintervalle um r für ϱ bestimmt werden. Zu diesen Test- und Schätzverfahren vgl. SACHS 1978, S. 331 ff.

Regressionsanalyse

Die Voraussetzungen der Regressionsanalyse sind andere als bei der Korrelationsanalyse, was zeigt, daß wir es mit unterschiedlichen gedanklichen Konzepten zu tun haben.

Die lineare Einfachregression

$$Y = \alpha + \beta X + \varepsilon$$

soll ja die beste Schätzung des Wertes y zu einem gegebenen Wert x erlauben. Dies ist jedoch nur möglich, wenn

(1) für jeden Wert x (beliebig, fest) die zugehörige Zufallsvariable $Y\,|\,x$ normalverteilt mit dem Mittelwert $\mu_{y|x}$ und der Standardabweichung $\sigma_{y|x}$ sind,

(2) Die Mittelwerte $\mu_{y|x}$ alle auf der Geraden $\mu_{y|x} = \alpha + \beta X$ liegen,

(3) die Varianzen $\sigma^2_{y|x}$ für jedes x gleich groß sind,

(4) die Residualvariablen $\varepsilon\,|\,x\,(= y\,|\,x - \mu_{y|x})$ jeweils paarweise stochastisch unabhängig sind, d. h. der Korrelationskoeffizient für je 2 beliebige Residualvariablen 0 ist.

Diese Forderungen erscheinen auf den ersten Blick unverständlich. Sie werden aber einsichtiger, wenn man bedenkt, daß wir ja über die Abhängigkeit zwischen zwei stetigen Zufallsvariablen sprechen. Das bedeutet:

Zu jedem Wert x der Zufallsvariablen X gibt es unendlich viele Werte $y|x$ der Zufallsvariablen Y (vgl. Abb. 57). Diese $y|x$-Werte müssen nun normalverteilt sein (Bedingung (1)) um den Mittelwert $\mu_{y|x} = \alpha + \beta x$ (Bedingung (2)), weil sonst $\alpha + \beta x$ ja keine beste Schätzung für die $y|x$-Werte wäre.

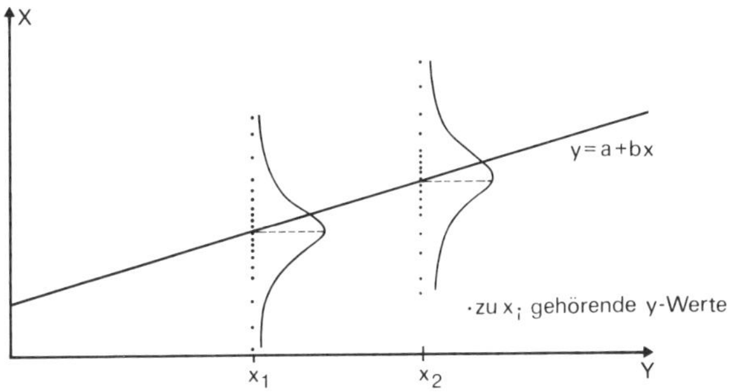

Abb. 57 Veranschaulichung der Voraussetzungen (1)–(3) der Regressionsanalyse

Bedingung (2) fordert außerdem, daß tatsächlich die Regressionsgerade $Y = \alpha + \beta X + \varepsilon$ die besten Schätzungen liefert (und nicht eine andere Gerade $Y = \gamma + \delta X + \varepsilon$ oder gar eine Funktion $Y = f(\mathrm{x}) + \varepsilon$ einer anderen Funktionsklasse, z.B. $Y = \alpha + \beta X + \gamma X^2 + \varepsilon$). Abbildung 58 zeigt eine Stichprobe aus einer zweidimensionalen Grundgesamtheit, für die die Bedingung (2) nicht erfüllt ist. Bedingung (2) stellt also sicher, daß der Zusammenhang zwischen Y und X überhaupt linear ist.

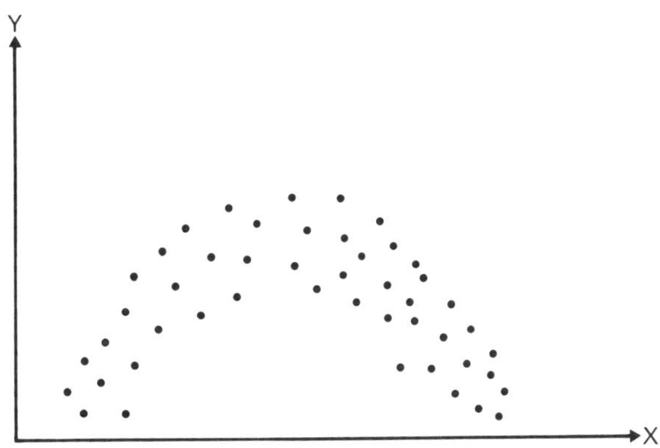

Abb. 58 Stichprobe einer zweidimensionalen Grundgesamtheit, die der Bedingung (2) widerspricht

Bedingung (3) fordert die sogenannte Homogenität der Zufallsfehlervarianzen. Ist sie nicht erfüllt, stellt sich die Frage, ob es tatsächlich sinnvoll ist, eine durch *eine* mathematische Funktion beschreibbare Beziehung zwischen Y und X anzunehmen (vgl. Abb. 59).

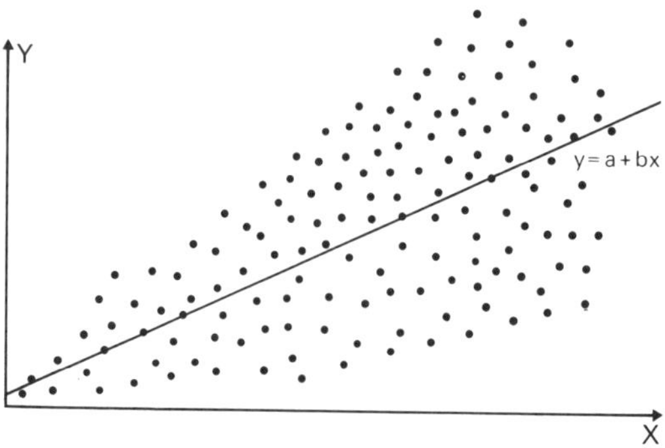

Abb. 59 Stichprobe aus einer zweidimensionalen Grundgesamtheit, die der Bedingung (3) widerspricht

Die Bedingung (4) verlangt insbesondere, daß die beiden Zufallsvariablen jeweils für sich betrachtet stochastisch unabhängig sind. Wir kommen darauf gleich zurück.

Abb. 57 veranschaulicht die Bedingungen (1)–(3). Man kann im übrigen die Bedingungen (1)–(4) auch in einer einzigen Forderung zusammenfassen:

(5) Die Residualvariablen ε/x müssen den Mittelwert 0, für jedes x die gleiche Varianz $\sigma^2_{\varepsilon/x} = \sigma^2_\varepsilon$ besitzen und außerdem binormalverteilt sein mit dem Korrelationskoeffizienten 0.

Die Voraussetzungen sind in der Praxis kaum zu überprüfen, da man in der Regel ja mit Stichproben arbeitet, in denen zu jedem x_i nur ein y_i oder höchstens sehr wenige y_i gehören. Man sollte jedoch wenigstens ein Streuungsdiagramm *vor* einer Regressionsanalyse anfertigen, um grob abschätzen zu können, ob die Voraussetzungen offensichtlich nicht erfüllt sind.

In der Praxis kann man für eine Stichprobe (x_i, y_i) nach Bestimmung der Regressionsgeraden die einzelnen e_i berechnen:

$$e_i = y_i - \hat{y}_i = y_i - (a + bx_i),$$

die sogenannten Residuen (residuals). Die Forderung (5) bedeutet nun insbesondere, daß die e_i eine Stichprobe aus einer mit $(0, \sigma_\varepsilon)$ normalverteilten Grundgesamtheit sein müssen. Man kann daher nachträglich prüfen, ob die Regressionsgleichung ein angemessenes Modell war, indem man kontrolliert, ob die e_i annähernd um 0 normalverteilt sind. Eine weitere Prüfungsmöglichkeit ergibt sich aus der Forderung (4).

Für ein korrektes Regressionsmodell bedeutet die Voraussetzung (4) z.B., daß man nicht von den e_i jeweils auf andere e_i schließen können darf. Mit anderen Worten: die

e_i (aufgefaßt als Zufallsereignisse) müssen stochastisch unabhängig sein. Wir können auch sagen: Die e_i dürfen keine erkennbare „Strukturierung" aufweisen. Abb. 60 zeigt ein Beispiel für die Verletzung dieser Bedingung. Um die lineare Abhängigkeit der Natalität von der Verstädterung auszudrücken, wurden die Werte der Tab. 23 in ein Streuungsdiagramm zusammen mit der Regressionsgeraden eingetragen. Trotz des hohen Korrelationskoeffizienten und Bestimmtheitsmaßes ist das Regressionsmodell kein adäquates Modell, da die Stichprobenpunkte eher einen $\sim$ -förmigen Verlauf haben. Dieser drückt sich formal darin aus, daß die e_i (vertikale Abstände zwischen den Punkten und der Regressionsgeraden) nicht stochastisch unabhängig voneinander sind.

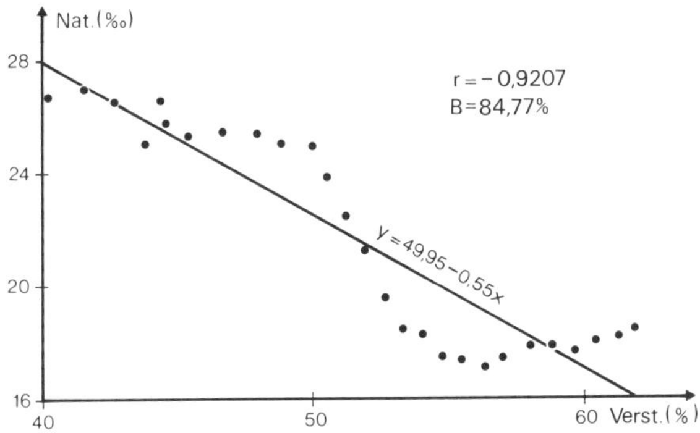

Abb. 60 Streuungsdiagramm der Variablen Natalität und Verstädterung in der Sowjetunion mit „illegitimer" Regressionsgeraden

Im übrigen sei noch einmal betont: Die genannten Voraussetzungen der Korrelations- und Regressionsanalyse sind nur dann von Bedeutung, wenn von Stichproben auf Grundgesamtheiten geschlossen werden soll. Werden empirische Grundgesamtheiten untersucht, können beide Analysen zur Messung der Stärke und der Form der linearen Abhängigkeit zwischen Y und X durchgeführt werden. Dann haben die folgenden Tests und Schätzungen für den Regressionkoeffizienten aber auch keinen Sinn.

Andererseits ist es natürlich äußerst fragwürdig, eine lineare Einfachregression einer empirischen Grundgesamtheit zu berechnen, wenn ersichtlich ist, daß die Beziehung zwischen Y und X nicht linear ist (wie in Abb. 60).

Test für den Regressionskoeffizienten

Geprüft wird, ob $\beta = 0 (H_0)$ oder $\beta \neq 0 (H_A)$. Im Fall $\beta = 0$ besteht keine Abhängigkeit der Zufallsvariablen Y von X. Unter der Voraussetzung H_0 ist die folgende Testgröße mit $(n-2)$ Freiheitsgraden t-verteilt

$$t = \frac{B_{yx}}{S_B}$$

mit B_{yx} = Zufallsvariable „Regressionskoeffizient von Y nach X für Stichproben vom Umfang n der bivariaten Grundgesamtheit X, Y" = Schätzfunktion für β

S_B = Standardfehler von B_{yx}

$$= \frac{\sqrt{S_y^2(n) - B_{yx}^2 S_x^2(n)}}{S_x(n)\sqrt{n-2}}$$

$S_x^2(n)$, $S_y^2(n)$ = Varianz von Stichproben vom Umfang n der Variablen X bzw. Y.

Für die zweiseitige Fragestellung ist der kritische Wert bei einem Signifikanzniveau α gleich $t_{n-2,\alpha/2}$.

Für das Beispiel „Verdunstung – Lufttemperatur" aus Tab. 22 ergibt sich

$$s_b = \frac{\sqrt{s_y^2 - b_{yx}^2 s_x^2}}{s_x \cdot \sqrt{n-2}} = \frac{\sqrt{1{,}0384 - 0{,}0222 \cdot 32{,}8902}}{5{,}735 \cdot \sqrt{34}}$$

$$= \frac{\sqrt{1{,}0384 - 0{,}7302}}{5{,}735 \cdot 5{,}831} = 0{,}0166$$

Die Prüfgröße nimmt daher den folgenden Wert $\hat{t}$ an:

$$\hat{t} = \frac{b_{yx}}{s_b} = \frac{0{,}1489}{0{,}0166} = 8{,}9699$$

Bei einem 5%-Signifikanzniveau ist $t_{n-2;2{,}5\%} = 2{,}032$, also

$$\hat{t} = 8{,}9699 > 2{,}032 = t_{n-2;2{,}5\%}.$$

Folglich ist β signifikant von 0 verschieden.

Will man β einseitig testen, ist entsprechend zu verfahren.

Konfidenzintervall für den Regressionskoeffizienten

Wir benutzen die gleiche t-verteilte Prüfgröße und erhalten für das Signifikanzniveau α als Konfidenzintervall in Analogie zu den Ausführungen über Konfidenzintervalle in Kap. 5.5.1: β liegt mit einer Wahrscheinlichkeit von $1-\alpha$ in dem Intervall

$$b_{yx} - t_{n-2,\alpha/2} \cdot s_b \leq \beta \leq b_{yx} + t_{n-2,\alpha/2} \cdot s_b .$$

Für das Beispiel „Verdunstung – Lufttemperatur" hatten wir für die Stichprobe 1973–1975 ($n = 36$) die Regression

$$y = -0{,}5101 + 0{,}1489\,x$$

berechnet. Setzen wir $\alpha = 5\%$, so entnehmen wir aus Tafel 3 für 34 Freiheitsgrade den kritischen Wert (bei einseitiger Fragestellung)

$$t_{n-2,\alpha/2} = t_{34;2{,}5\%} = 2{,}032 .$$

s_b war bereits beim Test des Regressionskoeffizienten berechnet worden:

$$s_b = 0{,}0166\,.$$

Also ist der Konfidenzintervall für β:

$$0{,}1489 - 2{,}032 \cdot 0{,}0166 \leq \beta \leq 0{,}1489 + 2{,}032 \cdot 0{,}0166$$

bzw. $$0{,}1489 - 0{,}0337 \leq \beta \leq 0{,}1489 + 0{,}0337$$

bzw. $$0{,}1152 \leq \beta \leq 0{,}1826\,.$$

Abb. 61 zeigt die beiden „Grenzgeraden" mit den Anstiegen 0,1152 und 0,1826, zwischen denen die wahre Regressionsgerade mit 95 %-iger Wahrscheinlichkeit liegt. Wie man sieht, verlaufen die beiden Grenzgeraden sowie die (Stichproben-) Regressionsgerade durch den Punkt $(\bar{x}, \bar{y})$, der damit als Drehpunkt anzusehen ist.

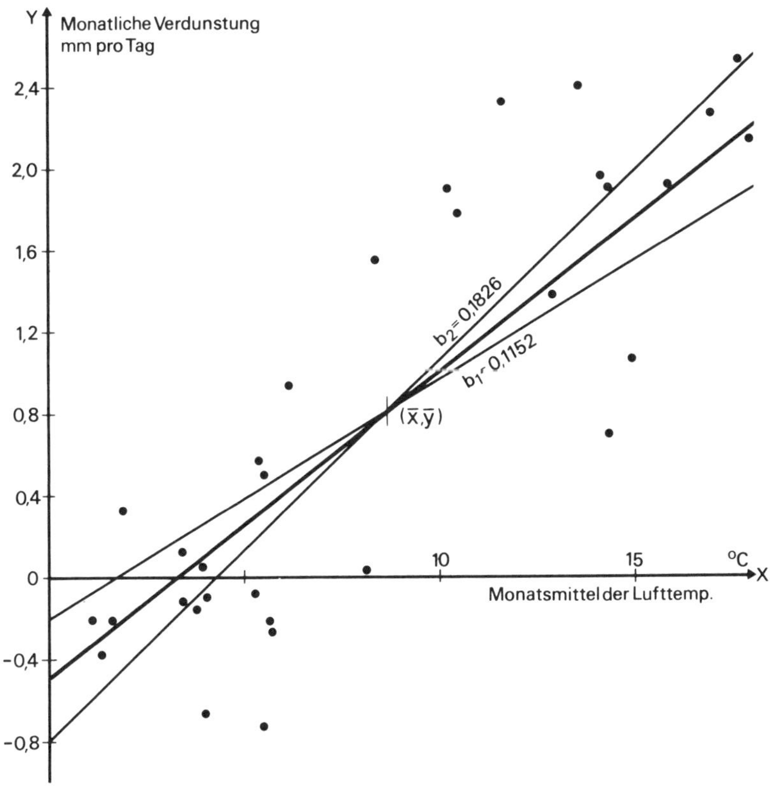

Abb. 61 Konfidenzintervall des Regressionskoeffizienten und die beiden resultierenden „Grenzgeraden"

Konfidenzintervalle für die Schätzwerte $\hat{Y} = Y|x$

Der zu einem x berechnete Wert $\hat{y} = a + bx$ kann als Schätzwert für den Einzelwert $y = a + bx + e_i$ betrachtet werden. Er kann aber auch als Schätzwert für das arithmetische Mittel aller zu einem x gehörenden Werte $y|x$ bzw. als Schätzwert für das arithmetische Mittel der Zufallsvariablen $Y|x$ angesehen werden. Wir beschränken uns hier auf den zweiten Fall (bei gleichem Signifikanzniveau sind die Konfidenzintervalle im ersten Fall etwas breiter).

Grundlage für die Bestimmung des Konfidenzintervalls für $\mu_{Y/x}$ ist die mit (n − 2) Freiheitsgraden t-verteilte Schätzfunktion

$$t = \frac{\hat{Y}|x - \mu_{Y|x}}{S_{\hat{Y}|x}}$$

mit $Y|x$ = Zufallsvariable (Schätzfunktion „arithmetische Mittel der aus Stichproben vom Umfang n geschätzten Werte $y|x$ (x fest)")

$$S_{\hat{Y}|x} = \text{Standardfehler von } \hat{Y}|x$$

$$= \sqrt{\frac{(n-1)(S_y^2(n) - B_{yx}^2 S_x^2(n))}{n-2}} \cdot \sqrt{\frac{1}{n} + \frac{(x - \bar{X}(n))^2}{(n-1) S_x^2(n)}}$$

mit $\bar{X}(n)$ = Mittelwert von Stichproben vom Umfang n der Variablen X

$S_x^2(n)$, $S_y^2(n)$ = Varianz von Stichproben vom Umfang n der Variablen X bzw. Y

B_{yx} = Regressionskoeffizient von Stichproben vom Umfang n der bivariaten Grundgesamtheit X, Y

$\mu_{Y|x}$ = Mittelwert der Variablen $Y|x$.

Das Konfidenzintervall auf dem Signifikanzniveau α ist daher

$$\hat{Y}|x - t_{n-2,\,\alpha/2} \cdot S_{\hat{Y}|x} \leqq \mu_{Y|x} \leqq \hat{Y}|x + t_{n-2,\,\alpha/2} \cdot S_{\hat{Y}|x}$$

Es ist wichtig zu betonen, daß $S_{\hat{Y}|x}$ von $|x - \bar{X}(n)|$ abhängt. Je größer $|x - \bar{X}(n)|$, desto größer ist $S_{\hat{Y}|x}$ und desto größer ist damit das Konfidenzintervall. Mit anderen Worten: Je weiter man sich vom Mittelwert entfernt, desto größer werden die Konfidenzintervalle für $Y|x$, desto ungenauer wird also die Schätzung von Y durch die Regressionsgerade. Wir wollen diesen Effekt am Beispiel „Verdunstung – Lufttemperatur" demonstrieren.

Die Regressionsgleichung lautete: $Y = -0{,}5101 + 0{,}1489\,x$.

Wir wollen die Konfidenzintervalle von $\mu_{y|x}$ für $x_1 = 1$, $x_2 = 5$, $x_3 = 9$, $x_4 = 13$ und $x_5 = 17$ berechnen. Durch Einsetzen dieser Werte in die Regressionsgleichung ergibt sich:

$\hat{y}_1 = \hat{y}|x_1 = -0{,}3612$, $\hat{y}_2 = 0{,}2344$, $\hat{y}_3 = 0{,}8300$, $\hat{y}_4 = 1{,}4256$, $\hat{y}_5 = 2{,}0212$.

Für $\alpha = 5\%$ ist der kritische t-Wert für $n - 2 = 34$ Freiheitsgrade

$$t_{34;\,2{,}5\%} = 2{,}032.$$

Für $\hat{y}_1$ berechnet man den Standardfehler $s_{\hat{y}|x_1}$ nach der genannten Formel:

$$s_{\hat{y}|x_1} = \sqrt{\frac{(n-1)(s_y^2 - b_{yx}^2 s_x^2)}{n-2}} \cdot \sqrt{\frac{1}{n} + \frac{(x_1-\bar{x})^2}{(n-1)s_x^2}}$$

$$= \sqrt{\frac{35 \cdot (1{,}0384 - 0{,}0222 \cdot 32{,}8902)}{34}} \cdot \sqrt{\frac{1}{36} + \frac{(1-8{,}728)^2}{35 \cdot 32{,}8902}}$$

$$= \sqrt{\frac{35 \cdot 0{,}3082}{34}} \cdot \sqrt{\frac{1}{36} + \frac{59{,}7220}{1151{,}157}}$$

$$= \sqrt{0{,}3173} \cdot \sqrt{\frac{1}{36} + 0{,}0519} = \sqrt{0{,}3173} \cdot \sqrt{0{,}0797}$$

$$= 0{,}5633 \cdot 0{,}2823 = 0{,}1590$$

Somit ist $t_{34;\,2{,}5\%} \cdot s_{\hat{y}|x_1} = 2{,}032 \cdot 0{,}1590 = 0{,}3231.$

Das Konfidenzintervall für $\mu_{y|x_1}$ ist also auf dem 5%-Signifikanzniveau

$$-0{,}3612 - 0{,}3231 \leqq \mu_{y|x_1} \leqq -0{,}3612 + 0{,}3231$$

bzw.

$$-0{,}6843 \leqq \mu_{y|x_1} \leqq -0{,}0381$$

In gleicher Weise lassen sich die Konfidenzintervalle für $\mu_{y|x_2}, \ldots, \mu_{y|x_5}$ berechnen (vgl. Tab. 25).

Tab. 25 95%-Konfidenzintervalle für geschätzte Mittelwerte von Y der Regression von Y (Verdunstung) nach X (Lufttemperatur) für fest vorgegebene x

x_i	$s_{\hat{y}\mid x_i}$	$t_{34;\,2{,}5\%} \cdot s_{\hat{y}\mid x_i}$	$\hat{y}\mid x_i$ $(=a+bx_i)$	$\mu_u \leqq \mu_{y\mid x_i} \leqq \mu_0$
1	0,1590	0,3231	−0,3612	$-0{,}6843 \leqq \mu_{y\mid x_i} \leqq -0{,}0381$
5	0,1125	0,2286	0,2344	$0{,}0058 \leqq \mu_{y\mid x_i} \leqq 0{,}4630$
9	0,0941	0,1912	0,8300	$0{,}6388 \leqq \mu_{y\mid x_i} \leqq 1{,}0212$
13	0,1177	0,2392	1,4256	$1{,}1864 \leqq \mu_{y\mid x_i} \leqq 1{,}6648$
17	0,1663	0,3379	2,0212	$1{,}6833 \leqq \mu_{y\mid x_i} \leqq 2{,}3591$

Abb. 62 zeigt die Konfidenzintervalle der Tab. 25. Sie wurden zu einem „Vertrauensband" verbunden und zeigen deutlich, daß die Schätzwerte um so ungenauer werden, je mehr man sich vom Mittelwert $(\bar{x}, \bar{y})$ entfernt. Diese Beobachtung verdient besonders bei Prognosen für Zeitreihen Beachtung: Je weiter man sich nämlich mit Prognosen „in die Zukunft begibt", desto unsicherer werden die Prognosewerte, und zwar selbst dann, wenn der zeitliche Trend konstant bleibt.

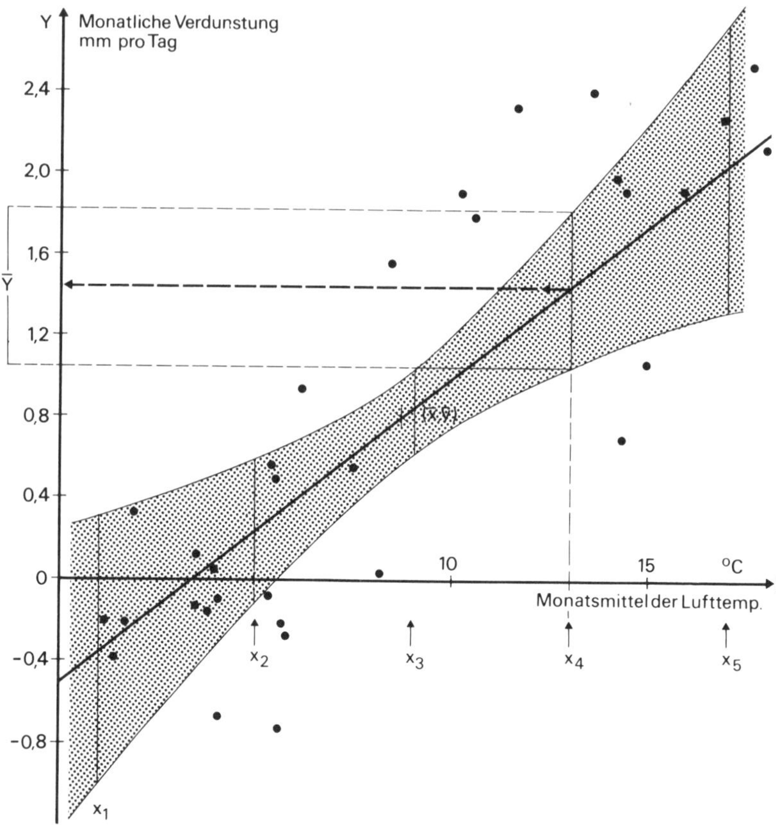

Abb. 62 Konfidenzintervalle für die $\hat{y}$-Schätzwerte der Regression
$Y = -0{,}5101 + 0{,}1489\,X$

Zur Beziehung zwischen Korrelations- und Regressionsanalyse

Wir kehren noch einmal zu den Voraussetzungen der Regressionsanalyse zurück. Sie lauteten: Die Residualvariablen $\varepsilon | x$ sind normalverteilt mit $\mu_{\varepsilon|x} = 0$ und $\sigma_{\varepsilon|x} = \sigma_\varepsilon$ und paarweise binormalverteilt mit dem Korrelationskoeffizienten 0.

Da die $\mu_{\varepsilon|x} = 0$ sind, müssen auch die aus X geschätzten $\hat{Y}$-Werte den gleichen Mittelwert wie die Variable Y haben, d.h. $\mu_y = \mu_{\hat{y}}$. Aus dieser Gleichung ergibt sich die folgende „Varianzgleichung"

$$\sigma_y^2 = \sigma_{\hat{y}}^2 + \sigma_\varepsilon^2,$$

d.h., die Gesamtvarianz von Y ist additiv zerlegbar in die Varianz der geschätzten Variablen $\hat{Y}$ und in die Varianz der „Fehlervariablen" ε. Während $\sigma_{\hat{y}}^2$ „erklärte"

Varianz heißt, da sie die systematischen Abweichungen entsprechend dem Regressionsmodell zusammenfaßt, stellt σ_ε^2 den nicht durch das Regressionsmodell erfaßten Teil der Gesamtvarianz von Y dar. Insofern ist es sinnvoll, das Verhältnis

$$\frac{\sigma_{\hat{y}}^2}{\sigma_y^2}$$

als Bestimmtheitsmaß B zu wählen (vgl. auch Abschnitt 6.3), als Maß also für die Stärke des (linearen) Zusammenhangs zwischen Y und X.

6.5 Anwendungen der Regressions- und Korrelationsanalyse

Regressions- und Korrelationsanalyse haben vor allem die Aufgabe, Vermutungen über Art und Stärke des Zusammenhangs zwischen zwei Variablen zu überprüfen. In diesem Sinn sind sie hier eingeführt und bislang diskutiert worden. Wir wollen nun noch einige weitere spezifische Anwendungsmöglichkeiten kennenlernen. Sie betreffen die Schätzung (Prognose) „fehlender" Werte, die Analyse der Residuen einer Regression sowie die Anwendung des Korrelationskoeffizienten als Ähnlichkeitsmaß für Raumeinheiten.

6.5.1 Schätzung (Prognose) fehlender Werte

Da die aus einer Stichprobe (x_i, y_i), $i = 1, \ldots, n$ ermittelte Regressionsgerade $Y = a + bX$ eine Schätzung für die Art des Zusammenhangs in der Grundgesamtheit (X, Y) ist, kann sie auch für die Schätzung eines Wertes y zu einem gegebenen x mit $x \neq x_i$ $(i = 1, \ldots, n)$ benutzt werden. Ist $X = T$ („Zeit"), bezeichnet man eine solche Schätzung als Prognose, wenn $t > t_i$ $(i = 1, \ldots, n)$ ist. Zwei Beispiele sollen zur Verdeutlichung vorgestellt werden.

Für die Einrichtung regelmäßiger Fluglinien ist es wichtig zu wissen, wie hoch das Fahrgastaufkommen auf der neuen Fluglinie sein wird. Nehmen wir an, eine Fluggesellschaft plant, neue Flugverbindungen zwischen Salt Lake City und anderen Städten in der USA einzurichten. Bekannt sei das Fluggastaufkommen auf den bestehenden Verbindungen (vgl. Tab. 26).

Fragt man sich, wovon das Fluggastaufkommen auf einer Strecke abhängt, bietet sich folgende simple Überlegung an:

Das Fluggastaufkommen zwischen zwei Städten wird umso größer sein, je größer die Städte sind (damit ist das „Potential" an Fluggästen größer) und je kleiner die Entfernung zwischen den Städten ist (da mit größerer Entfernung die Aufwendungen an Zeit und Geld größer werden).

Seien

$$I_{ij} = \text{Fluggastaufkommen zwischen den Städten } i \text{ und } j$$

$$M_i \text{ bzw. } M_j = \text{Größe von } i \text{ bzw. } j\text{, gemessen nach der Einwohnerzahl}$$

$$d_{ij} = \text{Entfernung zwischen } i \text{ und } j$$

Tab. 26 Fluggastaufkommen zwischen Salt Lake City und ausgewählten Städten der USA

Zielflughafen i	y_i Flug-gäste*) (1960)	M_i Einwohner-zahl (1960)	d_{is} Entfernung (Meilen)	$x_i = \frac{(M_i M_s)}{d_{is}} \cdot (10^{-7})$
New York	1 949	7 781 984	1 968	74,92
Chicago	1 423	3 550 404	1 257	53,51
Los Angeles	5 907	2 479 015	579	81,12
San Francisco	5 979	742 855	597	23,57
Washington	736	763 956	1 843	7,85
Miami	126	291 688	2 087	2,69
Boston	260	697 197	2 094	6,31
Detroit	239	1 670 144	1 488	21,26
Philadelphia	368	2 002 512	1 921	19,75
Cleveland	198	876 050	1 564	10,61
Pittsburgh	197	604 332	1 664	5,88
Dallas	279	679 684	998	12,90
St. Louis	196	750 026	1 159	12,26
Minn.-St. P.	559	482 872	958	9,55
Seattle	154	557 087	700	15,08
Denver	4 381	493 887	370	25,29
Kansas City	266	475 539	922	9,77
Houston	134	938 219	1 199	14,82
Cincinnati	82	502 550	1 449	6,57
New Orleans	73	627 525	1 433	8,30
Phoenix	1 388	439 170	504	16,51
Indianapolis	100	476 258	1 353	6,67
Portland, Ore.	952	372 676	635	11,12
San Diego	387	573 224	627	17,32
Las Vegas	1 268	64 405	362	3,37

*) 10% – Stichprobe, d.h. jeder 10. Fluggast wurde nach seinem Zielflughafen befragt. Einwohner von Salt Lake City $M_s = 189\,454$

Wir könnten dann folgende Hypothese äußern:

$$I_{ij} = \text{ist proportional zu } \frac{M_i M_j}{d_{ij}} \quad \text{bzw.} \quad I_{ij} = \alpha + \beta \left(\frac{M_i M_j}{d_{ij}} \right) + \varepsilon$$

Bezeichnen wir I_{ij} mit Y, $\frac{M_i M_j}{d_{ij}}$ mit X, so können wir die Hypothese mit Hilfe der Korrelations- und Regressionsanalyse überprüfen und gegebenenfalls Schätzungen durchführen. Für die Stichprobe in Tab. 26 ist j immer Salt Lake City, d.h. wir betrachten

$$y_i = I_{is}; \qquad x_i = \frac{M_i M_s}{d_{is}} 10^{-7}$$

wobei der konstante Faktor 10^{-7} für X nur dazu dient, die Maßeinheit von X zu verkleinern. Tab. 26 enthält diese Stichprobenwerte.

Die Regressionsanalyse liefert das Ergebnis

$$Y = 51{,}15\,X + 126{,}05$$

Angenommen, wir wollten die Anzahl der Fluggäste zwischen Salt Lake City und einer Stadt A in den USA mit 2 Millionen Einwohnern und einer Entfernung von 1000 Meilen zu Salt Lake City schätzen.

Dann wäre $x_A = \frac{M_A M_s}{d_{As}} 10^{-7} = 37{,}89.$

Das erwartete Fluggastaufkommen betrüge somit

$$y_A = 51{,}15 \cdot 37{,}89 + 126{,}05 = 2064{,}12\,.$$

Da nur jeder zehnte Fluggast ermittelt wurde, wäre das Fluggastaufkommen auf der Strecke zwischen Salt Lake City und A gleich 20641 Fluggäste.

Allerdings ist der Korrelationskoeffizient zwischen X und Y nicht sehr hoch. Für die Stichprobe ergibt sich: $r = 0{,}6072$, d.h. nur $B = r^2 = 0{,}3687 = 36{,}87\,\%$ der Varianz der y_i lassen sich auf die Regressionsgleichung zurückführen, die restlichen 63,13 % sind „Fehlervarianz".

Ein Grund für das geringe Bestimmtheitsmaß könnte u.a. sein, daß der Regressionsansatz den Einfluß der Entfernung unterschätzt. Ersetzt man nämlich die einfache Luftlinienentfernung in den Gleichungen für I_{ij} bzw. Y durch das Quadrat der Entfernung, würde man also den folgenden Regressionsansatz wählen

$$I_{ij} = \alpha + \beta \cdot \frac{M_i M_j}{d_{ij}^2} + \varepsilon$$

bzw. $$y_i = a + b\,\frac{M_i M_s}{d_{is}^2}\,10^{-4},$$

ergäbe sich $y_i = 46{,}3 \cdot x_i + 0{,}0049$

$$y_A = 1754{,}31\,.$$

Für diese Regressionsgleichung ist $r = 0{,}7921$, $B = r^2 = 62{,}74\,\%$, so daß eine beträchtliche Verbesserung zu verzeichnen ist. Die Schätzung $y_A = 1754{,}31$ (entspricht 17543 Fluggästen) dürfte der ersten, höher liegenden Schätzung vorzuziehen sein.

Man kann diese Schätzung sicherlich noch verbessern, wenn man ein multiples Regressionsmodell anwendet (vgl. dazu den 2. Band).

Die Prognose soll an dem folgenden Beispiel veranschaulicht werden. Gegeben sei das Volkseinkommen (Nettosozialprodukt zu Faktorkosten) in der Bundesrepublik Deutschland für die Jahre 1960–1976 (vgl. Tab. 27). Geschätzt werden soll das Volkseinkommen für 1977. Sein tatsächlicher Wert ist ebenfalls in Tab. 27 enthalten.

Tab. 27 Nettosozialprodukt zu Faktorkosten (Volkseinkommen) in der BRD 1960–1977 zu jeweiligen Preisen

Jahr t_i	Mrd. DM y_i	Jahr t_i	Mrd. DM y_i
1960	240,1	1969	462,8
1961	260,7	1970	533,1
1962	282,1	1971	591,1
1963	297,9	1972	645,5
1964	327,3	1973	720,9
1965	358,6	1974	772,4
1966	380,0	1975	801,9
1967	380,9	1976	876,9
1968	419,9		

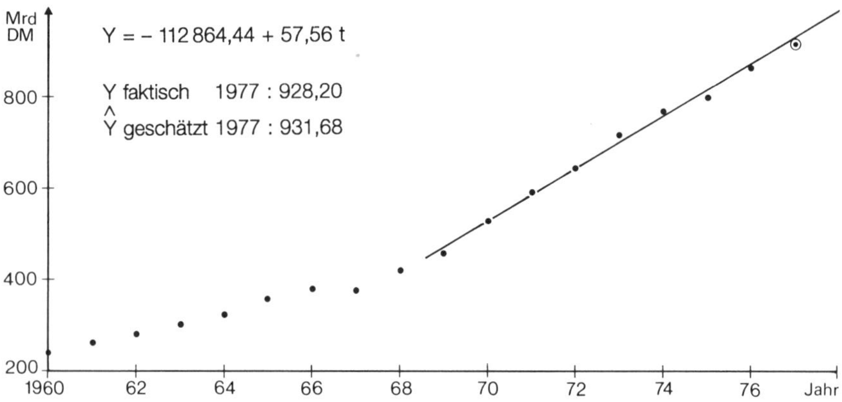

Abb. 63 Die Entwicklung des Volkseinkommens in der Bundesrepublik Deutschland 1960 1977

Trägt man die Stichprobenwerte in ein Streuungsdiagramm ein, erkennt man, daß ab etwa 1968 ein gleichmäßiger Anstieg zu beobachten ist, während in den 60-er Jahren unregelmäßige (aber nicht unerklärliche) Schwankungen auftreten (vgl. Abb. 63). Für eine kurzfristige Prognose ist es daher am günstigsten, nur die Stichprobenwerte für die Jahre ab 1968 zu benutzen. Auf dieser Grundlage ergibt sich als Trend

$$Y = -112\,864{,}44 + 57{,}56\ t \quad \text{(vgl. Abb. 63)}$$

mit $\quad Y =$ Volkseinkommen (in Mrd. DM).

Das Bestimmtheitsmaß ist $B = 98{,}01\,\%$, erreicht also fast das Maximum 1. D.h., die Regressionsgerade stellt nahezu eine perfekte Anpassung an die Stichprobenwerte dar. Mit anderen Worten: Das Volkseinkommen stieg in dem Zeitraum 1968–1976 nahezu linear an.

Setzt man $t = 1977$, erhält man als prognostizierten Wert

$$\hat{y}_{1977} = 934{,}97\,\text{Mrd. DM}\,.$$

Der tatsächliche Wert liegt mit 928,20 Mrd. DM nur um etwa 7‰ darunter.

Es sei jedoch festgehalten, daß der Stichprobenumfang mit $n = 9$ sehr gering ist. Obwohl man für $n - 2 = 7$ FG durchaus Korrelationskoeffizienten bzw. Bestimmtheitsmaße auf Signifikanz prüfen kann, haben Verfahren, die auf der Basis von Stichproben Schätzungen für Grundgesamtheiten vornehmen, für derart kleine Stichprobenumfänge wenig Sinn. In unserem Beispiel hätte man leicht auf die Anwendung der Regressionsanalyse verzichten können. Wir hätten nur die mittlere Zunahme des Volkseinkommens von Jahr zu Jahr zu berechnen brauchen und diesen Wert dann zu dem Wert von 1976 addieren müssen. Wie man sich leicht überlegt, wäre dieser Schätzwert in unserem Beispiel sogar näher an dem tatsächlichen Wert für 1977 gewesen als der durch die Regressionsgleichung geschätzte. Es ist also darauf zu achten, ob die Anwendung relativ elaborierter statistischer Methoden tatsächlich notwendig ist. In vielen Publikationen erfolgt sie offensichtlich nur, um den Anschein der „Wissenschaftlichkeit“ der betreffenden Arbeit zu erwecken.

Außerdem soll darauf hingewiesen werden, daß die „Zeit“ in unserem Beispiel keine stetige Variable ist, sondern eine diskrete. Wir haben es hier also mit einer leicht abgewandelten Version der Regressionsanalyse zu tun, die aber durchaus – unter bestimmten Voraussetzungen – legitim ist.

Schließlich sei darauf verwiesen, daß für längerfristige Prognosen auch längere Stichproben (Zeitreihen) notwendig sind, da für Prognosen ja die Konstanz eines zeitlichen Trends angenommen wird. Eine Trendberechnung aus einer kurzen Zeitreihe ist jedoch zu stark „Zufallseinflüssen“ ausgesetzt. Die Annahme eines konstanten zeitlichen Trends führt im übrigen dazu, daß „Knicke“ in der Zukunft nicht vorhergesagt werden können. Unsere Trendgerade würde also z.B. für 1982 Schätzwerte liefern, die relativ weit von dem tatsächlichen Volkseinkommen 1982 entfernt liegen. Zwar sind „Vorhersagen“ zukünftiger Ereignisse prinzipiell unmöglich, doch lassen sich Prognosen über „wahrscheinliche zukünftige Ereignisse“ mit anderen Methoden der Zeitreihenanalyse besser erstellen als mit dem extrem restriktiven linearen Trendmodell (siehe dazu Band 2).

6.5.2 Residuen einer Regression

Als Residuen (residuals) werden die Differenzen zwischen den tatsächlichen Werten y_i der Stichprobe und den durch die Regressionsgerade geschätzten Werten $\hat{y}_i = a + bx_i$ bezeichnet. Diese Residuen spielten für die Schätzung der Regressionsgeraden (vgl. 6.2) und für die Darstellung der theoretischen Voraussetzungen der Regressionsanalyse eine zentrale Rolle. Sie sind aber auch in der Forschungspraxis von großer Bedeutung, da ihre Analyse häufig Hinweise gibt für eine Verbesserung des Regressionsmodells. Wir wählen als Beispiel die Abhängigkeit der Natalität von dem

Tab. 28 Zahl der Geburten auf 1000 Einwohner (Natalität) und Anteil der städtischen Bevölkerung (Verstädterungsgrad) in den Republiken und Ökonomischen Bereichen der Sowjetunion 1967

Nr.	Republik Ökonomischer Bereich	Städt. Bev. in % der Bev. x_i	Natalität ‰ y_i	Natalität geschätzt nach Regr. ‰ $\hat{y}_i$	Residuen der Regression ‰ $(y_i - \hat{y}_i)$
	RSFSR				
1	Nordwesten	73	13,1	13,8	− 0,7
2	Zentrum	69	12,0	14,9	− 2,9
3	Wolga-Wjatka	51	14,3	20,2	− 5,9
4	Schwarzerdezentrum	37	13,0	24,4	−11,4
5	Nordkaukasus	50	16,8	20,5	− 3,7
6	Wolga	55	15,8	19,1	− 3,3
7	Ural	69	14,9	14,9	0,0
8	Westsibirien	60	14,8	17,6	− 2,8
9	Ostsibirien	61	17,2	17,3	− 0,1
10	Ferner Osten	73	16,7	13,8	+ 2,9
11	Estnische SSR	64	14,4	16,4	− 2,0
12	Lettische SSR	63	14,0	16,7	− 2,7
13	Litauische SSR	47	17,7	21,4	− 3,7
14	Weißrussische SSR	42	16,8	22,9	− 6,1
	Ukrainische SSR				
15	Südwesten	37	16,1	24,4	− 8,3
16	Donez-Dnepr	71	13,9	14,3	− 0,4
17	Süden	56	16,0	18,8	− 2,8
18	Moldauische SSR	30	20,7	26,4	− 5,7
19	Grusinische SSR	48	19,3	21,1	− 1,8
20	Armenische SSR	56	25,0	18,8	+ 6,2
21	Aserbeidschan. SSR	51	32,4	20,2	+12,2
22	Kasachische SSR	49	24,0	20,8	+ 3,2
23	Usbekische SSR	36	33,0	24,7	+ 8,3
24	Tadschikische SSR	37	34,9	24,4	+10,5
25	Kirgisische SSR	39	29,9	23,8	+ 6,1
26	Turkmenische SSR	49	35,6	21,1	+14,5

Regression $y = 35{,}2662 - 0{,}2947\,x$
$r = -0{,}5039$; $B = 25{,}39\,\%$
$n = 26$

Verstädterungsgrad in der Sowjetunion auf der Basis der 26 Republiken und Ökonomischen Bereiche. Die Werte finden sich in Tab. 28 und in Abb. 64 zusammen mit der Regressionsgeraden, den geschätzten Werten für die Natalität und den Residuen.

Die Regressionsgerade hat die Form: $Y = 35{,}2662 - 0{,}2947\,X$, der Korrelationskoeffizient ist $r = -0{,}5039$.

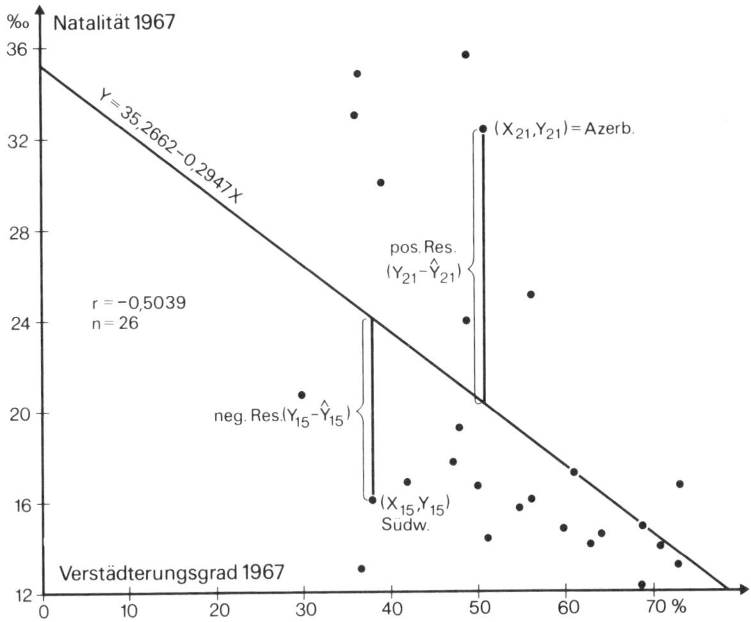

Abb. 64 Die Natalität der Bevölkerung in Abhängigkeit vom Verstädterungsgrad in der Sowjetunion (1967) auf der Basis der Ökonomischen Bereiche und Republiken

Der Korrelationskoeffizient ist zwar signifikant von 0 verschieden, doch relativ gering, denn nur $B = 25\,\%$ der Varianz der Natalität lassen sich auf die Regression zurückführen. Das Streuungsdiagramm unterstreicht dieses Ergebnis, denn die Stichprobenpunkte weisen eine starke Streuung um die Regressionsgerade auf (Abb. 64). Es macht aber auch deutlich, daß offensichtlich kein linearer Zusammenhang zwischen X und Y besteht. D.h. wir würden besser mit einem nicht-linearen Regressionsmodell operieren.

Eine andere Alternative wird jedoch beim Blick auf die Residuen nahegelegt. Hohe positive Residuen (die wahren Natalitätswerte liegen weit über den geschätzten, sind also „zu groß") besitzen die vier mittelasiatischen Republiken sowie die beiden transkaukasischen Republiken Aserbeidschan und Armenien, also Republiken mit einer vornehmlich nicht-russischen Bevölkerung, die (mit Ausnahme Armeniens) dem Islam angehört. Besonders große negative Residuen finden sich dagegen vor allem in der Weißrussischen SSR, im Südwesten der Ukraine, im Schwarzerdezentrum und in der Wolga-Wjatka-Region. Diese Regionen sind zwar stark agrarwirtschaftlich ausgerichtet und haben nur einen relativ geringen Verstädterungsgrad, ihre Bevölkerung ist aber ebenso „europäisch-modern" geprägt wie diejenige der westlichen Regionen mit einem hohen Verstädterungsgrad.

Diese Beobachtungen scheinen darauf hinzuweisen, daß neben dem Verstädterungsgrad noch eine andere Variable die Natalität beeinflußt. Man könnte sie umschreiben mit „Traditionsgebundenes Verhalten“ und müßte für sie einen geeigneten Indikator finden (Religionszugehörigkeit), der dann zusätzlich in das Regressionsmodell einbezogen werden sollte. Mit anderen Worten: Es wäre mindestens eine zwiefache Regressionsanalyse notwendig. Generell kann die Analyse der Residuen dazu dienen, weitere unabhängige Variablen zu finden, die zu einer vollständigen „Erklärung“ der Variation einer abhängigen Variablen beitragen.

Dieses soll im folgenden an einem anderen Beispiel erläutert werden. Dabei soll speziell gezeigt werden, wie sich die Darstellung der räumlichen Verteilung von Residuen dazu benutzen läßt, den regional unterschiedlichen Effekt einer unabhängigen Variablen zu erfassen und ein Regressionsmodell zu verfeinern bzw. zu verbessern.

Wir wollen durch Berechnung einer Regressionsgeraden unterschuchen, wie sich auf der Basis der Stadt- und Landkreise in Nordrhein-Westfalen der Anteil der CDU-Wähler mit der Bevölkerungsdichte verändert, und anschließend durch Berechnung der Residuen feststellen, wo die Abweichungen von der mittleren Geraden im

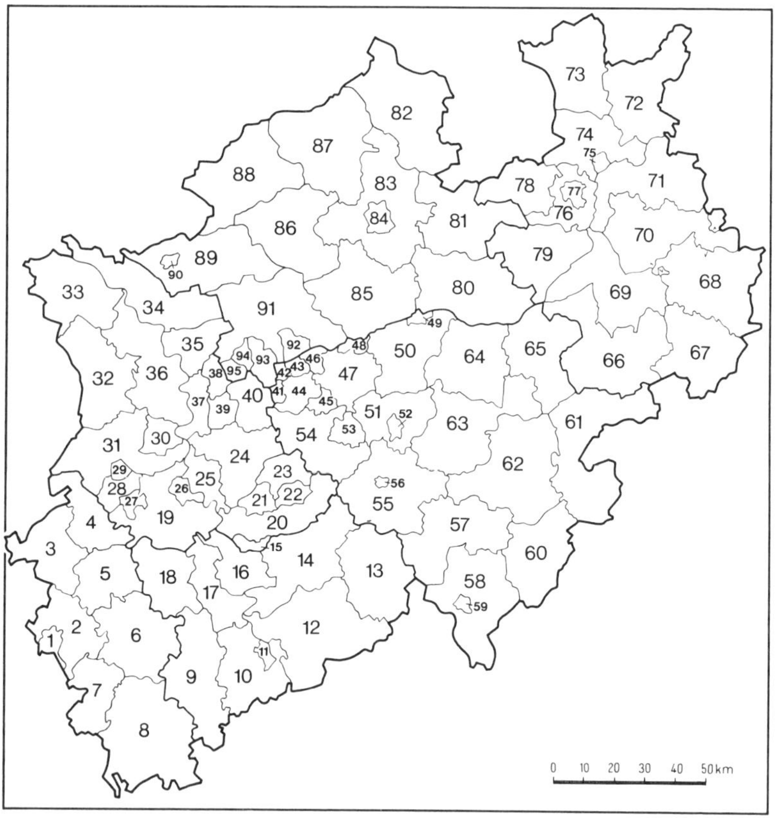

Abb. 65 Stadt- und Landkreise des Landes Nordrhein-Westfalen 1963 (vgl. Tab. 29)

Untersuchungsgebiet besonders stark sind und welche Folgerungen eventuell daraus gezogen werden können.

Als räumliche Grundlage der Analyse seien die Stadt- und Landkreise des Landes Nordrhein-Westfalen gewählt (insgesamt 95; vgl. Abb. 65). Für diese seien die Anteile der gültigen CDU-Stimmen bei der Bundestagswahl 1961 (in %) und die Werte der Bevölkerungsdichte 1961 (in Einw. pro ha) vorgegeben (vgl. Tab. 29). Die Berechnung der Regression des CDU-Anteils nach der Bevölkerungsdichte ergibt die Gleichung $y = 55{,}708 - 0{,}389\,x$ (vgl. Abb. 66). Sie besagt, daß auf der Ebene der 95 Stadt- und Landkreise der Anteil der CDU-Wähler mit steigender Bevölkerungsdichte fällt. Mit anderen Worten, der Anteil der CDU-Wähler in den verstädterten Gebieten ist geringer als in den ländlichen – eine bekannte Tatsache. Für die SPD läßt sich das Umgekehrte nachweisen.

Korreliert man den Anteil der CDU mit der Einwohnerdichte (Produktmoment-Korrelation), ergibt sich der Korrelationskoeffizient $r = -0{,}40$. Das heißt, nur $B = r^2 = 0{,}16 = 16{,}0\,\%$ der Varianz des CDU-Anteils werden durch die Regression erklärt. An dieser Stelle sei darauf hingewiesen, daß bei einer einfachen Regressionsanalyse im allgemeinen keine hohen Bestimmtheitsmaße zu erwarten sind, da die „Realität viel komplexer ist“ als das Modell einer Einfachregression.

Mit Hilfe der Berechnung der Residuen (Tab. 29) kann man nun zeigen, in welchen Stadt- und Landkreisen eine negative oder eine positive Abweichung des CDU-Anteils von dem auf Grund der Regressionsgeraden zu erwartenden festzustellen ist.

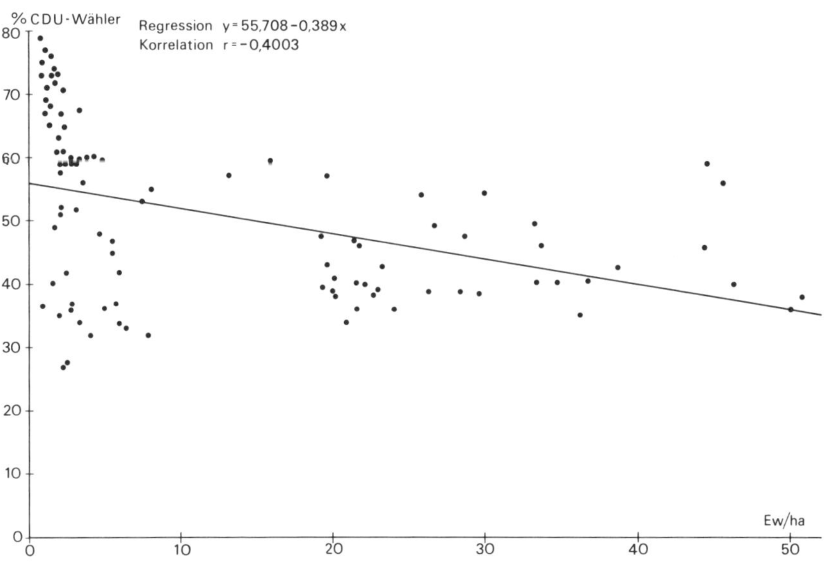

Abb. 66 Regression des Anteils der gültigen CDU-Stimmen (%) bei der Bundestagswahl 1961 nach der Bevölkerungsdichte in den Stadt- und Landkreisen des Landes Nordrhein-Westfalen

Tab. 29 Die unsystematischen Abweichungen der Schätzwerte von den beobachteten Werten (Residuen) der Regression $y = 55{,}708 - 0{,}389\,x$ des Anteils der gültigen CDU-Stimmen an der Bundestagswahl 1961 nach der Bevölkerungsdichte in den Stadt- und Landkreisen des Landes Nordrhein-Westfalen

Nr. in Abb. 65	St = Stadtkreis L = Landkreis	Bevölkerungsdichte E/ha	CDU-Stimmen %	Residuum %
1	St Aachen	29,93	54,70	10,65
2	L Aachen	7,90	55,30	2,67
3	L Geilenkirchen	3,23	67,60	13,15
4	L Erkelenz	2,80	60,00	5,38
5	L Jülich	2,20	61,10	6,25
6	L Düren	2,79	58,90	4,28
7	L Monschau	1,00	77,20	21,88
8	L Schleiden	0,74	79,10	23,68
9	L Euskirchen	1,84	61,40	6,41
10	L Bonn	4,78	59,80	5,95
11	St Bonn	45,68	56,30	18,38
12	L Siegkreis	3,03	58,80	4,27
13	L Oberberg. Kr.	2,41	42,00	−12,77
14	L Rhein.-Berg. Kr.	3,68	55,90	1,63
15	St Leverkusen	21,67	46,20	− 1,07
16	St Köln	7,36	52,80	− 0,04
17	L Köln	33,28	48,80	6,05
18	L Bergheim	3,00	52,10	− 2,44
19	L Grevenbroich	3,80	59,90	5,67
20	L Rhein-Wupper-Kr.	5,42	47,00	− 6,60
21	St Solingen	21,54	39,80	− 7,52
22	St Remscheid	19,91	38,80	− 9,15
23	St Wuppertal	28,34	38,90	− 5,77
24	L D-Mettmann	7,81	32,00	−20,67
25	St Düsseldorf	44,33	45,50	7,06
26	St Neuß	19,51	56,90	8,79
27	St Rheydt	21,39	51,80	4,42
28	St Mönchengladbach	15,83	59,40	9,86
29	St Viersen	13,37	57,20	6,70
30	St Krefeld	19,25	47,30	− 0,91
31	L Kempen-Krefeld	4,10	59,50	5,39
32	L Geldern	1,63	73,20	18,13
33	L Kleve	2,03	67,10	12,18
34	L Rees	1,96	51,20	− 3,74
35	L Dinslaken	5,78	37,10	−16,36
36	L Moers	5,91	42,10	−11,31
37	St Duisburg	34,71	40,00	− 2,19
38	St Oberhausen	33,76	45,90	3,34
39	St Mühlheim	21,61	36,40	−10,89
40	St Essen	38,69	42,50	1,86
41	St Wattenscheid	33,42	40,40	− 2,29
42	St W.-Eickel	50,81	38,20	2,28
43	St Herne	36,79	40,70	− 0,68
44	St Bochum	29,66	38,60	− 5,56
45	St Witten	20,95	33,90	−13,65

Nr. in Abb. 65	St = Stadtkreis L = Landkreis	Bevölkerungsdichte E/ha	CDU-Stimmen %	Residuum %
46	St C.-Rauxel	19,92	41,40	– 6,55
47	St Dortmund	24,02	35,80	–10,55
48	St Lünen	19,35	39,50	– 8,67
49	St Hamm	28,71	47,50	2,97
50	L Unna	5,02	36,40	–17,35
51	L Iserlohn	5,47	44,70	– 8,88
52	St Iserlohn	19,98	37,80	–10,13
53	St Hagen	22,75	38,70	– 8,15
54	L Ennepe-Ruhr-Kr.	6,33	33,30	–19,94
55	L Altena	2,60	36,40	–18,30
56	St Lüdenscheid	46,33	40,10	2,44
57	L Olpe	1,61	71,70	16,62
58	L Siegen	2,79	36,80	–17,82
59	St Siegen	22,92	39,30	– 7,48
60	L Wittgenstein	0,90	36,70	–18,66
61	L Brilon	0,96	67,30	11,97
62	L Meschede	1,01	69,10	13,79
63	L Arnsberg	1,98	58,90	3,96
64	L Soest	2,01	51,90	– 3,03
65	L Lippstadt	1,95	57,50	2,55
66	L Büren	0,77	75,20	19,79
67	L Warburg	0,86	72,70	17,33
68	L Höxter	1,34	68,00	12,81
69	L Paderborn	2,23	70,60	15,76
70	L Detmold	2,27	27,10	–27,72
71	L Lemgo	2,43	27,50	–27,26
72	L Minden	3,26	34,00	–20,44
73	L Lübbecke	1,55	40,30	–14,80
74	L Herford	4,08	32,20	–21,92
75	St Herford	22;18	40,10	– 6,97
76	L Bielefeld	6,04	33,70	19,66
77	St Bielefeld	36,25	34,90	– 6,69
78	L Halle	2,03	35,70	–19,22
79	L Wiedenbrück	3,20	58,80	4,34
80	L Beckum	2,34	58,20	3,40
81	L Warendorf	1,13	72,20	16,93
82	L Tecklenburg	1,59	49,10	– 5,99
83	L Münster	1,33	65,40	10,21
84	St Münster	25,85	54,20	8,56
85	L Lüdinghausen	1,91	63,10	8,14
86	L Coesfeld	1,44	72,90	17,75
87	L Steinfurt	2,25	65,20	10,37
88	L Ahaus	1,59	74,00	18,91
89	L Borken	1,40	76,20	21,04
90	St Bocholt	44,46	59,20	20,81
91	L Recklinghausen	4,58	48,10	– 5,82
92	St Recklinghausen	19,58	43,30	– 4,78
93	St Gelsenkirchen	26,33	39,70	– 5,75
94	St Gladbeck	23,24	42,80	– 3,86
95	St Bottrop	26,62	48,60	3,26

Der Darstellung der Residuen in Abb. 67 läßt sich entnehmen, daß sich im industriellen Kernraum des Landes sowie in Nordostwestfalen die negativen Residuen häufen, während im Außensaum des Landes positive Residuen auftreten, die z.T. zum Rande zunehmen. Mit anderen Worten heißt das, daß die CDU in den

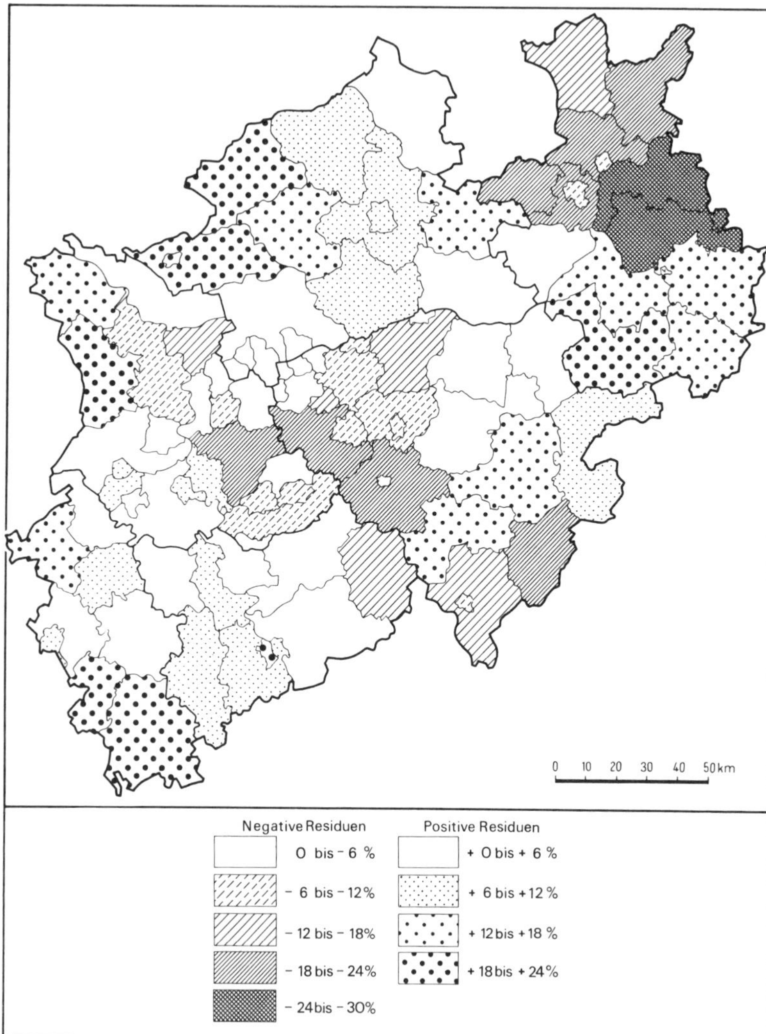

Abb. 67 Residuen der Regression des Anteils der gültigen CDU-Stimmen (%) bei der Bundestagswahl 1961 nach der Bevölkerungsdichte in den Stadt- und Landkreisen Nordrhein-Westfalens

Randgebieten des Landes gemessen an der Regression (in Abhängigkeit von der Bevölkerungsdichte) überrepräsentiert, im industriell-städtischen Kernraum des Landes dagegen unterrepräsentiert ist. Für die SPD gilt das Umgekehrte. Welche Ursachen dieser Erscheinung zugrundeliegen (Informationsstand und Informationsbedürfnis, Bildungsstand, Religion, Einkommen, traditionsverhaftetes Wahlverhalten), soll an dieser Stelle nicht eingehend untersucht werden.

Will man das Wahlverhalten besser erklären, müssen zusätzliche Variablen außer der Bevölkerungsdichte berücksichtigt werden. Welche Variablen dafür in Frage kommen, läßt sich aus der räumlichen Verteilung der Residuen ersehen. Ein wichtiges Merkmal dürfte z.B. die Religionszugehörigkeit sein, denn in Abb. 67 treten die extremen negativen Residuen in den überwiegend evangelischen Kreisen auf, während sich die hohen positiven Residuen vielfach in den katholischen Kreisen befinden.

Die Analyse der räumlichen Verteilung von Residuen mit dem Ziel, eine Regressionsgleichung durch Berücksichtigung zusätzlicher unabhängiger Variablen zu verbessern, gehört mittlerweile zu den Standardverfahren statistischer Analyse in der Geographie. Für einen „frühen" Überblick vgl. THOMAS (1968). TAAFFE, MORRILL und GOULD (1963) haben z.B. in einer Studie über den Verkehrsausbau in unterentwickelten Ländern am Beispiel Nigerias und Ghanas mit Hilfe von Residuen die Abhängigkeit des Straßenumfangs (gemessen durch die Gesamtlänge aller Straßen innerhalb der räumlichen Untereinheiten des Landes) von der Bevölkerungszahl und Landfläche untersucht. Die Analyse führte zu weiteren, regional recht unterschiedlich wirksamen Faktoren wie schwieriges Gelände, ungleiche Resourcenverteilung, Konkurrenz der Eisenbahn, Einkommen der Bevölkerung und Grad der Kommerzialisierung, deren Berücksichtigung eine bessere Erklärung der unterschiedlichen Verkehrserschließung in den einzelnen Provinzen der beiden Länder ermöglichte.

6.5.3 Der Korrelationskoeffizient als Maß für die Ähnlichkeit von Raumeinheiten

Gewöhnlich wird der Korrelationskoeffizient als Maß für die Stärke des (linearen) Zusammenhangs zwischen zwei Variablen benutzt, wobei die Variablenwerte für eine Menge von Untersuchungselementen (Zeitpunkte, Raumeinheiten, Personen usw.) ermittelt werden. Man kann jedoch auch mit dem Korrelationskoeffizienten die Ähnlichkeit zwischen den Untersuchungselementen messen, wenn man auf die der Korrelationsanalyse zugrundeliegende statistische Theorie verzichtet und nur den formalen Kalkül analog verwendet. Insbesondere sind dann auch keine Tests und Schätzungen möglich.

Wir wollen dies an einem Beispiel für Raumeinheiten verdeutlichen. Korreliert man zwei Variablen miteinander, so betrachtet man ihre gemeinsame Variation („Kovarianz") über die Stichprobe (z.B. über Raumeinheiten) hinweg. Analog kann man zwei Raumeinheiten korrelieren, indem man die gemeinsame Veränderung ihrer

Variablenwerte „über mehrere Variablen hinweg“ betrachtet. Angenommen, es soll festgestellt werden, wie ähnlich zwei Raumeinheiten hinsichtlich ihres Entwicklungsstandes sind. Man kann nun eine Reihe von Variablen auswählen, die insgesamt das ausdrücken, was wir unter „Entwicklungsstand“ verstehen wollen. Wir haben also folgende Datenmatrix:

	Raumeinheit						
Variable	R_1	R_2		R_j		R_n
X_1	x_{11}	x_{12}	$\dots$	x_{1j}	$\dots$	x_{1n}
X_2	x_{21}	x_{22}	$\dots$	x_{2j}	$\dots$	x_{2n}
$\vdots$	$\vdots$	$\vdots$		$\vdots$		$\vdots$
X_i	x_{i1}	x_{i2}	$\dots$	x_{ij}	$\dots$	x_{in}
$\vdots$	$\vdots$	$\vdots$		$\vdots$		$\vdots$
X_m	x_{m1}	x_{m2}	$\dots$	x_{mj}	$\dots$	x_{mn}

Wenn wir nun zwei Variablen korrelieren, so betrachten wir zwei Zeilen dieser Matrix als Stichprobe aus einer bivariaten Grundgesamtheit. Korrelieren wir z.B. X_1 und X_2, so betrachten wir die Stichprobe (x_{1j}, x_{2j}), $j = 1, \dots, n$.

Wollen wir nun zwei Raumeinheiten korrelieren, so berechnen wir den Korrelationskoeffizienten zwischen zwei Spalten der Datenmatrix. Die Bestimmung der Korrelation zwischen R_1 und R_2 erfolgt also auf der Basis der zweidimensionalen Menge (x_{i1}, x_{i2}), $i = 1, .., m$. Tab. 30 zeigt eine solche Datenmatrix mit Variablen für den Entwicklungsstand in den Republiken und Ökonomischen Bereichen der Sowjetunion. Allerdings ist es sinnlos, angesichts der unterschiedlichen Maßeinheiten der Variablen die Ähnlichkeit zwischen zwei Raumeinheiten direkt auf Grundlage der Ausgangswerte zu bestimmen. Man muß daher zunächst die Variablen standardisieren, d.h. man betrachtet die Variablen

$$Z_i = \frac{X_i - \overline{X}}{s_{X_i}}.$$

Tab. 31 zeigt die standardisierten Werte für das Volkseinkommen. Tab. 30 enthält rechts die standardisierten Werte der Variablen $X_1, \dots, X_{11}$ für die ausgewählten Raumeinheiten R_1, R_2, R_{23} und R_{26}.

Tab. 30 Variablen für den Entwicklungsstand in den Republiken und Ökonomischen Bereichen der Sowjetunion um 1970

		Raumeinheiten						Raumeinheiten, standardisierte Werte					
		R_1 Estn. SSR	R_2 Lett. SSR		R_{23} Usb. SSR		R_{26} Turkm. SSR	R_1 Estn. SSR	R_2 Lett. SSR		R_{23} Usb. SSR		R_{26} Turkm. SSR
X_1	Volkseinkommen, Rbl./Kopf d. Bev.	1448	1472	...	568	...	580	1,6547	1,7350	...	−1,2899	...	−1,2498
X_2	Einzelhandelsumsatz, Rbl./Kopf d. Bev.	962	948	...	423	...	472	2,0631	1,9793	...	−1,1608	...	−0,8677
X_3	Ausgaben f. Dienstleistungen, Rbl./Kopf d. Bev.	26,92	31,26	...	11,19	...	12,23	2,1031	3,0097	...	1,1829	...	−0,9657
X_4	Städtische Wohnfläche, qm/Kopf d. Bev.	13,96	14,15	...	8,32	...	10,05	2,1813	2,3140	...	−1,7579	...	−0,5496
X_5	Zahl der Einwohner pro Arzt	295	278	...	486	...	459	−1,1200	−1,3094	...	1,0078	...	0,7070
X_6	Zahl der Einwohner pro Krankenhausbett	90	84	...	95	...	96	−0,4900	−1,1064	...	0,0237	...	0,1264
X_7	Zahl der Geburten auf 1000 Einwohner	15,8	14,5	...	33,5	...	35,2	−0,5234	−0,7072	...	1,9780	...	2,2183
X_8	Erwerbstätige in der Landwirtschaft, %	18,0	21	...	40	...	38,0	−0,8283	−0,5602	...	1,1376	...	0,9589
X_9	Erwerbstätige in der Industrie, %	40,0	40	...	23	...	21,0	0,8384	0,8384	...	−1,2792	...	−1,5284
X_{10}	Eisenbahnstrecke, km pro 100 qkm	2,70	4,10	...	0,70	...	0,40	0,6491	1,7278	...	−0,8921	...	−1,1232
X_{11}	Eisenbahnstrecke, km pro 1000 Einwohner	0,90	1,10	...	0,30	...	1,00	0,9061	1,5515	...	−1,0302	...	1,2288

Tab. 31 Volkseinkommen pro Kopf der Bevölkerung in den Republiken und ökonomischen Bereichen der Sowjetuntion (Original- und standardisierte Werte) 1968

Nr.	Republik Ökonomischer Bereich	Volkseinkommen Rbl./Kopf	Volkseinkommen pro Kopf der Bevölkerung, standardisierte Werte
	RSFSR		
1	Nordwesten	1515	1,8789
2	Zentrum	1455	1,6781
3	Wolga-Wjatka	1091	0,4601
4	Schwarzerdezentrum	874	−0,2660
5	Nordkaukasus	909	−0,1489
6	Wolga	1060	0,3564
7	Ural	1248	0,9854
8	Westsibirien	946	−0,0251
9	Ostsibirien	989	0,1188
10	Ferner Osten	1007	0,1790
11	Estnische SSR	1448	1,6547
12	Lettische SSR	1472	1,7350
13	Litauische SSR	1179	0,7546
14	Weißrussische SSR	837	−0,3898
	Ukrainische SSR		
15	Südwesten	749	−0,6843
16	Donez-Dnepr	1147	0,6475
17	Süden	961	0,0251
18	Moldauische SSR	837	−0,3898
19	Grusisnische SSR	668	−0,9553
20	Armenische SSR	754	−0,6676
21	Aserbeidschanische SSR	628	−1,0892
22	Kasachische SSR	721	−0,7780
23	Usbekische SSR	568	−1,2899
24	Tadschikische SSR	509	−1,4874
25	Kirgisische SSR	639	−1,0524
26	Turkmenische SSR	580	−1,2498
	Arithmetisches Mittel $\bar{x}$ Standardabweichung s	953,50 298,8544	

$$z_1 = \frac{x_1 - \bar{x}}{s} = \frac{1515 - 953{,}50}{298{,}8544} = 1{,}8789 \text{ (s. o.)}$$

Die Lettische SSR gilt als die am besten entwickelte Republik unter den Republiken und Ökonomischen Bereichen. Wir haben deshalb jeweils die Korrelation zwischen der Lettischen SSR und den anderen Großräumen berechnet (vgl. Tab. 32). Ein hoher positiver Korrelationskoeffizient besagt, daß die entsprechende Region einen ähnlich hohen „Entwicklungsstand" aufweist wie die Lettische SSR, ein hoher negativer Korrelationskoeffizient kennzeichnet dagegen die betreffende Region als relativ schwach entwickelt.

Tab. 32 Korrelationskoeffizienten zwischen der Lettischen SSR und den Republiken und Ökonomischen Bereichen der Sowjetunion auf der Basis der 11 Variablen von Tab. 30.

Nr.	Republik Ökonomischer Bereich	Korrelations- koeffizient
	RSFSR	
1	Nordwesten	0,7599
2	Zentrum	0,8211
3	Wolga-Wjatka	−0,3036
4	Schwarzerdezentrum	−0,5788
5	Nordkaukasus	−0,3874
6	Wolga	−0,3300
7	Ural	0,2692
8	Westsibirien	0,2141
9	Ostsibirien	0,0561
10	Ferner Osten	0,5946
11	Estnische SSR	0,9513
12	Lettische SSR	1,0000
13	Litauische SSR	0,8286
14	Weißrussische SSR	−0,1324
	Ukrainische SSR	
15	Südwesten	−0,0919
16	Donez-Dnepr	0,5803
17	Süden	0,5849
18	Moldauische SSR	−0,4674
19	Grusinische SSR	−0,1478
20	Armenische SSR	−0,5158
21	Aserbeidschanische SSR	−0,8024
22	Kasachische SSR	−0,2327
23	Usbekische SSR	−0,8453
24	Tadschikische SSR	−0,8624
25	Kirgisische SSR	−0,7761
26	Turkmenische SSR	−0,6287

Abb. 68 veranschaulicht das aus Tab. 32 ersichtliche Gefälle des „Entwicklungsstandes“ in der Sowjetunion von den baltischen Republiken, der Moskauer Zentralregion und dem Nordwesten um Leningrad zu den mittelasiatischen und transkaukasischen Republiken und den noch stark agrarwirtschaftlich geprägten Regionen im Süden des europäischen Teils der Sowjetunion.

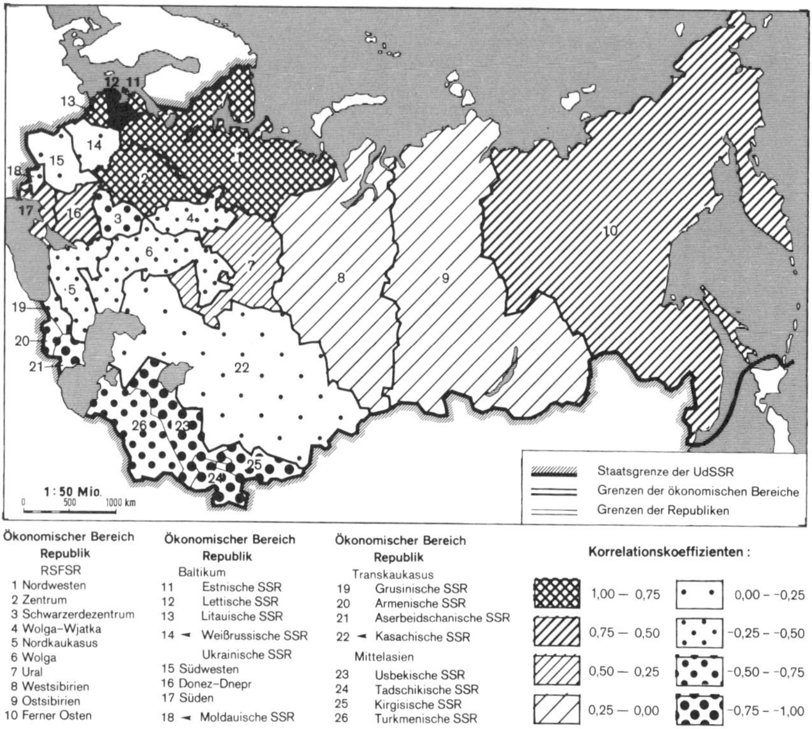

Abb. 68 Regionalisierung der Sowjetunion auf Grund der Korrelation der Lettischen SSR mit den übrigen Republiken und Ökonomischen Bereichen in der Sowjetunion nach dem Entwicklungsstand (definiert über die 11 Variablen der Tabelle 30)

Ein zweites Beispiel möge das Prinzip der Korrelation von Raumeinheiten nochmals verdeutlichen. Vorgegeben seien wiederum die Stadt- und Landkreise des Landes Nordrhein-Westfalen (insgesamt 95; vgl. Abb. 65). Jeder Kreis sei durch 15 sozioökonomische Merkmale gekennzeichnet (vgl. Tab. 33).

Zunächst wurden die Produktmoment-Korrelationen zwischen der Stadt Essen und allen übrigen Kreisen berechnet, und zwar nach dem oben beschriebenen Verfahren. Das Ergebnis ist in Tab. 34 und Abb. 69 festgehalten.

Tab. 33 Sozioökonomische Merkmale der Stadt- und Landkreise des Landes Nordrhein-Westfalen Quelle: Statistisches Jahrbuch von Nordrhein-Westfalen 1964

Nr.	Merkmal
1	Einwohner/km^2 1963
2	Geburten- bzw. Sterbeüberschuß 1963 auf 1000 der Bevölkerung
3	Wanderungsgewinn bzw. -verlust 1963 auf 1000 der Bevölkerung
4	Landwirtschaftliche Nutzfläche Ende Mai 1960 in % der Gesamtwirtschaftsfläche
5	Beschäftigte in der Industrie (einschließlich Kohlenbergbau) im März 1964 in % der Bevölkerung
6	Industrieumsatz 1963 in % des Landes
7	Normalwohnungen am 31. 12. 1963 auf 1000 der Bevölkerung
8	Kraftfahrzeuge am 1. 1. 1964 auf 1000 der Bevölkerung
9	Einnahmen aus Gemeindesteuern im Rechnungsjahr 1962 je Einwohner in DM
10	Bruttoausgaben der Gemeinden und Gemeindeverbände im Rechnungsjahr 1962 je Einwohner in DM
11	Bruttoinlandprodukt 1961 in % des Landesdurchschnitts
12	Anteil der CDU-Stimmen an den gültigen Stimmen (%). Bundestagswahl 1961
13	Sozialhilfe, Ausgaben für laufende Unterstützungen, je Person 1963
14	Uneheliche auf 1000 Lebendgeborene 1963
15	Gymnasialschüler auf 1000 Einwohner 1963

Abb. 69 läßt deutlich die Ähnlichkeit Essens mit den Kreisen des Rhein-Ruhr-Wupper-Ballungsraumes und den Gegensatz zwischen Essen und den ballungsfernen Kreisen erkennen.

Die Stufung des Korrelationskoeffizienten für die kartographische Darstellung erfolgt in Abhängigkeit von dem Absolutbetrag und dem Vorzeichen der berechneten Korrelationskoeffizienten. Wie die Schwellenwerte im einzelnen festzulegen sind, ob in regelmäßigen 0,2-Abständen oder in unsystematischen, mehr der Häufigkeitsverteilung der vorliegenden Koeffizienten angepaßten Stufen, hängt von der Zielsetzung ab. Im vorliegenden Fall erwies sich unter den verschiedenen durchgeführten Abgrenzungsversuchen eine Stufung $r \geqq 0{,}7$; $r = 0{,}4 - 0{,}7$; $r = 0{,}0 - 0{,}4$ und $r \leqq 0{,}0$ als zweckmäßig.

Tab. 34 Produktmoment-Korrelationskoeffizienten der kreisfreien Stadt Essen mit den übrigen Stadt- und Landkreisen des Landes Nordrhein-Westfalen nach 15 sozioökonomischen Merkmalen (vgl. Tab. 33)

Nr. in Abb. 65	St = kreisfreie Stadt L = Landkreis	r Produktmoment
1	St Aachen	0,3843
2	L Aachen	0,1146
3	L Geilenkirchen	−0,4664
4	L Erkelenz	−0,5827
5	L Jülich	−0,6907
6	L Düren	−0,6267
7	L Monschau	−0,3882
8	L Schleiden	−0,3946
9	L Euskirchen	−0,5610
10	L Bonn	−0,5718
11	St Bonn	0,3071
12	L Siegkreis	−0,4852
13	L Oberberg, Kr.	−0,3562
14	L Rhein-Berg, Kr.	−0,6184
15	St Leverkusen	0,0747
16	St Köln	0,6331
17	L Köln	−0,1297
18	L Bergheim	−0,2614
19	L Grevenbroich	−0,5011
20	L Rhein-Wupper-Kr.	−0,4143
21	St Solingen	0,4260
22	St Remscheid	0,3635
23	St Wuppertal	0,6532
24	L D.-Mettmann	−0,1047
25	St Düsseldorf	0,8767
26	St Neuß	0,1174
27	St Rheydt	0,1264
28	St Mönchengladbach	0,2252
29	St Viersen	0,0172
30	St Krefeld	0,3334
31	L Kempen-Krefeld	−0,5891
32	L Geldern	−0,5473
33	L Kleve	−0,5122
34	L Rees	−0,4449
35	L Dinslaken	−0,3710
36	L Moers	−0,2302
37	St Duisburg	0,8765
38	St Oberhausen	0,6967
39	St Mühlheim	0,5700
40	St Essen	1,0000
41	St Wattenscheid	0,2793
42	St W.-Eickel	0,4649
43	St Herne	0,5669
44	St Bochum	0,8151
45	St Witten	0,3636
46	St C.-Rauxel	0,2549
47	St Dortmund	0,8156
48	St Lünen	0,2093

Nr. in Abb. 65	St = kreisfreie Stadt L = Landkreis	r Produktmoment
49	St Hamm	0,3015
50	L Unna	−0,0199
51	L Iserlohn	−0,0401
52	St Iserlohn	0,3101
53	St Hagen	0,5978
54	L Ennepe-Ruhr	0,3479
55	L Altena	0,1777
56	St Lüdenscheid	0,4354
57	L Olpe	−0,3183
58	L Siegen	−0,0095
59	St Siegen	0,1967
60	L Wittgenstein	−0,3335
61	L Brilon	−0,4224
62	L Meschede	−0,4151
63	L Arnsberg	−0,2610
64	L Soest	−0,4678
65	L Lippstadt	−0,6826
66	L Büren	−0,4960
67	L Warburg	−0,4109
68	L Höxter	−0,5136
69	L Paderborn	−0,5031
70	L Detmold	−0,0991
71	L Lemgo	−0,3305
72	L Minden	−0,2194
73	L Lübbecke	−0,5296
74	L Herford	−0,2061
75	St Herford	0,0832
76	L Bielefeld	−0,2764
77	St Bielefeld	0,4824
78	L Halle	−0,3608
79	L Wiedenbrück	−0,4538
80	L Beckum	−0,5058
81	L Warendorf	−0,5722
82	L Tecklenburg	−0,5017
83	L Münster	−0,5978
84	St Münster	0,0822
85	L Lüdinghausen	−0,5204
86	L Coesfeld	−0,5387
87	L Steinfurt	−0,3573
88	L Ahaus	−0,4580
89	L Borken	−0,4433
90	St Bocholt	0,0846
91	L Recklinghausen	0,0787
92	St Recklinghausen	−0,0082
93	St Gelsenkirchen	0,8099
94	St Gladbeck	0,2907
95	St Bottrop	0,2170

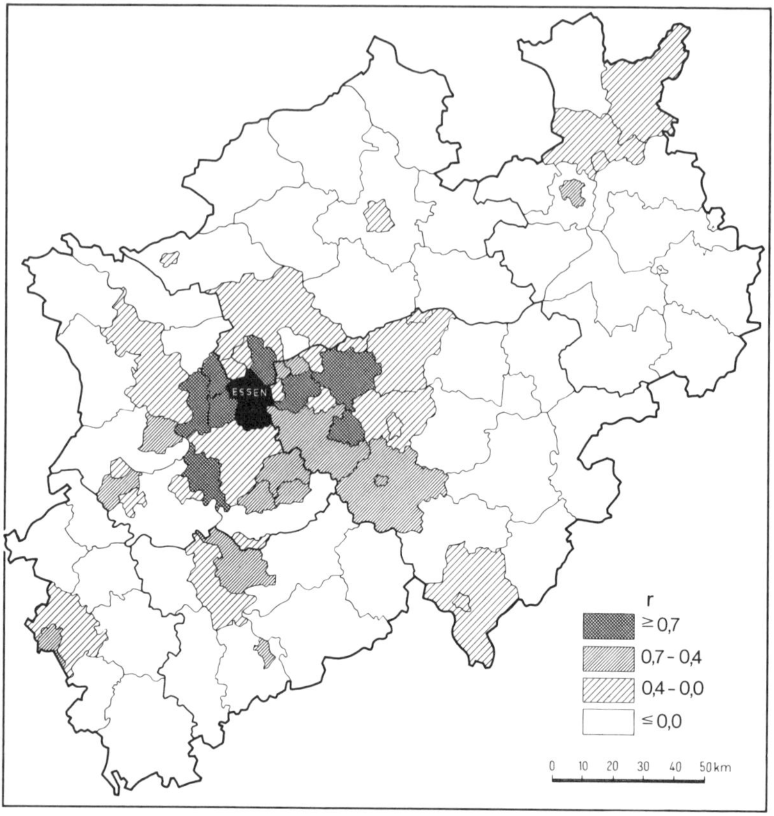

Abb. 69 Produktmoment-Korrelation der Stadt Essen mit den Stadt- und Landkreisen des Landes Nordrhein-Westfalen nach 15 sozio-ökonomischen Merkmalen (vgl. Tab. 33 und 34)

Man kann die Korrelationen zwischen Raumeinheiten auch zu einer Regionalisierung benutzen, indem man nicht die Korrelationen einer Raumeinheit zu allen anderen Raumeinheiten eines Gebietes bestimmt, sondern die Korrelationen zwischen den jeweils benachbarten Raumeinheiten mit gemeinsamer Grenze heranzieht. GIESE (1973) hat die Anwendung beider Methoden bei einer Untersuchung über die ökonomische Bereichsgliederung des mittelasiatisch-kasachstanischen Raumes der Sowjetunion demonstriert. Eine derartige Regionalisierung kann jedoch nur einen ersten Überblick über einheitliche Gebiete und über wichtige Grenzen liefern.

Wenden wir uns wieder dem Beispiel der Stadt- und Landkreise Nordrhein-Westfalens zu, für die die Werte von den 15 sozioökonomischen Merkmalen in der Tab. 33 zusammengestellt wurden. Berechnet wurden die Produktmoment-Korrelationen zwischen den Nachbarkreisen. Diese wurden kartographisch wie folgt

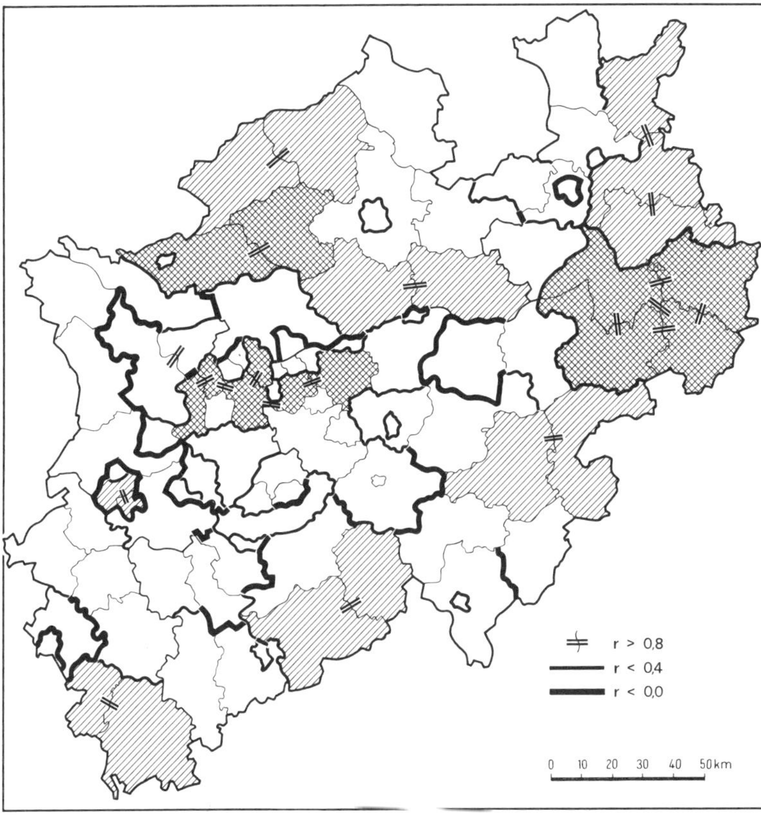

Abb. 70 Produktmoment-Korrelationen zwischen den benachbarten Stadt- und Landkreisen des Landes Nordrhein-Westfalen nach 15 sozio-ökonomischen Merkmalen (vgl. Tab. 33 und 34)

dargestellt. Hohe Korrelationen zwischen Nachbarkreisen ($r \geqq 0{,}8$) wurden durch zwei Querbalken senkrecht zum Grenzverlauf wiedergegeben. Schwache positive Korrelationen zwischen Nachbarkreisen (r: 0,0–0,4) wurden durch eine dünne Grenzlinie, negative Korrelationen, die eine starke Unähnlichkeit zwischen den Nachbarkreisen ausdrücken ($r \leqq 0{,}0$), durch eine entsprechend dicke Grenzlinie dargestellt. Durch eine Schraffur wurden die benachbarten Land- und Stadtkreise zusammengefaßt, die durch eine hohe Korrelation miteinander verbunden sind ($r \geqq 0{,}8$) (Abb. 70).

Die Abbildung spricht für sich. Es sei nur darauf hingewiesen, daß sie u.a. sehr deutlich die relativ scharfen Grenzen des Ruhrgebietes im Norden gegenüber den schwachen bzw. fehlenden Grenzen im Süden des Ruhrgebietes zum Ausdruck bringt (vgl. SCHÖLLER 1960).

Ein weiteres Anwendungsbeispiel sei mit den Abbildungen 71 und 72 vorgestellt. Hier wurde einmal die Station Emden (als Typ einer ozeanischen Klimastation), zum

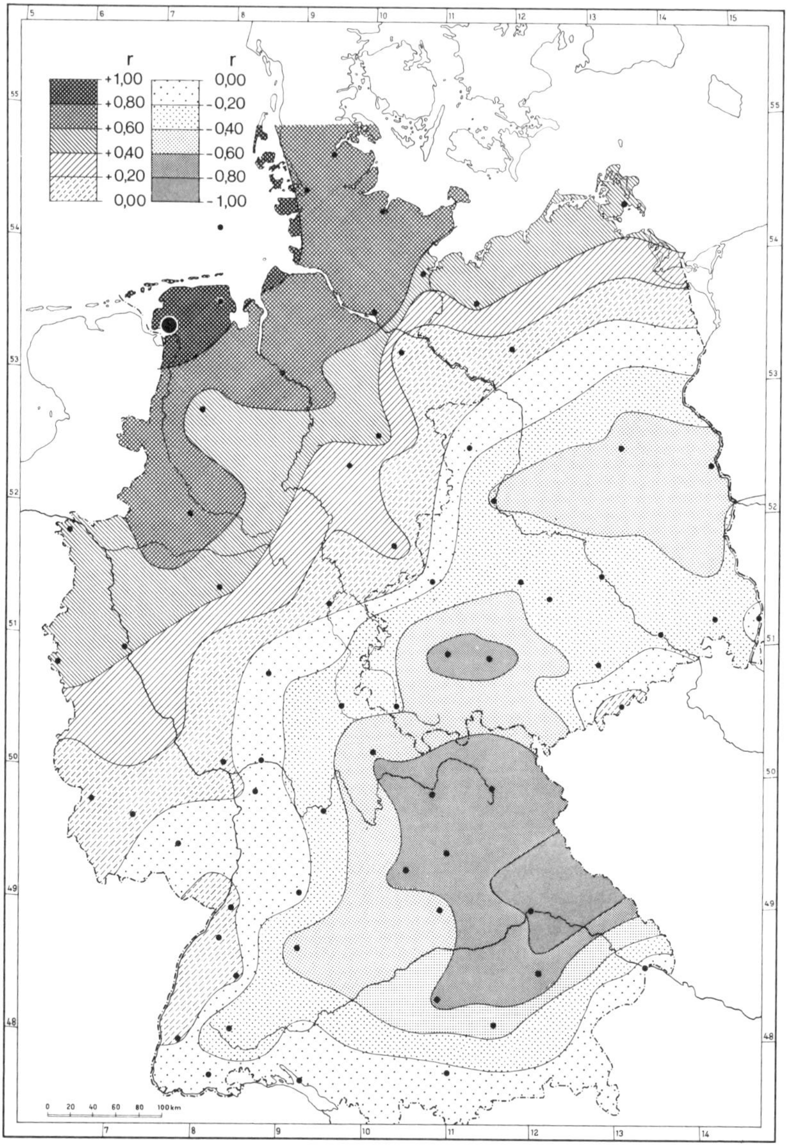

Abb. 71 Produktmoment-Korrelationen der Station Emden mit 68 Stationen der BRD nach 30 Klimavariablen (vgl. Tab. 35)

anderen die Station Höchenschwand im Hochschwarzwald (als Typ einer Höhenstation) mit 68 Klimastationen in der BRD auf der Grundlage von 30 Klimavariablen

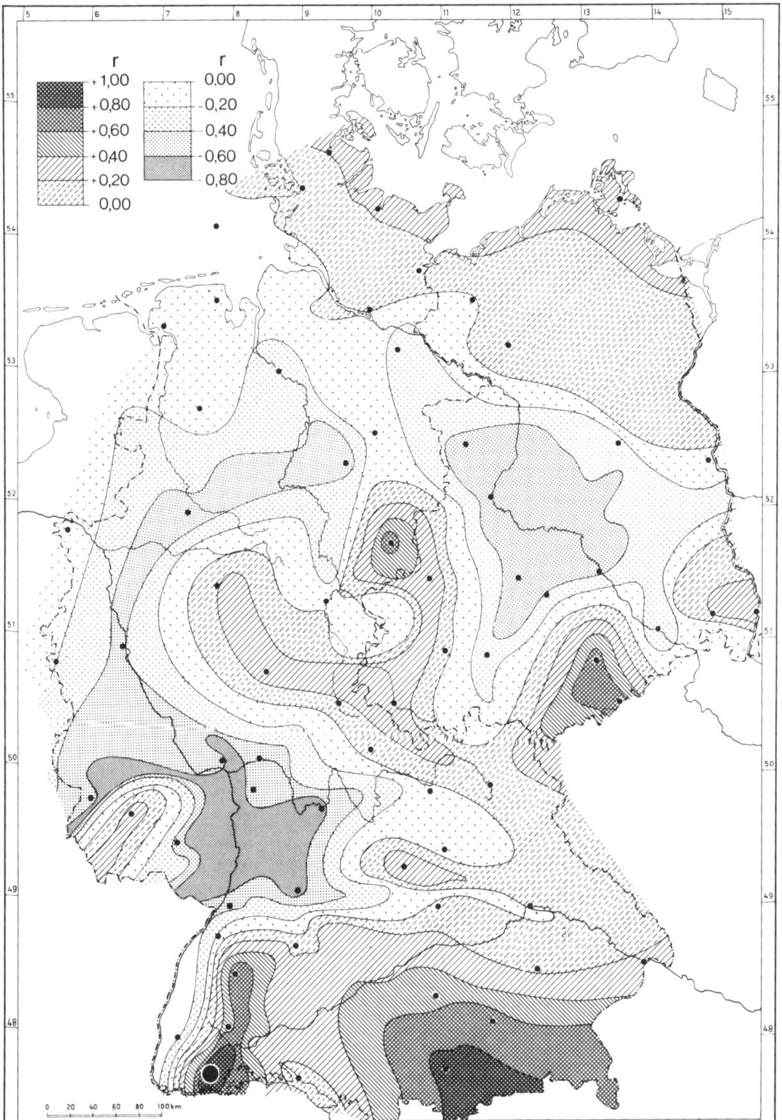

Abb. 72 Produktmoment-Korrelationen der Station Höchenschwand/Hochschwarzwald mit 68 Klimastationen der BRD nach 30 Klimavariablen (vgl. Tab. 35)

(vgl. Tab. 35) korreliert. Nach Standardisierung der Variablen wurden zunächst die Korrelationen zwischen den Stationen berechnet und in eine Karte eingetragen. Anschließend wurden (durch Interpolation der Werte zwischen den Stationen) Linien gleicher Korrelation (= Isokorrelate) konstruiert. Das Ergebnis der Berechnungen geben die Abbildungen 71 und 72 wieder.

Tab. 35 Klimavariablen ausgewählter Stationen in der BRD

Nr.	Variable	Nr.	Variable
	Mitteltemperatur		Relative Luftfeuchtigkeit
1	Januar	16	Januar
2	Juli	17	Juli
3	April	18	Jahr
4	Oktober		
5	Jahr	19	Zahl der heiteren Tage
6	Jahresschwankung der Temperatur	20	Zahl der trüben Tage
	Mittlere tägliche Schwankung der Temperatur		Niederschlagsmengen
		21	Januar
		22	Juli
7	Januar	23	April
8	Juli	24	Oktober
9	Jahr	25	Jahr
	Mittlere Zahl der		
10	kalten Tage	26	Verhältnis von größter und kleinster Niederschlagsmenge
11	Eistage		
12	Frosttage		Zahl der Tage mit
13	Sommertage	27	>0,1 mm Niederschlag
14	heißen Tage	28	>1,0 mm Niederschlag
15	Calmen	29	Zahl der Tage mit Schneefall
		30	Zahl der Tage mit Gewitter

In Abb. 71 (Produktmoment-Korrelation Emden) kommt in sehr schöner Weise die Veränderung der Ozeanität des Klimas in Deutschland zum Ausdruck. Deutlich treten die bekannten Nordost-Südwest gerichteten Strukturlinien der Ozeanität des Klimas im Hinterland der Nordsee in Erscheinung, die im Hinterland der Ostsee in eine West-Ost-Richtung umschwenken. Gut sichtbar werden auch das Thüringer Becken, die ober- und mittelfränkischen sowie die oberpfälzischen und niederbayrischen Bereiche, deren Klima gemessen an Emden bereits stark kontinentale Züge zeigt.

Ergänzend zu Abb. 71 kann man Abb. 72 sehen (Produktmoment-Korrelation Höchenschwand). Einmal treten wie zu erwarten mit hohen Korrelationen die Höhengebiete heraus. Zum anderen fallen – wenn auch nicht durch hohe, so doch durch positive Korrelationen – die Tieflandgebiete im Küstenbereich der Ostsee auf, was durchaus verständlich ist, da mit der Höhe bei Abnahme der Temperatur die Ozeanität des Klimas zunimmt.

So wie hier das Ergebnis von Korrelationen nach mehreren Merkmalen von einer Station zu zahlreichen anderen Stationen dargelegt wurde, kann man zur Herausarbeitung spezieller Züge des Klimas auch die Korrelation nach einem Merkmal durchführen, indem man z. B. 40- oder 80jährige Beobachtungsreihen eines Klimaelementes zugrunde legt. Ein instruktives Beispiel hierzu gibt FLIRI (1969, S. 75), der die Niederschlagsmengen von 40 Orten in den Alpen im hydrologischen Jahr (Oktober–September), Periode 1931/32 bis 1959/60, mit der Niederschlagsmenge von Vent (Ötztaler Alpen, 1892 m) korreliert hat.

6.6 Nicht-lineare Regression

Lineare Zusammenhänge der Form

$$Y = \alpha + \beta X + \varepsilon$$

sind dadurch gekennzeichnet, daß bei Zunahme von X um einen konstanten Betrag Δx auch Y um einen konstanten Betrag $\Delta y = \beta \cdot \Delta x$ zunimmt ($\beta > 0$) oder abnimmt ($\beta < 0$).

Häufig ist jedoch die Variable Y nicht linear von der Variablen X abhängig. In einem solchen Fall liefert ein lineares Regressionsmodell nur unbefriedigende Ergebnisse, was sich in einem geringen Bestimmtheitsmaß ausdrückt.

Nicht-lineare Zusammenhänge zwischen Variablen sind sehr häufig. Abb. 73 zeigt die Abhängigkeit des Weizen-Ertrages (in kg pro ha) von der eingesetzten Düngemenge (in kg pro ha). Die Zunahme des Ertrages ist nicht linear, sondern wird mit der eingebrachten Düngemenge geringer. Es drückt sich darin das sogenannte „Gesetz vom abnehmenden Ertragszuwachs" aus, nach dem die Erhöhung *eines* Inputfaktors zu einer immer geringer werdenden Erhöhung des Ertrages führt, wenn nicht gleichzeitig auch die anderen für den Ertrag relevanten Inputfaktoren (z. B. Arbeitszeit) zunehmen.

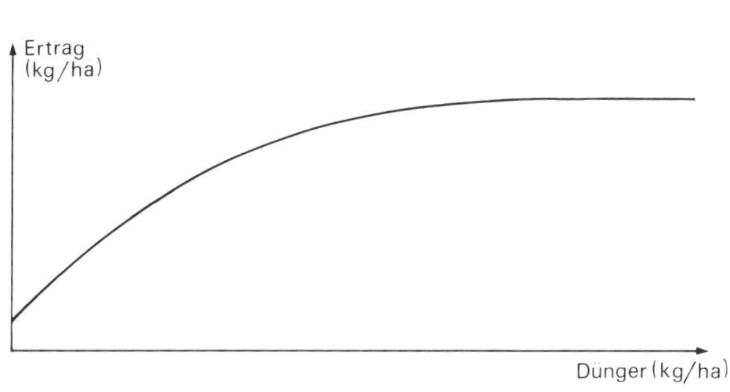

Abb. 73 Abhängigkeit der Ertragsmenge auf dem Acker von der Düngermenge

Eine andere nicht-lineare Beziehung zeigt Abb. 74, die die Abhängigkeit der Häufigkeit pro Jahr, mit der Familien in einer Stadt (Turku, Finnland) einkaufen, von der Entfernung ihres Wohnstandortes (zu Turku) darstellt. Der starke Abfall für kleine Entfernungen und die nur noch geringe Abnahme für große Entfernungen lassen sich offensichtlich auf unterschiedliche Bewertungen gleicher Entfernungsdifferenzen seitens der Bevölkerung zurückführen: Die Zunahme der Entfernung von 3 auf 4 km bedeutet eine größere Zunahme des Wegeaufwandes als eine Erhöhung der Entfernung von 35 auf 36 km.

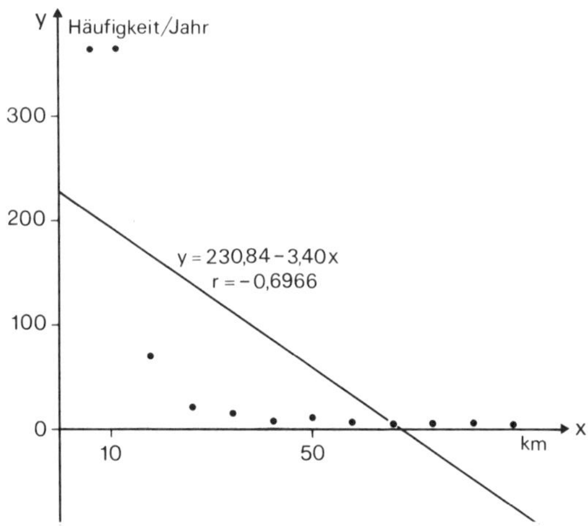

Abb. 74
Der lineare Zusammenhang zwischen „Einkaufshäufigkeit" und „Entfernungen" für das Umland von Turku (Finnland)

Tab. 36 Häufigkeit des Einkaufs von Familien aus dem Umland von Turku und Entfernung der Wohnstandorte von Turku

Entfernung der Wohnstandorte von Turku (in km) x_i	Einkäufe pro Jahr y_i	$x_i^* = x_i$	$y_i^* = \ln y_i$
6	365	6	5,8999
11	365	11	5,8999
18	68,5	18	4,2268
26	21,7	26	3,0773
34	16,1	34	2,7788
42	8,0	42	2,0794
50	11,1	50	2,4069
58	5,7	58	1,7405
66	5,5	66	1,7047
74	4,2	74	1,4351
82	5,0	82	1,6094
90	2,2	90	0,7885

Quelle: Kytömäki 1973, S. 94

Grundsätzlich gibt es mehrere Möglichkeiten, nicht-lineare Beziehungen regressionsanalytisch zu erfassen:

(1) Die Beziehung kann stückweise linearisiert werden, indem man für die Bereiche von X, in denen sie jeweils annähernd linear ist, jeweils eigene Regressionsgeraden berechnet.

(2) Man bezieht weitere Variablen in die Regressionsanalyse ein (vgl. das Beispiel „Natalität – Verstädterungsgrad in der Sowjetunion" aus Abschnitt 6.5.2).

(3) Man transformiert Y und X zu neuen Variablen Y^* und X^*, so daß die Beziehung zwischen Y^* und X^* linear ist.

Wir beschränken uns auf die Alternative (3) und wollen das praktische Vorgehen an dem Beispiel des Einkaufsverhaltens in Turku aufzeigen. Tab. 36 zeigt die Stichprobenwerte (x_i, y_i), Abb. 74 das Streuungsdiagramm zusammen mit der Regressionsgeraden, die fast 50 % der Varianz von Y bestimmt ($r = -0{,}6966$). Abb. 74 weist aber nachdrücklich auf die Inadäquatheit der Regressionsgeraden hin.

Transformiert man nun Y und X zu

$$Y^* = \ln Y \quad \text{(natürlicher Logarithmus zur Basis } e\text{)},$$

$$X^* = \quad X \quad \text{(d.h., } X \text{ wird nicht verändert)},$$

erhält man die transformierten Stichprobenwerte der Tab. 36 (rechts)

Für diese Werte ergibt die Regressionsanalyse

$$Y^* = 5{,}36 - 0{,}055\,X^* \quad \text{(vgl. Abb. 75)}.$$

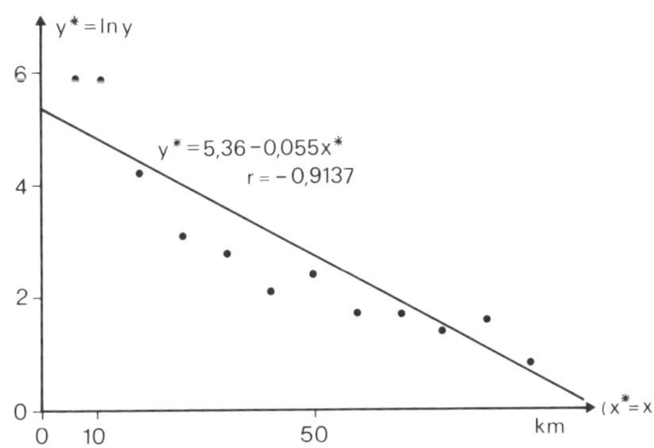

Abb. 75
Streuungsdiagramm der transformierten Werte $x_i^* = x_i$ und $y_i^* = \ln y_i$ aus Tab. 36 und zugehörige Regressionsgerade $Y^* = a + bX^*$

Der Korrelationskoeffizient ist mit $r = -0{,}9137$ absolut beträchtlich größer als für die nicht transformierten Variablen. Immerhin entfällt jetzt auf die Regressionsgerade ein Anteil von 83,48 % der Gesamtvarianz – allerdings nicht von Y, sondern von $Y^* = \ln Y$.

Invertiert man die Regressionsgerade, so erhält man als Funktion für die Beziehung zwischen Y und Y^*:

$$e^{Y^*} = Y = \frac{e^{5,36}}{e^{0,055\,X^*}} = \frac{e^{5,36}}{e^{0,055\,X}} = e^{5,36} \cdot e^{-0,055\,X} = 212,72 \cdot e^{-0,055\,X}$$

Diese Funktion ist eine sogenannte negative Exponentialfunktion. Abb. 76 zeigt sie in dem ursprünglichen Streuungsdiagramm.

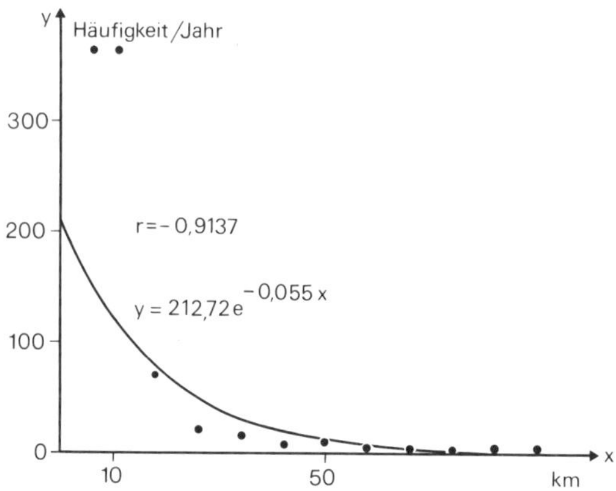

Abb. 76
Der exponentielle Zusammenhang zwischen „Einkaufshäufigkeit“ und „Entfernungen“ für das Umland von Turku (Finnland)

Diese Funktion läßt sich nun für Schätzungen fehlender Werte verwenden. Es ist auf Folgendes hinzuweisen: Durch die Transformation wird *nicht* das Modell

$Y = \alpha \cdot e^{\beta X} + \varepsilon$ geschätzt,

sondern das Modell

$$Y = \alpha \cdot e^{\beta X} \cdot \varepsilon$$

bzw. das Modell

$$Y^* = \alpha^* + \beta^* X + \varepsilon^* \qquad (*)$$

Es wird also nicht die Summe $\sum_{i=1}^{n} (y_i - \hat{y}_i)^2$, sondern die Summe $\sum_{i=1}^{n} (y_i^* - \hat{y}_i^*)^2$ minimiert. Die Voraussetzungen der Regressionsanalyse müssen also für das Modell (*) erfüllt sein; ebenso können Tests nur für dieses Modell durchgeführt werden.

Mit anderen Worten: Wir schätzen also *nicht* die beste Exponentialfunktion nach dem Prinzip der kleinsten Quadrate. Die Frage ist, ob die beste Schätzung für (*) auch die beste Schätzung für das Modell $Y = \alpha \cdot e^{\beta X} + \varepsilon$ ist. Wir wollen diese Frage hier nur aufwerfen, ohne sie in diesem Band zu beantworten.

Es gibt eine Reihe von Funktionen, die sich durch entsprechende Transformationen linearisieren lassen. Tab. 37 zeigt einige typische Kurvenverläufe, die zugehörigen Funktionsklassen sowie die zur Linearisierung notwendigen Transformationen. Es ist ersichtlich, daß selbst mit der linearen Einfachregression eine Reihe sehr unterschiedlicher Typen von Zusammenhängen erfaßt werden kann.

Tab. 37 Transformation einiger nicht-linearer Funktionen in lineare und Rücktransformationen der linearen Regressionsparameter a^* und b^* in die „ursprünglichen" Parameter a und b

Form des nicht-linearen Zusammenhangs		Transformation der Variablenwerte		Berechnung der Parameter a und b aus a^* und b^*	
Kurventyp	Funktion	$y_i^* =$	$x_i^* =$	$a =$	$b =$
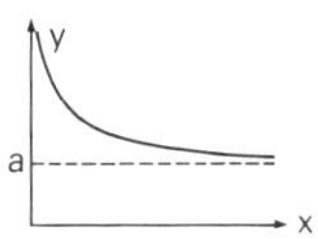	$\Longrightarrow$ $y = a + \frac{b}{x}$; $x > 0$	y_i	$\frac{1}{x_i}$	a^*	b^*
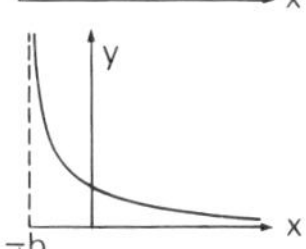	$\Longrightarrow$ $y = \frac{a}{b + x}$; $x > -b$	$\frac{1}{y_i}$	x_i	$\frac{1}{b^*}$	$a^* \cdot b^*$
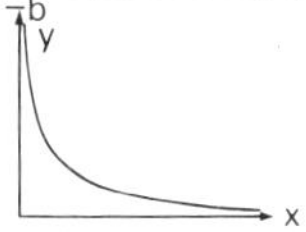	$\Longrightarrow$ $y = ax^b \, (b < 0)$	wahlweise 1) $\lg y_i$ 2) $\ln y_i$	 1) $\lg x_i$ 2) $\ln x_i$	wahlweise 1) 10^{a^*} 2) e^{a^*}	 1) b^* 2) b^*
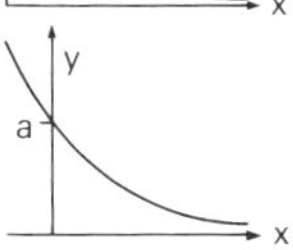	$\Longrightarrow$ $y = ae^{bx} \, (b < 0)$	$\ln y_i$	x_i	e^{a^*}	b^*
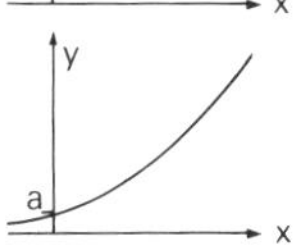	$\Longrightarrow$ $y = ae^{bx} \, (b > 0)$	$\ln y_i$	x_i	e^{a^*}	b^*
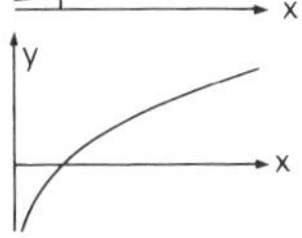	$\Longrightarrow$ wahlweise 1) $y = a + b \cdot \ln x$ 2) $y = a + b \cdot \lg x$	wahlweise 1) y_i 2) y_i	 1) $\ln x_i$ 2) $\lg x_i$	wahlweise 1) a^* 2) a^*	 1) b^* 2) b^*
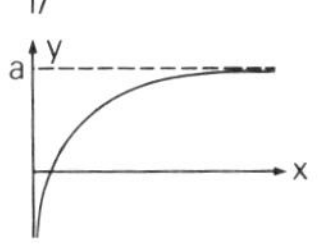	$\Longrightarrow$ $y = a + \frac{b}{x} \, (b < 0)$	y_i	$\frac{1}{x_i}$	a^*	b^*
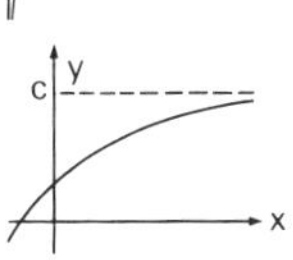	$\Longrightarrow$ $y = c + ae^{bx} \, (a < 0)$ (c muß bekannt sein)	$\ln(c - y_i)$	x_i	$-e^{a^*}$	b^*

6.7 Ausgewählte Probleme bei der Anwendung der Korrelations- und Regressionsanalyse

In diesem Abschnitt werden einige Probleme angesprochen, die vor allem bei der praktischen Anwendung der Korrelations- und Regressionsanalyse auftreten. Einige von ihnen sind besonders typisch für Anwendungen in der Geographie.

6.7.1 Datenbasis und inhaltliche Interpretation

Ein Geophysiker (Meteorologe) wird vielleicht die Abhängigkeit der Verdunstung von der Lufttemperatur experimentell in einem Labor untersuchen, vor allem, um „störende“ Einflüsse anderer Variablen auszuschalten.

In der Geographie, aber auch in den Sozialwissenschaften, werden häufig bestimmte Ausschnitte aus der „Realität“ als Zufallsstichprobe angesehen. In solchen Fällen wird nicht sorgfältig eine Stichprobe konstruiert, sondern man ist quasi mit einer Stichprobe konfrontiert, ohne die Grundgesamtheit angeben zu können. Die für solche Stichproben gefundenen Beziehungen können kaum „übertragen“ werden. Wir hatten diese Probleme schon beim Beispiel zum t-Test erwähnt.

Ein anderes Beispiel ist die Stichprobe der Verdunstungsmeßstation Senne. Sie war durch die 36 Wertepaare der Jahre 1973–1975 gegeben. Diese Stichprobe kann wohl als repräsentativ angesehen werden für das „heutige mitteleuropäische Klima“. Es ist aber zweifelhaft, ob die für diese Stichprobe gefundene Beziehung einschließlich des Korrelationskoeffizienten auf Stationen in anderen Klimaregionen übertragen werden kann.

Darauf deutet eine Untersuchung für Australien von GIESE (1974) hin. In ihr wurden die Monatsmittelwerte der Lufttemperatur bzw. der relativen Luftfeuchtigkeit und der Verdunstung (potentielle Evapotranspiration) an 45 Klimastationen gemessen und für jeden Monat einer Korrelationsanalyse unterzogen. Der Stichprobenumfang ist also $n = 45$. Die Ergebnisse finden sich in Tab. 38. Während die Korrelationen zwischen Verdunstung und Lufttemperatur von Monat zu Monat stark schwanken, bleiben sie für die Verdunstung und die relative Luftfeuchtigkeit relativ konstant. Offensichtlich ist die relative Luftfeuchtigkeit ein besserer Prädiktor für die Verdunstung als die Lufttemperatur. Doch darauf soll es uns hier nicht ankommen.

Die Tatsache, daß die Korrelationen mit der Lufttemperatur in den Sommermonaten beträchtlich geringer ist als in den Wintermonaten, spricht dafür, daß die Beziehung zwischen Verdunstung und Lufttemperatur für unterschiedliche Temperaturklassen verschieden ist oder daß andere Klimavariablen (mit unterschiedlicher Ausprägung im Sommer und Winter) diese Beziehung beeinflussen. Man könnte dieser Frage nachgehen, indem man entsprechende Korrelationsanalysen getrennt für verschiedene Klimazonen durchführt oder einen multivariaten Regressions- und Korrelationsansatz wählt.

Tab. 38 Monatsspezifische Stärke des Zusammenhangs zwischen Verdunstung und Lufttemperatur bzw. relativer Luftfeuchtigkeit in Australien auf der Basis von 45 Stationen

	Luft-temperatur	relative Luft-feuchtigkeit
potentialle Evaporation		
Januar	0,36	−0,84
Februar	0,45	−0,83
März	0,42	−0,80
April	0,57	−0,76
Mai	0,68	−0,81
Juni	0,79	−0,81
Juli	0,78	−0,80
August	0,78	−0,75
September	0,70	−0,79
Oktober	0,69	−0,76
November	0,61	−0,78
Dezember	0,41	−0,83
12 Monate ($n = 45 \cdot 12$)	0,72	−0,74

Quelle: GIESE 1974, S. 184

6.7.2 Das Ausreißer-Problem

Als Ausreißer bezeichnet man diejenigen Stichprobenelemente, die gegenüber den anderen Stichprobenelementen durch extrem abweichende Werte gekennzeichnet sind. Derartige Ausreißer beeinflussen natürlich alle beschreibenden Maße (Mittelwert, Varianz, Korrelationskoeffizienten usw.) für die Stichprobe und damit auch die Schätzwerte für die Grundgesamtheit sowie die Tests.

Die Auswirkungen von Ausreißern bei der Korrelations- und Regressionsanalyse lassen sich an den Abb. 77 und 78 ablesen.

Abb. 77 zeigt, daß Ausreißer Korrelationskoeffizienten sowohl erhöhen (a) als auch erniedrigen (b) können. Abb. 78 demonstriert die Änderung der Regressionsgeraden (und des Korrelationskoeffizienten) durch Ausreißer. Während in Abb. 78 bei (a) Y offensichtlich linear unabhängig von X ist, ergibt sich bei (b) durch den hinzugekommenen Ausreißer sogar eine Regressionsgerade mit einem signifikanten Regressions- und Korrelationskoeffizienten.

Ausreißer können einmal das Resultat falsch definierter Grundgesamtheiten sein. Häufig handelt es sich bei ihnen jedoch um „echte" singuläre Fälle, die sich nicht dem „allgemeinen Trend" einordnen. Dann verdienen sie besondere Beachtung, denn „Ausnahmen von der Regel" sind meistens Anlaß zu neuen Forschungshypothesen.

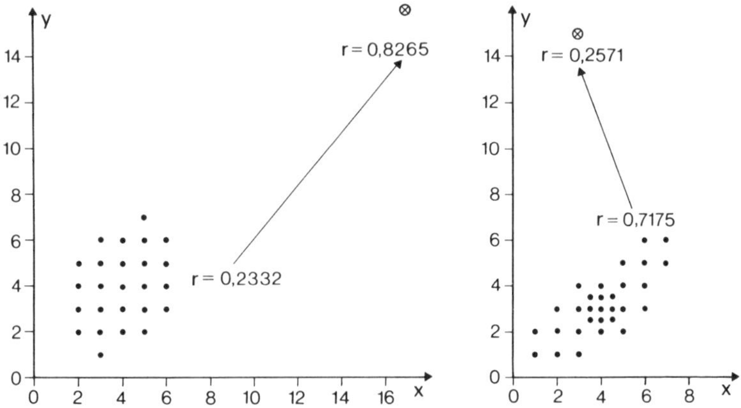

Abb. 77 Änderung der Korrelation durch Ausreißer
Quelle: GIESE 1978, S. 166

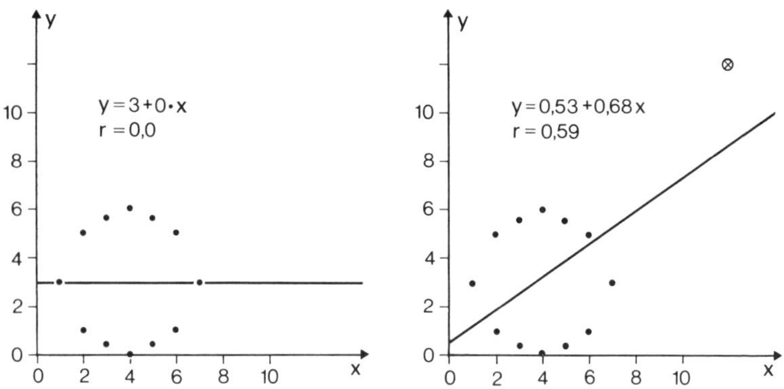

Abb. 78 Änderung der Regressionsgeraden durch Ausreißer

Wegen ihrer verzerrenden Wirkung sollten Ausreißer bei der statistischen Analyse ausgeschlossen werden. Eine Übereinkunft, welche Stichprobenelemente als Ausreißer anzusehen sind, ist die folgende: Man bestimmt den Mittelwert $\bar{x}$ und die Standardabweichung s der Stichprobenelemente ohne den fraglichen Ausreißer. Liegt der Variablenwert des Ausreißers außerhalb des Intervalls $\bar{x} \pm 4 \cdot s$, bleibt er ausgeschlossen.

Das von ANSCOMBE (1973) konstruierte Beispiel verdeutlicht die Gefahren, die bei einer unreflektierten Anwendung der Regressions- und Korrelationsanalyse und durch das Auftreten von Ausreißern entstehen. Tab. 39 enthält vier Datensätze für Regressionen einer abhängigen Variable y_i auf x_i.

Tab. 39 Vier Datensätze von je elf Beobachtungspaaren

lfd. Nummer des Objektes	$x_i (i=1,2,3)$	y_1	y_2	y_3	x_4	y_4
1	10	8,04	9,14	7,46	8,0	6,58
2	8,0	6,95	8,14	6,77	8,0	5,76
3	13,0	7,58	8,74	12,74	8,0	7,71
4	9,0	8,81	8,77	7,11	8,0	8,84
5	11,0	8,33	9,26	7,81	8,0	8,47
6	14,0	9,96	8,10	8,84	8,0	7,04
7	6,0	7,24	6,13	6,08	8,0	5,25
8	4,0	4,26	3,10	5,39	19,0	12,50
9	12,0	10,84	9,13	8,15	8,0	5,56
10	7,0	4,82	7,26	6,42	8,0	7,91
11	5,0	5,68	4,74	5,73	8,0	6,89

Quelle: Anscombe 1973, S. 19

Im Falle der Regression von y_i auf x_i ($i = 1, \ldots, 4$) ergeben sich für alle vier Datensätze folgende Kenngrößen:

- Anzahl der Beobachtungen: $n = 11$
- Arithmetisches Mittel der x-Werte: $\bar{x} = 9{,}0$
- Arithmetisches Mittel der y-Werte: $\bar{y} = 7{,}5$
- Regressionsgleichung: $y = 3 + 0{,}5\,x$
- Bestimmtheitsmaß: $r^2 = 0{,}667$

Hätte man die vier Regressionen ausschließlich anhand dieser zahlenmäßigen Ergebnisse beurteilt, wäre man zu dem Schluß gekommen, daß in allen vier Fällen dieselbe Regressionsgerade mit derselben Güte vorliegt und deshalb alle vier dieselbe Qualität besitzen. Abb. 79 verdeutlicht jedoch, daß dieses Fazit falsch ist.

Nur im Fall *A* liegt ein typisches Beispiel für eine korrekte Anwendung der linearen Einfachregression vor. Anscheinend streuen die Beobachtungspunkte im Streuungsdiagramm *A* regellos um eine Gerade, so daß die Schätzung der zugehörigen Regressionsgleichung zulässig ist. In allen anderen Fällen hätte man anders vorzugehen. In Diagramm *B* deutet die Punktewolke auf einen ausgeprägt nichtlinearen Verlauf hin. Die Schätzung nach einem linearen Ansatz würde zu systematischen Verzerrungen führen, die sich speziell bei einer Prognose über den Stützbereich hinaus verhängnisvoll auswirken würden. Im Fall *C* weisen die Beobachtungspunkte bis auf einen Ausreißer auf einen streng linearen Verlauf hin.

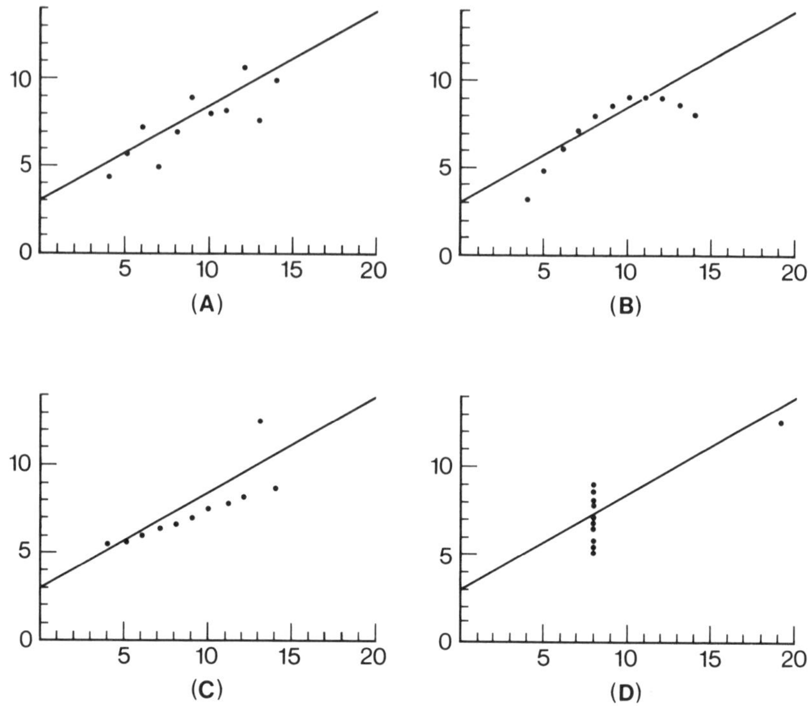

Abb. 79 Vier Regressionsgeraden zu den Werten aus Tab. 39
Quelle: ANSCOMBE 1973, S. 19ff.

Hier könnte ein typisches Beispiel für einen auftretenden Meßfehler vorliegen. Bezieht man den Ausreißer in die Regressionsschätzung ein, so wird, wie in Abb. 79 dargestellt, die Steigung durch die Regressionsgerade systematisch überschätzt. Im Fall *D* schließlich zeigt sich ein Ausreißerproblem, welches daraus resultieren könnte, daß ein einzelnes Objekt aus einer anderen Grundgesamtheit stammt als alle anderen Objekte. Die Lage des Ausreißers im Streuungsdiagramm *D* ist allein ausschlaggebend für das Vorzeichen und den Betrag der geschätzten Steigung der Regressionsgerade. Führt man deshalb die Regressionsschätzung unreflektiert durch, begibt man sich in eine große Unsicherheitssituation. Die Schätzung der Regressionsgeraden würde im Fall *D* nämlich nur von einem einzigen Beobachtungspaar abhängen und wäre damit extrem instabil. Das vorliegende Beispiel verdeutlicht, daß es nicht ausreicht, Regressionsfunktionen zu berechnen und sich mit der Interpretation der Zahlenwerte zu begnügen. Stattdessen sollte die Zulässigkeit einer Anwendung der Regressions- und Korrelationsanalyse stets kritisch untersucht werden.

6.7.3 Stochastische Unabhängigkeit der Variablen

Die vorgestellten Schätz- und Testmethoden haben alle zur Voraussetzung, daß die jeweiligen Zufallsvariablen stochastisch unabhängig sind. Eine Zufallsvariable hatten wir genau dann als stochastisch unabhängig bezeichnet, wenn je zwei beliebige ihrer Ereignisse stochastisch unabhängig sind.

Sind die Untersuchungselemente Zeitpunkte oder Raumeinheiten, was in der Geographie häufig der Fall ist, so sind die für diese Elemente gemessenen Zufallsvariablen häufig nicht stochastisch unabhängig. Weist eine Variable nämlich einen zeitlichen Trend auf, z.B.

$$X = a + b \cdot T$$

so sind die Ausprägungen von X zu zwei Δt auseinanderliegenden Zeitpunkten eben nicht mehr unabhängig voneinander, sondern es ist

$$X_{t+\Delta t} = X_t + b \cdot \Delta t,$$

d.h., die Werte der Variablen hängen von zeitlich vorangehenden Werten ab.

Für stochastisch abhängige Variablen liefern die besprochenen Test- und Schätzverfahren verzerrte Resultate. Wir wollen dies für die Korrelations- und Regressionsanalyse an dem folgenden Beispiel von Streit (1982) demonstrieren. Tab. 40 zeigt die Werte von vier Variablen für 10 Zeitpunkte $t_1 = 1, \ldots, t_{10} = 10$.

Tab. 40 Werte von vier Variablen X, Y, U, V für 10 Zeitpunkte

t_i	x_i	y_i	u_i	v_i
1	3,42	5,03	7,42	6,03
2	5,32	3,94	12,32	6,94
3	4,37	8,30	14,37	13,30
4	4,32	1,57	17,32	11,57
5	2,20	5,28	18,20	14,28
6	4,13	6,47	23,13	17,47
7	3,47	4,93	25,47	17,93
8	3,29	6,38	28,29	21,38
9	2,31	9,63	30,31	26,63
10	3,77	8,36	34,77	27,36

Die beiden ersten Zeitreihen sind Zufallsstichproben aus je einer normalverteilten Grundgesamtheit mit ($\mu = 4$, $\sigma = 1$) bzw. ($\mu = 6$, $\sigma = 2$), repräsentieren also stochastisch unabhängige Zufallsvariablen. Man erkennt dies daran, daß die Stichprobenwerte recht unregelmäßig schwanken, zumindest lassen sie keine „Strukturierung über die Zeit" erkennen. Das Fehlen einer solchen Strukturierung läßt sich im übrigen mit Hilfe sogenannter Autokorrelationskoeffizienten überprüfen (vgl. dazu den 2. Band). Für den Korrelationskoeffizienten zwischen X und Y ergibt sich im übrigen $R = -0{,}37$. Dieser Koeffizient scheint zwar „zufälligerweise" recht hoch zu sein, er ist aber nicht signifikant. Er „dürfte" auch nicht signifikant sein, da die Stichprobe x_i, $i = 1, \ldots, 10$ ja unabhängig von der Stichprobe y_i, $i = 1, \ldots, 10$ gezogen wurde.

Für die Variablen U und V ergibt sich dagegen der hochsignifikante Korrelationskoeffizient $R = 0{,}96$, der für einen starken Zusammenhang zwischen beiden Variablen spricht. Beide Variablen zeigen jedoch einen ausgeprägten zeitlichen Trend. Sie sind also nicht stochastisch unabhängig. Ihre Stichprobenwerte wurden wie folgt erzeugt:

$$u_i = \quad 1 + 3\,t_i + x_i$$

$$v_i = -1 + 2\,t_i + y_i\,.$$

Der hohe Korrelationskoeffizient ist also ausschließlich Resultat des Ergebnisses der zeitlichen Abhängigkeit jeder der beiden Variablen U und V, denn X und Y sind ja nicht miteinander korreliert. Von einem „inhaltlichen" Zusammenhang zwischen U uns V kann also keine Rede sein.

Man wird allgemein bei Variablen, die einen starken zeitlichen und/oder räumlichen Trend aufweisen, mit signifikanten Korrelationen rechnen können, auch wenn die Variablen kausal nicht miteinander verknüpft sind.

Zwar wird man häufig wenigstens grob abschätzen können, ob zwei Variablen nur auf Grund eines jeweiligen zeitlichen und/oder räumlichen Trends miteinander korrelieren. Kompliziert sind aber Situationen, in denen „kausale" Beziehungen und stochastische Abhängigkeit der Variablen zusammen auftreten. Analysenmethoden für derartige Probleme werden im 2. Band vorgestellt.

6.7.4 Ökologische Verfälschung – das Problem aggregierter Daten

Die bei einer statistischen Analyse betrachteten Variablen werden für Elemente der Grundgesamtheit oder Stichprobe gemessen. Diese Elemente stellen häufig Aggregate (Mengen) dar, und zwar in zeitlicher, räumlicher oder sachlicher Hinsicht. Die Variablenwerte werden also für Elemente unterschiedlichen Aggregationsniveaus bestimmt.

Beispiele: Verstädterungsgrad und Natalität können auf der Basis (Ebene) der Republiken und Ökonomischen Bereiche gemessen werden, aber auch auf der Basis der Oblasti.

Verdunstung und Lufttemperatur können für Tage, Wochen und Monate bestimmt werden; die jeweiligen Mittelwerte stellen dann die Ausgangswerte der Analyse dar.

Entfernungen zwischen Kundenwohnung und Geschäft können auf der Basis der einzelnen Kunden oder von Ortsteilen, Gemeinden ermittelt werden.

Je nachdem, welches Aggregationsniveau gewählt wird, sind die betrachteten statistischen Parameter im Normalfall unterschiedlich. Für die Stärke des Zusammenhangs zwischen Natalität und Verstädterungsgrad ergibt sich z.B.

auf der Ebene der Oblasti ($n = 139$)	$r = -0{,}4467$
auf der Ebene der Republiken u. Ökonom. Bereiche ($n = 26$)	$r = -0{,}5039$.

Der Korrelationskoeffizient ist also abhängig von dem Aggregationsniveau. Allgemein läßt sich festhalten: Je höher das Aggregationsniveau (bzw. je größer die Untersuchungseinheiten), desto größer ist der Absolutbetrag des Korrelationskoeffizienten. Der Grund ist darin zu sehen, daß bei größeren Untersuchungseinheiten eine stärkere Glättung der Variablen (durch Mittelbildung) erreicht wird, die die Varianzen verringert.

Besonders bekannt ist der sogenannte „ökologische Fehlschluß" (ecological fallacy). Er entsteht, wenn man Korrelationen auf der Basis aggregierter Daten auf die Individualebene überträgt. ROBINSON (1950) machte als erster auf ihn aufmerksam, indem er die Korrelation zwischen dem Anteil der über 10jährigen schwarzen Bevölkerung mit dem Anteil der über 10jährigen Analphabeten (jeweils an der über 10jährigen Gesamtbevölkerung) in den USA berechnete. Auf der Basis von 9 größeren Census-Bereichen ergab sich für 1930 $r = 0{,}946$; für die 48 Staaten betrug die Korrelation nur noch $r = 0{,}773$; auf der Individualebene sank der Korrelationskoeffizient gar auf $r = 0{,}203$. Für die Individualebene benutzte ROBINSON den in Abschn. 6.8.2 eingeführten Vierfelder-Korrelationskoeffizienten. Es ist leicht einzusehen, wie „gefährlich" sogenannte ökologische (für aggregierte Untersuchungseinheiten bestimmte) Korrelationen sind, wenn man sie z.B. für sozialpolitische Zwecke benutzt.

Um ökologische Fehlschlüsse zu vermeiden, müssen wir unsere Hypothesen über Zusammenhänge zwischen Variablen also immer und a priori auf ein bestimmtes Aggregationsniveau beziehen.

Darüber hinaus tritt bei der Korrelations- und Regressionsanalyse aggregierter Daten ein weiteres Problem auf. OPENSHAW (1978) konnte in einer Studie nämlich jeden beliebigen Korrelationskoeffizienten (und Regressionskoeffizienten) „produzieren‘, indem er verschiedene räumliche Bezugssysteme gleichen *Aggregationsniveaus* für eine Analyse des Zusammenhangs zwischen zwei Variablen benutzte. Das bedeutet: Nicht nur das Aggregationsniveau bzw. die Größe der Untersuchungseinheiten ist zu beachten, sondern ebenso ihre Form. Für Untersuchungen auf der Basis von Raumeinheiten ergibt sich damit: Alle Hypothesen sind spezifisch für ein bestimmtes räumliches Bezugssystem zu formulieren, Schätzungen und Tests gelten nur für das gewählte Bezugssystem. Verschiedene Strategien, das Problem räumlich aggregierter Daten zu bewältigen, diskutieren OPENSHAW und TAYLOR (1981).

Zu ähnlichen rechnerischen Ergebnissen wie OPENSHAW (1978) kam auch GÜSSEFELDT (1978), der aber eine andere Interpretation anbietet (vgl. GÜSSEFELDT 1978 und 1988, S. 69 ff.). Er argumentiert (vgl. Abschn. 5.5.3), daß ein Untersuchungsgebiet auf beliebig (unendlich) viele Weisen in n Raumeinheiten aufteilbar ist, die das Untersuchungsgebiet vollständig und ohne Überschneidungen bedecken. Jede solche Aufteilung kann somit als eine Stichprobe vom Umfang n aufgefaßt werden. Mit anderen Worten: „Grenzänderungen (von Raumeinheiten) wirken wie das Ziehen von Zufallsstichproben auf die Korrelationen zwischen Variablen" (GÜSSEFELDT 1988, S. 70). Dementsprechend ist eine Änderung von Korrelationskoeffizienten als Folge unterschiedlicher Aufteilungen in Raumeinheiten nicht nur verwunderlich oder gar störend, sondern zu erwarten, weil sie der statistischen Theorie entspricht. Diese Interpretation von GÜSSEFELDT ist für den rein statistisch denkenden Anwender ohne Zweifel sehr attraktiv, da sie das von OPENSHAW aufgeworfene Problem der Notwendigkeit einer auf ein gegebenes räumliches Bezugssystem abzustimmenden Hypothesenbildung umgeht. Andererseits kann das räumliche Bezugssystem bei zahlreichen geographischen Untersuchungen, die auf der Auswertung sekundärstatistischer Daten beruhen, kaum als Ergebnis einer Zufallsauswahl angesehen werden.

Wir kommen abschließend noch einmal auf den ökologischen Fehlschluß zurück, also auf das Problem, Aussagen über individuelles Verhalten auf der Basis aggregierter Daten zu machen, was z. B. in der Wahlforschung nicht unüblich ist. Stellt man etwa auf der Gemeinde- oder Kreisebene eine hohe positive Korrelation zwischen dem Anteil der Katholiken und dem Anteil der CDU-Wähler fest, braucht das noch lange nicht zu bedeuten, daß die Neigung der Katholiken zur Wahl der CDU größer ist als die Neigung der Nicht-Katholiken. Es könnte genausogut umgekehrt sein.

Werden Aussagen über individuelles Verhalten angestrebt, so müßten als Determinanten (unabhängige Variable) zunächst Persönlichkeitsmerkmale (angeborene oder „angelernte") herangezogen werden. Daneben dürften aber auch Faktoren eine Rolle spielen, die die soziale Umwelt, das kulturelle und soziale Milieu des Individuums beschreiben. Letztere umfassen das, was man in der Geographie häufig als „durch den Raum" bedingt ansieht. Sie sind vor allem in Form aggregierter Daten zu erfassen. Anzustreben wäre demnach eine sogenannte Mehrebenenanalyse (vgl. HUMMEL 1972, FASSMANN 1984) mit mindestens zwei Ebenen: der Individualebene und der für die Fragestellung relevanten Aggregationsebene. Dabei ist es durchaus denkbar (und häufig notwendig), mehr als eine Aggregationsebene oberhalb der Individualebene einzubeziehen.

Da Mehrebenenanalysen Individualdaten voraussetzen, sind sie entsprechend aufwendig bei der Datenerhebung und wurden in der Geographie bislang selten durchgeführt. Eine Ausnahme stellt die Untersuchung von HARD, STERNSTEIN und SCHMITT (1985) über die Suizidhäufigkeit in 21 Gemeinden der Region Osnabrück dar. Wir fassen hier nur kurz deren Ergebnisse zusammen, ohne auf den theoretischen Kontext der Untersuchung einzugehen. Suizide sind individuelle Handlungen, für die die Zugehörigkeit zu einer Glaubensgemeinschaft eine Rolle spielt. Insbesondere ist auf der Individualebene zu erwarten, daß Suizide bei Katholiken seltener sind als bei Nicht-Katholiken. Daneben dürfte aber der sozialräumliche Kontext, das „kulturelle Klima" in der Umgebung der Individuen, eine Rolle spielen. Als Bezugseinheiten für die relevanten Umgebungen wählten die Autoren die Gemeinden und als Indikator für den sozialräumlichen Kontext den „Anteil der Nicht-Katholiken" an der Wohnbevölkerung ($=NK$).

Auf der Aggregationsebene der Gemeinden ergab sich für die Suizidrate SR (= Anzahl der Selbstmorde pro 100000 Einwohner pro Jahr) als Regression

$$SR = 10{,}08 + 0{,}14\,NK \qquad \text{mit } r = 0{,}97,$$

also ein hoher positiver Zusammenhang mit dem Nicht-Katholikenanteil: Je größer letzterer ist, desto höher ist die Suizidrate.

Diese Ergebnisse konnten auf der Individualebene bestätigt werden. Für jeden Selbstmord konnten die Konfession und die Wohngemeinde der Person erfaßt werden. Danach betrug die Suizidrate bei den Nicht-Katholiken 24,8, bei den Katholiken war sie dagegen mit 12,0 nur etwa halb so hoch.

Allerdings zeigt sich, daß der Kontexteffekt bei Katholiken und Nicht-Katholiken durchaus verschieden war. So galt

- für die Katholiken: $SR = 9{,}69 - 0{,}09\,NK$ mit $r = 0{,}76$
- für die Nicht-Katholiken: $SR = 0{,}39 + 0{,}23\,NK$ mit $r = 0{,}90$.

Mit anderen Worten: Die Suizidgefährdung der Katholiken sinkt mit steigendem Anteil von Nicht-Katholiken in der Gemeinde, die der Nicht-Katholiken nimmt dagegen zu. Außerdem ist der Kontexteffekt bei den Katholiken schwächer wirksam als bei den Nicht-Katholiken. In beiden Gruppen ist der „Schutz" vor Selbstmord um so größer, je geringer der Anteil der Gruppe an der Gesamtbevölkerung ist.

Es soll hier nicht über die Gründe für dieses Ergebnis spekuliert werden. Wichtig erscheint uns der Hinweis, daß eine derartige Analyse des sozial(räumlich)en Kontextes für individuelles Verhalten voraussetzt, daß Individualdaten erhoben werden. Zum zweiten ist zu beachten, daß bei den üblichen Korrelations- und Regressionsanalysen mit aggregierten Daten eine Trennung in Individualebene und Kontextebene nicht möglich ist, so daß deren Ergebnisse nur mit großer Vorsicht – wenn überhaupt – im Hinblick auf individuelles Verhalten interpretiert werden können.

6.8 Zusammenhangsmaße für nicht-metrisch skalierte Variablen

Der Produktmoment-Korrelationskoeffizient r bzw. ϱ ist nur für metrisch-skalierte Variablen definiert. Liegen ordinal- oder nur nominal-skalierte Variablen vor, können die folgenden Korrelationskoeffizienten angewandt werden. Sie lassen sich auch gut für metrische Variablen benutzen, die nicht binormalverteilt sind bzw. zwischen denen offensichtlich ein nichtlinearer Zusammenhang besteht. Die metrischen Variablen müssen dann auf das entsprechende Skalenniveau „heruntertransformiert" werden.

6.8.1 Der Rang-Korrelationskoeffizient ϱ_s nach Spearman

Gegeben sei eine Stichprobe aus einer zweidimensionalen Grundgesamtheit (X, Y), wobei die beiden Zufallsvariablen jeweils mindestens ordinal-skaliert sind. Die

Stichprobenwerte x_i bzw. y_i seien der Größe nach geordnet mit den Rangplätzen x_i^* bzw. y_i^*. Es ergibt sich somit eine Reihe von Rangpaaren.

$$(x_i^*, y_i^*) \qquad 1 \leqq x_i^* \leqq n, \quad 1 \leqq y_i^* \leqq n$$

mit x_i^* = Rangplatz des i-ten Elements bzgl. X,

y_i^* = Rangplatz des i-ten Elements bzgl. Y.

Der Rang-Korrelationskoeffizient (rank correlation) ϱ_s nach SPEARMAN wird dann geschätzt durch

$$\boxed{r_s = 1 - \frac{6 \cdot \sum_{i=1}^{n} d_i^2}{n(n^2-1)}}$$

mit n = Stichprobenumfang

$d_i = |x_i^* - y_i^*|$

Der Rang-Korrelationskoeffizient ist nichts anderes als der auf Rangplätze angewandte Produktmoment-Korrelationskoeffizient. D.h., diese Definitionsgleichung ergibt sich, wenn man in die Definitionsgleichung der Produktmoment-Korrelationskoeffizienten als x_i und y_i die Rangplätze der i-ten Elemente einsetzt. Der Leser kann das durch einfache Umrechnungen selbst nachprüfen.

Wie man sieht, kann mit Hilfe von r_s geprüft werden, ob zwischen X und Y ein monotoner Zusammenhang besteht, ob sich also X und Y gleichsinnig oder gegensinnig verändern.

Falls dagegen eine U-förmige Beziehung besteht, erhält man $r_s \approx \varrho_s = 0$, obwohl ein Zusammenhang besteht.

Beispiel: Gegeben seien die Rangpaare (1,6), (2,5), (3,3), (4,1), (5,2), (6,4), (7,7).

Dann ist

$$r_s = 1 - \frac{6 \cdot \sum_{i=1}^{n} d_i^2}{n \cdot (n^2-1)} = 1 - \frac{6 \cdot 56}{7 \cdot 48} = 1 - \frac{336}{336} = 0$$

Für ϱ_s gilt:

(1) $-1 \leqq \varrho_s \leqq +1 \left(\text{da } \sum_{i=1}^{n} d_i^2 \leqq \frac{n(n^2-1)}{3}\right)$

(2) $\varrho_s = -1$ tritt ein, wenn die beiden Variablen genau gegensinnig sind, wenn also $(x_1, y_1) = (1, n)$, $(x_2, y_2) = (2, n-1), \ldots, (x_n, y_n) = (n, 1)$.

In diesem Fall ist nämlich $\sum_{i=1}^{n} d_i^2 = \frac{n(n^2-1)}{3}$

(3) $\varrho_s = +1$ tritt ein, wenn die beiden Rangreihen genau gleichsinnig sind: $(x_i, y_i) = (i, i)$.

(4) $\varrho_s < 0$: Die beiden Variablen korrelieren negativ, die Rangreihen verlaufen mehr oder weniger gegensinnig.

(5) $\varrho_s > 0$: Die beiden Variablen korrelieren positiv, die Rangreihen verlaufen mehr oder weniger gleichsinnig.

(6) $\varrho_s = 0$: Es besteht kein Zusammenhang zwischen den beiden Variablen, der sich durch eine monotone Beziehung ausdrücken läßt.

Treten bei X oder Y gleiche Rangplätze auf (sog. Bindungen), wird der Rang-Korrelationskoeffizient nach folgender korrigierter Formel geschätzt:

$$r_s = 1 - \frac{6 \cdot \sum_{i=1}^{n} d_i^2}{n(n^2-1) - (T_x + T_y)}$$

mit $$T_x = \frac{1}{2} \sum_{j=1}^{k} (t_{xj}^3 - t_{xj})$$

$$T_y = \frac{1}{2} \sum_{j=1}^{l} (t_{yj}^3 - t_{yj})$$

$k =$ Anzahl der Bindungen bei X

$l =$ Anzahl der Bindungen bei Y

t_{xj} Anzahl der Stichprobenelemente mit dem gleichen Rangplatz x_j

t_{yj} Anzahl der Stichprobenelemente mit dem gleichen Rangplatz y_j.

Der Signifikanztest für $\varrho_s = 0$ kann zwei- oder einseitig erfolgen. Tafel 8 (Anhang) enthält die kritischen Werte $r_{s\alpha}$ für $n \leqq 30$ und die Irrtumswahrscheinlichkeit α.
Für $n \geqq 30$ kann als Testgröße

$$Z = R_s \cdot \sqrt{n-1}$$

verwendet werden, die standardnormalverteilt ist.

Wir wollen den Rang-Korrelationskoeffizienten zwischen den beiden metrisch-skalierten Variablen Natalität und Verstädterungsgrad in der Sowjetunion auf der Basis der Republiken und Ökonomischen Bereiche berechnen. Tab. 41 zeigt die Variablenwerte und die entsprechenden Rangplätze. In beiden Rangreihen treten Bindungen auf, und zwar

bei X: die Rangplätze 10,5; 13,5; 16,5; 22,5; 25,5 je zweimal, der Rangplatz 4,0 dreimal,

bei Y: der Rangplatz 14,5 zweimal.

Für die Korrekturglieder T_x und T_y ergibt sich demnach

$$T_x = \frac{1}{2}\big((8-2) + (8-2) + (8-2) + (8-2) + (8-2) + (27-3)\big) = 27$$

$$\begin{array}{cccccc} \downarrow & \downarrow & \downarrow & \downarrow & \downarrow & \downarrow \\ 10{,}5 & 13{,}5 & 16{,}5 & 22{,}5 & 25{,}5 & 4{,}0 \end{array}$$

$$T_y = \frac{1}{2}(8-2) = 3$$

Tab. 41 „Originalwerte" und ihre Rangplätze für die beiden Variablen Verstädterungsgrad und Natalität in der Sowjetunion 1967

Nr.	Republik Ökonomischer Bereich	Verstädterungsgrad, % x_i	Natalität, ‰ y_i	Rangwerte x_i^*	Rangwerte y_i^*	Differenz $d_i = x_i^* - y_i^*$	d_i^2
	RSFSR						
1	Nordwesten	73	13,1	25,5	3,0	22,5	506,25
2	Zentrum	69	12,0	22,5	1,0	21,5	462,25
3	Wolga-Wjatka	51	14,3	13,5	6,0	7,5	56,25
4	Schwarzerdezentrum	37	13,0	4,0	2,0	2,0	4,00
5	Nordkaukasus	50	16,8	12,0	14,5	− 2,5	6,25
6	Wolga	55	15,8	15,0	10,0	5,0	25,00
7	Ural	69	14,9	22,5	9,0	13,5	182,25
8	Westsibirien	60	14,8	18,0	8,0	10,0	100,00
9	Ostsibirien	61	17,2	19,0	16,0	3,0	9,00
10	Ferner Osten	73	16,7	25,5	13,0	12,5	156,25
11	Estnische SSR	64	14,4	21,0	7,0	14,0	196,00
12	Lettische SSR	63	14,0	20,0	5,0	15,0	225,00
13	Litauische SSR	47	17,7	8,0	17,0	− 9,0	81,00
14	Weißrussische SSR	42	16,8	7,0	14,5	− 7,5	56,25
	Ukrainische SSR						
15	Südwesten	37	16,1	4,0	12,0	− 8,0	64,00
16	Donez-Dnepr	71	13,9	24,0	4,0	20,0	400,00
17	Süden	56	16,0	16,5	11,0	5,5	30,25
18	Moldauische SSR	30	20,7	1,0	19,0	−18,0	324,00
19	Grusinische SSR	48	19,3	9,0	18,0	− 9,0	81,00
20	Armenische SSR	56	25,0	16,5	21,0	− 4,5	20,25
21	Aserbeidsch. SSR	51	32,4	13,5	23,0	− 9,5	90,25
22	Kasachische SSR	49	24,0	10,5	20,0	− 9,5	90,25
23	Usbekische SSR	36	33,0	2,0	24,0	−22,0	484,00
24	Tadschikische SSR	37	34,9	4,0	25,0	−21,0	441,00
25	Kirgisische SSR	39	29,9	6,0	22,0	−16,0	256,00
26	Turkmenische SSR	49	35,6	10,5	26,0	−15,5	240,25

Korrelation nach Spearman: $r_s = -0{,}5709$
Korrelation nach Pearson: $r = -0{,}5039$

Für den (korrigierten) Rang-Korrelationskoeffizienten erhält man daraus $r_s = -0{,}5709$.

Für die zweiseitige Fragestellung und $\alpha = 1\,\%$ ist der kritische Wert

$$r_{s1\%} = 0{,}3299 \; (n = 26).$$

Da $|r_s| = 0{,}5709 > 0{,}5002 = r_{s1\%}$, besteht ein signifikanter monotoner Zusammenhang zwischen den beiden Variablen.

Der Rang-Korrelationskoeffizient ist sinnvoll anwendbar auf

- ordinal-skalierte Variablen,
- nicht-normalverteilte metrisch-skalierte Variablen,
- metrisch-skalierte Variablen, zwischen denen ein monotoner, aber nicht-linearer Zusammenhang vermutet wird.

In den beiden letztgenannten Fällen, die in der Praxis sehr häufig auftreten, müssen die Variablenwerte, wie im vorigen Beispiel demonstriert, in Rangplätze umgewandelt werden. Abb. 80 zeigt ein Beispiel für diese beiden Fälle. Das Streuungsdiagramm wurde zur Überprüfung der Hypothese konstruiert, ob zwischen dem wirtschaftlichen Entwicklungsstand eines Landes und dem medizinischen Versorgungsgrad ein Zusammenhang besteht.

Als Indikatoren wurden die Variablen „Pro-Kopf-Einkommen" (für den wirtschaftlichen Entwicklungsstand) und „Zahl der Einwohner pro Arzt" (für den medizinischen Versorgungsgrad) gewählt. Das Streuungsdiagramm zeigt, daß die beiden Variablen nicht normalverteilt sind und daß der Zusammenhang zwischen ihnen nicht linear, wohl aber monoton ist.

Berechnet man trotzdem für diese Stichprobe von $n = 123$ Ländern mit mehr als einer Million Einwohner den Produktmoment-Korrelationskoeffizienten, erhält man $r = -0{,}4060$. Er ist zwar auf dem 0,1 %-Niveau signifikant von 0 verschieden (bei zweiseitiger Fragestellung) (vgl. Tafel 7 im Anhang), doch darf der Signifikanztest wegen der fehlenden Voraussetzungen gar nicht durchgeführt werden.

Sieht man den Korrelationskoeffizienten dagegen nur als rein deskriptives Zusammenhangsmaß an, so vermittelt der Wert von $r = -0{,}4060$ einen völlig falschen Eindruck von der Stärke des Zusammenhangs. Berechnet man nämlich den Rang-Korrelationskoeffizienten r_s für die den Variablenwerten entsprechenden Rangplätze, erhält man $r_s = -0{,}8511$. Dieser Wert spricht für einen sehr engen Zusammenhang. „Bestätigt" wird dieser absolut hohe Wert, wenn die beiden Variablen logarithmisch transformiert werden (vgl. Abb. 81). Statt r_{XY} bestimmt man dann $r_{X^*Y^*}$

mit $$X^* = \ln X$$
$$Y^* = \ln Y.$$

Für $r_{X^*Y^*}$ ergibt sich $-0{,}8457$. Das bedeutet: Die Form des Zusammenhangs zwischen X und Y ist nur unzureichend durch ein lineares Modell $Y = a + bX$ zu beschreiben. Geeigneter ist das „Potenzmodell" $Y = a \cdot X^b$ (vgl. Tab. 37), das wohl einen monotonen, aber nicht einen linearen Zusammenhang beschreibt.

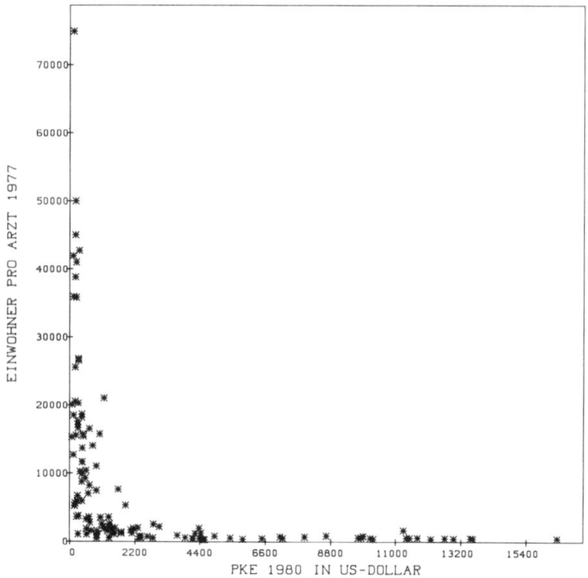

Abb. 80
Zusammenhang der Variable „Einwohner pro Arzt" 1977 und „Pro-Kopf-Einkommen" 1980 für Länder > 1 Mill. Einwohner ($n = 123$)

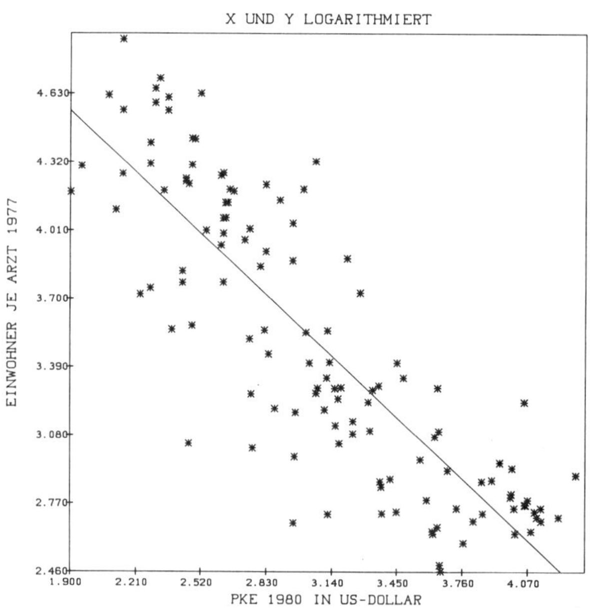

Abb. 81
Zusammenhang der Variable „Einwohner pro Arzt" 1977 und „Pro-Kopf-Einkommen" 1980 für Länder > 1 Mill. Einwohner ($n = 123$); Variablenwerte logarithmiert

Der Rangkorrelationskoeffizient r_s nach SPEARMAN hat den Nachteil, daß große Rangpaardifferenzen d_i wegen der Quadrierung relativ stark gewichtet werden. KENDALL hat einen anderen Rangkorrelationskoeffizienten τ entwickelt, der diese Schwäche vermeidet (vgl. dazu LIENERT 1973).

6.8.2 Zusammenhangsmaße für nominal-skalierte Variablen

Der Kontingenzkoeffizient C (nach PEARSON)

Wir gehen aus von 2 nominal-skalierten Variablen X und Y mit r bzw. s verschiedenen Ausprägungen. Für die bivariate Verteilung gibt es dann insgesamt $r \cdot s$ Ausprägungen, deren Häufigkeiten sich in einer sogenannten $r \cdot s$-Kontingenz-Tafel (contingency table) anordnen lassen.

X \ Y	1	2	$\ldots j$	$\ldots s$	Summe
1	H_{11}	H_{12}	$\ldots H_{1j}$	$\ldots H_{1s}$	$\sum_{j=1}^{s} H_{1j} = H_{1\cdot}$
2	H_{21}	H_{22}	$\ldots H_{2j}$	$\ldots H_{2s}$	$\sum_{j=1}^{s} H_{2j} = H_{2\cdot}$
$\vdots$	$\vdots$	$\vdots$	$\vdots$	$\vdots$	$\vdots$
i	H_{i1}	H_{i2}	$\ldots H_{ij}$	$\ldots H_{is}$	$\sum_{j=1}^{s} H_{ij} = H_{i\cdot}$
$\vdots$	$\vdots$	$\vdots$	$\vdots$	$\vdots$	$\vdots$
r	H_{r1}	H_{r2}	$\ldots H_{rj}$	$\ldots H_{rs}$	$\sum_{j=1}^{s} H_{rj} = H_{r\cdot}$
Summe	$\sum_{i=1}^{r} H_{i1} = H_{\cdot 1}$	$\sum_{i=1}^{r} H_{i2} = H_{\cdot 2}$	$\ldots \sum_{i=1}^{r} H_{ij} = H_{\cdot j}$	$\ldots \sum_{i=1}^{r} H_{is} = H_{\cdot s}$	$\sum_{i=1}^{r} \sum_{j=1}^{s} H_{ij} = n$

mit H_{ij} = absolute Häufigkeit von Stichprobenelementen mit der i-ten Ausprägung von X und der j-ten Ausprägung von Y

$H_{\cdot j}$ = absolute Häufigkeit von Stichprobenelementen mit der j-ten Ausprägung von Y

$H_{i\cdot}$ = absolute Häufigkeit von Stichprobenelementen mit der i-ten Ausprägung von X

n = Stichprobenumfang.

Die H_{ij} stellen also eine zweidimensionale Häufigkeitsverteilung dar. Der Kontingenzkoeffizient beruht auf der folgenden Überlegung:

Die Randverteilungen sind Schätzungen der Verteilungen von X und Y. D.h., die relativen Häufigkeiten $H_{\cdot j}/n$ sind Schätzungen für die Wahrscheinlichkeit, daß die Variable Y den Wert j annimmt, also für $W(Y=j)$.

Entsprechend sind die $H_{i\cdot}/n$ Schätzungen für $W(X=i)$.

Geprüft werden soll, ob ein Zusammenhang zwischen X und Y besteht. Die Nullhypothese lautet: X und Y sind voneinander stochastisch unabhängig.

Unter der Voraussetzung, daß die Nullhypothese gilt, wird für eine beliebige Ausprägung (i, j) die theoretisch zu erwartende Häufigkeit TH_{ij} berechnet. Die Verteilung der TH_{ij} wird dann mit der empirisch beobachteten Verteilung der H_{ij} verglichen, indem man die χ^2-verteilte Prüfgröße

$$\chi^2 = \sum_{i=1}^{r} \sum_{j=1}^{s} \frac{(H_{ij} - TH_{ij})^2}{TH_{ij}}$$

bildet (vgl. auch Abschn. 5.5.4).

Die theoretischen Häufigkeiten TH_{ij} lassen sich wie folgt schätzen:

Unter der Annahme, daß H_0 gilt, ist

$$W(X=i \text{ und } Y=j) = W(X=i) \cdot W(Y=j)$$

(vgl. Rechenregeln für Wahrscheinlichkeit (5.2))

Bei n Stichprobenelementen lassen sich die absoluten theoretischen Häufigkeiten für die Ausprägungen (i, j) schätzen als

$$TH_{ij} = n \cdot W(X=i \quad \text{und} \quad Y=j) = n \cdot \frac{H_{i\cdot}}{n} \cdot \frac{H_{\cdot j}}{n}$$

Der Wert der Prüfgröße χ^2 ist im übrigen direkt proportional zu n, da

$$\sum_{i=1}^{r} \sum_{j=1}^{s} \frac{(H_{ij} - TH_{ij})^2}{TH_{ij}} = n \cdot \sum_{i=1}^{r} \sum_{j=1}^{s} \left(\frac{H_{ij}^2}{H_{i\cdot} \cdot H_{\cdot j}} - 1 \right)$$

Man wählt deshalb als Maß für den Zusammenhang

$$C^* = +\sqrt{\frac{\chi^2}{n+\chi^2}}$$

um die Zusammenhangsmaße verschiedener Kontingenz-Tafeln mit unterschiedlichem n miteinander vergleichen zu können. C^* liegt zwischen 0 und 1. Genauer ergibt sich für das Maximum von C^*:

$$C^*_{\max} = \sqrt{\frac{k-1}{k}}$$

mit $\qquad k = \min(r, s)$.

Das Verhältnis von C^* zu $C^*_{\max}$ bezeichnet man als Kontingenzkoeffizienten C (für die Stichprobe)

$$C = \frac{C^*}{C^*_{\max}} = \sqrt{\frac{k \cdot \chi^2}{(k-1)(n+\chi^2)}}$$

mit $\qquad k = \min(r, s).$

C ist durch die Normierung ein Maß für die Stärke des Zusammenhangs zwischen X und Y. Die Nullhypothese ($C = 0$) wird mit Hilfe der χ^2-verteilten Prüfgröße

$$\sum_{i=1}^{r} \sum_{j=1}^{s} \frac{(H_{ij} - TH_{ij})^2}{TH_{ij}} \qquad \text{getestet.}$$

Es sei bemerkt, daß C nicht die „Richtung" des Zusammenhanges angibt, da es nur positive Werte annimmt. Bei nominal skalierten Variablen ist es aber sowieso sinnlos, von einer Richtung des Zusammenhanges (im bisher verwendeten Sinne) zu sprechen. Allerdings wäre es von Vorteil zu wissen, wie der Zusammenhang geartet ist, d.h. welche Ausprägungskombinationen der beiden Merkmale X und Y die Häufigkeiten H_{ij} aufweisen, die deutlich von den unter H_0 (stochastische Unabhängigkeit) zu erwartenden Werten TH_{ij} abweichen und so den Zusammenhang hervorrufen. Eine Reihe von Statistik-Software berechnet hierfür die sogenannten Residualkomponenten e_{ij}. Eine ausführliche Darstellung hierzu ist bei HABERMAN (1973) zu finden. Diese Residualkomponenten sind standardnormalverteilte Prüfgrößen, so daß sich unmittelbar angeben läßt, bei welchen Merkmalskombinationen sich signifikant überproportionale (positives Vorzeichen) bzw. unterproportionale (negatives Vorzeichen) Unterschiede ergeben.

Wir müssen noch die Anzahl der Freiheitsgrade für die Prüfgröße χ^2 bestimmen. FG ist durch die Anzahl der Klassen gegeben, deren Häufigkeiten bekannt sein müssen, um den χ^2-Wert der Stichprobe zu ermitteln. Insgesamt gibt es $r \cdot s$ Klassen. Von den r Klassen der Variablen X sind aber für jedes j nur die Häufigkeiten von $(r-1)$ Klassen notwendig, da die Häufigkeit der letzten Klasse durch die Randsummen gegeben ist. Aus dem gleichen Grund sind von den s Klassen der Variablen Y für jedes i nur die Häufigkeiten von $(s-1)$ Klassen notwendig. Daraus ergibt sich: $FG = (r-1)(s-1)$.

Beispiel 1: Wir greifen noch einmal das Beispiel zum Wahlverhalten auf (vgl. Abschn. 6.5). Über das Wahlverhalten der Bevölkerung der Bundesrepublik besteht folgende Vermutung. Während die SPD ihr Wählerreservoir hauptsächlich in den Städten findet, dominiert die CDU in den weniger dichtbesiedelten Gebieten. Geprüft werden soll die Hypothese H, daß ein Zusammenhang zwischen der Bevölkerungsdichte der Kreise (Landkreise und kreisfreie Städte) und dem Anteil der beiden großen Parteien besteht. Da die Anteile von CDU und SPD zueinander in etwa invers sind, wenn man die Anteile der kleineren Parteien vernachlässigt, wird hier am Beispiel NRWs die Hypothese H geprüft, daß ein Zusammenhang zwischen dem Anteil der CDU-Wähler und der Bevölkerungsdichte besteht.

Tab. 42 Beobachtete Häufigkeit der Kreise NRWs nach der Bevölkerungsdichte und dem Anteil der CDU bei der Bundestagswahl 1961

E/km²	Anteil der CDU <40 %	40–50 %	50,1–60 %	>60 %	Summe
< 200	2	2	4	17	$n_1 = 25$
200–1000	10	6	12	4	$n_2 = 32$
>1000	14	15	8	0	$n_3 = 37$
Summe	$n^1 = 26$	$n^2 = 23$	$n^3 = 24$	$n^4 = 21$	$n = 94$

In Tab. 42 sind die Ergebnisse der Bundestagswahl 1961 zusammengefaßt. Die 94 Kreise NRWs werden einerseits nach dem Anteil der CDU-Wähler in 4 Gruppen und außerdem nach der Bevölkerungsdichte in 3 Gruppen, insgesamt also in 12 Gruppen eingeteilt. In den einzelnen Feldern steht die Anzahl der betreffenden Kreise.

Die Nullhypothese H_0 lautet: Es besteht kein Zusammenhang zwischen der Bevölkerungsdichte und dem Anteil der CDU-Wähler. Unter dieser Voraussetzung sind die zu erwartenden Häufigkeiten in Tab. 43 berechnet worden.

Tab. 43 Bei Unabhängigkeit von CDU-Anteil und Bevölkerungsdichte zu erwartende Häufigkeit der Kreise NRWs

E/km²	Anteil der CDU <40 %	40–50 %	50,1–60 %	>60 %	Summe
< 200	6,9	6,1	6,4	5,6	25
200–1000	8,9	7,8	8,2	7,1	32
>1000	10,2	9,1	9,4	8,3	37
Summe	26	23	24	21	94

Als Wert der Prüfgröße ergibt sich

$$\hat{\chi}^2 = 48{,}02$$

mit einem Freiheitsgrad von

$$FG = 2 \cdot 3 = 6.$$

Der kritische Wert der χ^2-Verteilung beträgt bei 6 Freiheitsgraden und einem 5 %-Signifikanzniveau 12,59. 48,02 liegt weit über diesem kritischen Wert. Wie aus Tafel 4 ersichtlich ist, ist das $\hat{\chi}^2 = 48{,}02$ sogar mindestens auf dem 0,1 %-Niveau signifikant. Damit ist die Nullhypothese H_0 widerlegt. Wir können die Hypothese H annehmen und sagen, daß ein Zusammenhang zwischen dem Anteil der CDU und der Bevölkerungsdichte besteht. Der Kontingenzkoeffizient hat einen Wert von

$$C = 0{,}7122.$$

Tab. 44 zeigt die standardnormalverteilten Residualkomponenten e_{ij}. Auf dem Signifikanzniveau von $\alpha = 0{,}01$ ist der kritische Wert bei einseitiger Fragestellung $z = 2{,}326$. Die Residuen belegen sehr deutlich, daß der durch den χ^2-Test nachgewiesene Zusammenhang die vermutete „Richtung" hat. Extrem hohe CDU-Anteile (>60%) sind überproportional in dünnbesiedelten und unterproportional in sehr dicht besiedelten Kreisen anzutreffen. Bei den geringen CDU-Anteilen ist der Zusammenhang nicht ganz so stark ausgeprägt, aber sehr wohl nachzuweisen: dicht besiedelte Kreise haben überproportional geringe CDU-Anteile, Kreise mit geringer Bevölkerungsdichte unterproportional geringe CDU-Anteile.

Tab. 44 Die Residualkomponenten für die Variablen „Einwohnerdichte" und „Anteil der CDU"

	Anteil der CDU			
E/km²	<40%	40–50%	50,1–60%	>60%
< 200	− 2,6	− 2,2	− 1,3	6,4
200–1000	0,6	0,9	1,9	− 1,6
>1000	1,8	2,9	− 0,7	− 4,2

Beispiel 2: WITTENBERG (1978) untersuchte für die BRD, ob ein Zusammenhang besteht zwischen der Art von neu angesiedelten Betrieben und der Raumkategorie, in der die Neuansiedlung stattfindet.

Als Typen neu angesiedelter Betriebe wurden gewählt:

Ver = Verlagerungen
Zwe = Zweigbetriebe
Neu = Neugründungen

Folgende Raumkategorien wurden unterschieden:

Fördergebiete:

Z_B = Verdichtetes Zonenrandgebiet
Z_L = Ländliches Zonenrandgebiet
RAP_B = Verdichtete Räume innerhalb der regionalen Aktionsprogrammgebiete
RAP_L = Ländliche Räume innerhalb der regionalen Aktionsprogrammgebiete

Ballungsräume:

A = Agglomerationsräume
V = Verdichtungsräume
ST_V = Stadtregionen, deren Kernstadt in einem Verdichtungsraum liegt.

Ländliche Räume:

ST_L = Stadtregionen im ländlichen Raum

L = Ländlicher Raum

B = Berlin

Insgesamt wurden 7946 Neuansiedlungen von Betrieben untersucht. Ihre Aufteilung auf die 10 · 3 Klassen zeigt Tab. 45.

Tab. 45 Kontingenztafel der empirischen Häufigkeiten für die Variablen „Raumkategorie" und „Art der Neuansiedlung"

	Ver	*Zwe*	*Neu*	$\sum$
Z_B	100	111	64	275
Z_L	128	664	204	996
RAP_B	131	238	87	456
RAP_L	321	1363	435	2119
A	410	350	248	1008
V	164	150	118	432
ST_V	138	161	77	376
ST_L	25	84	38	147
L	473	1092	393	1958
B	16	88	75	179
$\sum$	1906	4301	1739	7946

Die auf Grund der Randsummen unter Annahme der Gültigkeit von H_0 zu erwartenden theoretischen Häufigkeiten zeigt Tab. 46.

Tab. 46 Die theoretischen Häufigkeiten für die Variablen „Raumkategorie" und „Art der Neuansiedlung"

	Ver	*Zwe*	*Neu*	$\sum$
Z_B	66,0	148,9	60,2	275,0
Z_L	238,9	539,1	218,0	996,0
RAP_B	109,4	246,8	99,8	456,0
RAP_L	508,3	1147,0	463,7	2119,0
A	241,8	545,6	220,6	1008,0
V	103,6	233,8	94,5	432,0
ST_V	90,2	203,5	82,3	376,0
ST_L	35,3	79,6	32,2	147,0
L	469,7	1059,8	428,5	1958,0
B	42,9	96,9	39,2	179,0
$\sum$	1906,0	4301,0	1739,0	7946,0

Auf Grund dieser Tabellen ergibt sich als Wert der Prüfgröße

$$\hat{\chi}^2 = 581{,}19$$

Dieser Wert ist hochsignifikant, denn der kritische χ^2-Wert für das Signifikanzniveau $\alpha = 1\,\%$ ist bei $9 \cdot 2 = 18$ *FG*

$$\chi^2_{18;1\,\%} = 34{,}81.$$

Tab. 47 zeigt die standardnormalverteilten Residualkomponenten e_{ij}. Auf dem Signifikanzniveau von $\alpha = 0{,}01$ ist der kritische Wert bei einseitiger Fragestellung $z = 2{,}326$. Sehr deutlich wird, daß Verlagerungen nur in den Räumen mit Verdichtungen (Ausnahme: Berlin) signifikant überproportional häufig stattgefunden haben, wohingegen Räume ländlichen Typs hier deutliche Defizite aufweisen. Genau umgekehrt ist es bei den Zweigbetrieben. Diese hier aufgezeigte Tendenz wird durch den Typ „Neugründungen" noch verstärkt. Nur in Raumkategorien mit Verdichtung lassen sich signifikant überproportionale Häufigkeiten feststellen. Damit wird eine These der Untersuchung bestätigt, daß die regionalen Aktionsprogramme kaum zu einer dauerhaften Verbesserung der Wirtschaftsstruktur in den schwach strukturierten Gebieten der BRD geführt haben.

Tab. 47 Die Residualkomponenten für die Variablen „Raumkategorie" und „Art der Neuansiedlung"

	Ver	*Zwe*	*Neu*
Z_B	4,9	− 4,7	0,6
Z_L	− 8,8	8,5	−1,1
RAP_B	2,4	− 0,9	−1,5
RAP_L	−11,1	11,0	−1,8
A	13,3	−13,2	2,2
V	7,8	− 8,3	2,8
ST_V	5,9	− 4,5	−0,7
ST_L	− 2,0	0,7	1,2
L	0,2	1,7	−2,2
B	− 4,8	− 1,3	6,6

Allerdings: Trotz des hochsignifikanten χ^2-Wertes ist der Kontingenzkoeffizient $C = 0{,}3197$ recht niedrig.

Der Vierfelder-Korrelationskoeffizient

Liegen zwei dichotome Variablen X und Y vor, spricht man von einer Vierfelder-Tafel (2×2-Felder-Tafel). Auf Vierfelder-Tafeln läßt sich natürlich der Kontingenzkoeffizient C ebenfalls anwenden. Außerdem ist für diesen speziellen Fall ein eigener Korrelationskoeffizient ϱ_ϕ (rho-phi) entwickelt worden.

Die beiden möglichen Werte der Variablen X und Y seien 0 und 1. Daraus ergibt sich folgende Vierfeldertafel

		Y 0	1	Zeilensumme
X	0	H_{00}	H_{01}	$H_{00}+H_{01}$
	1	H_{10}	H_{11}	$H_{10}+H_{11}$
Spalten-summe		$H_{00}+H_{10}$	$H_{01}+H_{11}$	$n=H_{00}+H_{01}+H_{10}+H_{11}$

mit H_{ij} = Häufigkeit der Stichprobenelemente mit $X = i$, $Y = j$ $(i, j = 0,1)$
n = Stichprobenumfang

Für eine Stichprobe ist der Vierfelder-Korrelationskoeffizient wie folgt definiert

$$r_\phi = \frac{H_{00}H_{11} - H_{01}H_{10}}{\sqrt{(H_{00}+H_{01})(H_{10}+H_{11})(H_{00}+H_{10})(H_{01}+H_{11})}}$$

r_ϕ ist also gleich der Differenz aus dem Produkt der Hauptdiagonalelemente und dem Produkt der Nebendiagonalelemente, dividiert durch die Wurzel aus dem Produkt der Randsummen.

Wenn $\varrho_\phi = 0$, sind die Variablen X und Y unkorreliert, es besteht zwischen ihnen kein Zusammenhang.

Wenn $\varrho_\phi \neq 0$, besteht zwischen den beiden Variablen ein Zusammenhang, der umso stärker ist, je näher $|\varrho_\phi|$ an 1 liegt.

ϱ_ϕ liegt nämlich im Unterschied zu C zwischen -1 und $+1$. Aus der Definition von r_ϕ geht hervor, daß r_ϕ auch negative Werte annehmen kann.

Ist $\varrho_\phi > 0$ (bzw. $\varrho_\phi < 0$), so spricht man von einem positiven (bzw. negativen) Zusammenhang. Das hat natürlich nur dann einen Sinn, wenn die Ausprägungen 0 und 1 im Sinne von „gut/schlecht", „groß/klein" usw. interpretiert werden (können).

Ein positiver Zusammenhang resultiert, wenn die Häufigkeiten in der Hauptdiagonalen die Häufigkeiten in der Nebendiagonalen übertreffen, wenn also gleiche Ausprägungen von X und Y häufiger sind als entgegengesetzte Ausprägungen.

Die Prüfung der Hypothese $H_0 : \varrho_\phi = 0$ erfolgt durch die χ^2-verteilte Prüfgröße

$$\chi^2 = n \cdot R_\phi^2$$

mit einem Freiheitsgrad von FG = 1.

Beispiel: Es soll untersucht werden, ob ein Zusammenhang besteht zwischen der Erwerbsstruktur (X) und dem Mechanisierungsgrad (Y) landwirtschaftlicher Betriebe.

Die Betriebe wurden nach der Erwerbsstruktur in Vollerwerbsbetriebe (1) und Nebenerwerbsbetriebe (0) unterschieden. Für den Mechanisierungsgrad wurden die beiden Kategorien niedriger (0) und hoher (1) Mechanisierungsgrad gebildet. Tab. 48 zeigt die Vierfeldertafel für eine Stichprobe von 45 Betrieben.

Tab. 48 Vierfeldertafel für die Variablen „Erwerbsstruktur" (X) und „Mechanisierungsgrad" (Y) landwirtschaftlicher Betriebe

		Y		
		1	0	
X	1	17	6	23
	0	7	15	22
		21	24	45

Für den Stichprobenwert des Vierfelder-Korrelationskoeffizienten ergibt sich daraus

$$r_\phi = 0{,}4218.$$

Der Zusammenhang zwischen beiden Variablen ist auf dem 5% Signifikanzniveau gesichert (d.h. $\varrho_\phi \neq 0$), da

$$\hat{\chi}^2 = n \cdot r_\phi^2 = 8{,}0062 > 3{,}841 = \chi^2_{1;5\%}$$

Außerdem ist dieser Zusammenhang gleichgerichtet: Je häufiger Vollerwerbsbetriebe sind, desto häufiger ist ein hoher Mechanisierungsgrad.

Eine Unterscheidung in „positive" und „negative" Zusammenhänge läßt sich auch bei $r \cdot s$-Kontingenztafeln durchführen (vgl. dazu den 2. Band). Voraussetzung dafür ist aber, daß eine solche Entscheidung inhaltlich überhaupt sinnvoll ist.

Literatur

Zitiert

Anscombe, F-J. (1973): Graphs in statistical analysis. The American Statistican, Vol. 27, S. 17–21

Faßmann, H. (1984): Mehrebenenanalyse, Fehlschlußproblem, Aggregierungsverzerrung. Ein methodischer Beitrag zur Analyse komplexer Datensätze in der Geographie. In: Geographischer Jahresbericht aus Österreich 51, 1982, S. 7–25, Wien

Fliri, F. (1969): Statistik und Diagramm. Braunschweig

Giese, E. (1973): Die ökonomische Bereichsgliederung im mittelasiatisch-kazachstanischen Raum der Sowjetunion. Erdkunde 32, S. 265–279

Giese, E. (1974): Zuverlässigkeit von Indizes bei Ariditätsbestimmungen. Geographische Zeitschrift 62, S. 179–203

Giese, E. (1978): Kritische Anmerkungen zur Anwendung faktorenanalytischer Verfahren in der Geographie. Geographische Zeitschrift 66, S. 161–182

Güßefeldt, J. (1978): Probleme bei der Verwendung inferenzstatistischer Modelle in geographischen Arbeiten. Karlsruhe (= Karlsruher Manuskripte zur Mathematischen und Theoretischen Wirtschafts- und Sozialgeographie 26)

Güßefeldt, J. (1988): Kausalmodelle in Geographie, Ökonomie und Soziologie. Eine Einführung mit Übungen und einem Computerprogramm. Berlin u. a.

Haberman, S.J. (1973): The analysis of residuals in cross-classified tables. Biometrics, vol. 29, S. 218–224

Hard, G.; von Sternstein, H.P.; Schmitt, M. (1985): Die Suizidhäufigkeit als sozialräumlicher Indikator am Beispiel der Region Osnabrück. Geographische Zeitschrift 73, S. 1–25

Hummel, H.J. (1972): Probleme der Mehrebenenanalyse. Stuttgart

Kytömäki, J. (1973): Patterns of consumer travel behaviour in southwestern Finland. In: Fennia 124

Lienert, G. (1973): Verteilungsfreie Methoden in der Biostatistik. Band 1. Meisenheim

Openshaw, S. (1978): An empirical study of some zone-design criteria. Environment and Planning A 10, S. 710–794

Openshaw, S. and Taylor, P.J. (1981): The modifiable areal unit problem. In: Wrigley, N. and Bennett, R. J. (Hrsg.): Quantitative Geography: A British view. London S. 60–69

Robinson, W.S. (1950): Ecological correlation and the behaviour of individuals. American Sociological Review 15, S. 351–357

Schöller, P. (1960): Städte als Mobilitätszentren westdeutscher Landschaften. In: Verhandlungen des Deutschen Geographentages. Bd. 32. Wiesbaden, S. 158–167

Streit, U. (1982): Einführung in die Statistik für Geographen. Skripten zur Vorlesung. Münster

Taaffe, E.J.; Morrill, R.L.; Gould, P.R. (1963): Transport expansion in underdeveloped countries. A comparative analysis. Geographical Review 53, S. 503–529

Thomas, E.N. (1968): Maps of residuals from regression. Their characteristics and uses in geographic research. In: Berry, B.J.L.; Marble, D.F. (Hrsg.): Spatial analysis. A reader in statistical geography. Englewood Cliffs

Sachs, L. (1978): Angewandte Statistik. 5. Aufl. Berlin

Wittenberg, W. (1978): Neuerrichtete Industriebetriebe in der Bundesrepublik Deutschland 1955–1971. Gießen (= Gießener Geographische Schriften 44)

Literatur

Angesichts der zahlreichen, kaum noch zu übersehenden Lehrbücher zur Statistik hat die kurze Literaturliste vor allem eine Selektionsfunktion. Sie soll dem *Anfänger* behilflich sein bei der Auswahl grundlegender Einführungen und/oder Nachschlagewerke.

Die mit einem * gekennzeichneten Bücher sind besonders zu empfehlen. Sie bieten bei günstigem Preis elementare, leicht lesbare, ohne besondere mathematische Kenntnisse verständliche Einführungen in die Grundsätze statistischen Denkens und stellen zudem ein relativ breites Spektrum statistischer Methoden vor.

Benninghaus, H. (1979): Deskriptive Statistik (= Statistik für Soziologen, Bd. 1). 3. Aufl. Stuttgart

*Blalock, H. M. (1972): Social Statistics. International Student Edition. 2. Aufl. Tokyo u.a.

*Clauss, G. und Ebner, H. (1977): Grundlagen der Statistik für Psychologen, Pädagogen und Soziologen. Frankfurt

de Lange, N. und Wittenberg, W. (Hrsg.) (1982): Einführung in die Statistik für Geographen. Seminarentwurf mit didaktischen Hinweisen, aufbereiteten Beispielen und Aufgaben – diskutiert und erarbeitet vom hochschuldidaktischen Arbeitskreis Statistik des VDHG. Karlsruhe

Fliri, F. (1969): Statistik und Diagramm. Braunschweig

Gaensslen, H. und Schubö, W. (1973): Einfache und komplexe statistische Analyse. München

Güßefeldt, J. (1996): Regionalanalyse. Methodenhandbuch und Programmsystem GraphGeo (DOS). München, Wien

Hengst, M. (1967): Einführung in die mathematische Statistik und ihre Anwendung. Mannheim

*Kriz, J. (1973): Statistik in den Sozialwissenschaften. Reinbeck bei Hamburg

Kreyszig, E. (1975): Statistische Methoden und ihre Anwendungen. 5. Aufl. Göttingen

Lienert, G. (1973): Verteilungsfreie Methoden in der Biostatistik. Band 1. Meisenheim

Norcliffe, G.B. (1981): Schließende Statistik für Geographen. Eine Einführung. Berlin, Heidelberg, New York

Sachs, L. (1978): Angewandte Statistik. 5. Aufl. Berlin

Sahner, H. (1971): Schließende Statistik (= Statistik für Soziologen, Bd. 2). Stuttgart

Spiegel, M. (1976): Statistik. Düsseldorf u.a.

Weber, E. (1980): Grundriß der biologischen Statistik. 8. Aufl. Stuttgart

Anhang

Die Tafeln sind entnommen aus:

Glasser, G. J.; Winter, R. F. (1961): Critical values of rank correlation for testing the hypothesis of independence. Biometrika 48, S. 444–448

Kreyszig, E. (1968): Statistische Methoden und ihre Anwendungen. 3. Aufl. Göttingen

Sachs, L. (1972): Statistische Auswertungsmethoden. 3. Aufl. Berlin

Überla, K. (1968): Faktoranalyse. Berlin

Tafel 1 Zufallszahlen
Quelle: KREYSZIG 1968, S. 400

87331	82442	28104	26432	83640	17323	68746	84728	37995	96106
33628	17364	01409	87803	65641	33433	48944	64299	79066	31777
54680	13427	72496	16967	16195	96593	55040	53729	62035	66717
51199	49794	49407	10774	98140	83891	37195	24066	61140	65144
78702	98067	61313	91661	59861	54437	77739	19892	54817	88645
55672	16014	24892	13089	00410	81458	76156	28189	41595	21500
18880	58497	03868	32368	59320	24807	63392	79793	63043	09425
10242	62548	62330	05703	33535	49128	66298	16193	55301	01306
54993	17182	94618	23228	83895	73251	68199	64639	83178	70521
22686	50885	16006	04041	08077	33065	35237	02502	94755	72062
42349	03145	15770	70665	53291	32288	41568	66079	98705	31029
18093	09553	39428	75464	71329	86344	80729	40916	18860	51870
11535	03924	84252	74795	40193	84597	42497	21918	91384	84721
35066	73848	65361	53270	67341	70177	92373	17604	42204	60476
57477	22809	73558	96182	96779	01604	25748	59553	64876	94611
48647	33850	52956	45410	88212	05120	99391	32276	55961	41775
86857	81154	22223	74950	53296	67767	55866	49061	66937	81818
20182	36907	94644	99122	09774	29189	27212	79000	50217	71077
83687	31231	01133	41432	54542	60204	81618	09586	34481	87683
81315	12390	46074	47810	90171	36313	95440	77583	28506	38808
87026	52826	58341	76549	04105	66191	12914	55348	07907	06978
34301	76733	07251	90524	21931	83695	41340	53581	64582	60210
70734	24337	32674	49751	49508	90489	63202	24380	77943	09942
94710	31527	73445	32839	68176	53580	85250	53243	03350	00128
76462	16987	07775	43162	11777	16810	75158	13894	88945	15539
14348	28403	79245	69023	34196	46398	05964	64715	11330	17515
74618	89317	31146	25606	94507	98104	04239	44973	37636	88866
99442	19200	85406	45358	86253	60638	38858	44964	54103	57287
26869	44399	89452	06652	31271	00647	46551	83050	92058	83814
80988	08149	50499	98584	29395	63680	44638	91864	96002	87802
07511	79047	89289	17774	67194	37362	85684	55505	97809	67056
49779	12138	05048	03535	27502	63308	10218	53296	48687	61340
47938	55945	24003	19635	17471	65997	85906	98649	56420	78357
15604	06626	14360	79542	13512	87595	08542	03800	35443	52823
12307	27726	21864	00045	16075	03770	86978	52718	02693	09096
02450	28053	66134	99445	91316	25727	89399	85272	67138	78358
57623	54382	35236	89244	27245	90500	75430	96762	71968	65838
91762	78849	93105	40481	99431	03304	21079	86459	21287	76566
87373	31137	31128	67050	34309	44914	80711	61738	61498	24288
67094	41485	54149	86088	10192	21174	67268	29938	32476	39948
94456	66747	76922	87627	71834	57688	04878	78348	68970	60048
68359	75292	27710	86889	91678	79798	58360	39175	75667	65782
52393	31404	32584	06837	79762	13168	76055	54833	22841	98889
59565	91254	11847	20672	37625	41454	86861	55824	79793	74575
48185	11066	20162	38230	16043	48409	47421	21195	98008	57305
19230	12187	86659	12971	52204	76546	63272	19312	81662	96557
84327	21942	81727	68735	89190	58491	55329	96875	19465	89687
77430	71210	00591	50124	12030	50280	12380	76174	48353	09682
12462	19108	70512	53926	25595	97085	03833	59806	12351	64253
11684	06644	57816	10078	45021	47751	38285	73520	08343	65627

Tafel 2 Die Verteilungsfunktion $\phi(z)$ und die Funktion $D(z)$ der Standardnormalverteilung
Quelle: Kreyszig 1968, S. 393–394

$\phi(-z) = 1 - \phi(z) \qquad D(z) = \phi(z) - \phi(-z)$

z	$\phi(z)$	$D(z)$	z	$\phi(z)$	$D(z)$	z	$\phi(z)$	$D(z)$	z	$\phi(z)$	$D(z)$
	0,	0,		0,	0,		0,	0,		0,	0,
0,01	5040	0080	0,43	6664	3328	0,85	8023	6047	1,27	8980	7959
0,02	5080	0160	0,44	6700	3401	0,86	8051	6102	1,28	8997	7995
0,03	5120	0239	0,45	6736	3473	0,87	8078	6157	1,29	9015	8029
0,04	5160	0319	0,46	6772	3545	0,88	8106	6211	1,30	9032	8064
0,05	5199	0399	0,47	6608	3616	0,89	8133	6265	1,31	9049	8098
0,06	5239	0478	0,48	6844	3688	0,90	8159	6319	1,32	9066	8132
0,07	5279	0558	0,49	6879	3759	0,91	8186	6372	1,33	9082	8165
0,08	5319	0638	0,50	6915	3829	0,92	8212	6424	1,34	9099	8198
0,09	5359	0717	0,51	6950	3899	0,93	8238	6476	1,35	9115	8230
0,10	5398	0797	0,52	6958	3969	0,94	8264	6528	1,36	9131	8262
0,11	5438	0876	0,53	7019	4039	0,95	8289	6579	1,37	9147	8293
0,12	5478	0955	0,54	7054	4108	0,96	8315	6629	1,38	9162	8324
0,13	5517	1034	0,55	7088	4177	0,97	8340	6680	1,39	9177	8355
0,14	5557	1113	0,56	7123	4245	0,98	8365	6729	1,40	9192	8385
0,15	5596	1192	0,57	7157	4313	0,99	8389	6778	1,41	9207	8415
0,16	5636	1271	0,58	7190	4381	1,00	8413	6827	1,42	9222	8444
0,17	5675	1350	0,59	7224	4448	1,01	8438	6875	1,43	9236	8473
0,18	5714	1428	0,60	7257	4515	1,02	8461	6923	1,44	9251	8501
0,19	5753	1507	0,61	7291	4581	1,03	8485	6970	1,45	9265	8529
0,20	5793	1585	0,62	7324	4647	1,04	8508	7017	1,46	9279	8557
0,21	5832	1663	0,63	7357	4713	1,05	8531	7063	1,47	9292	8584
0,22	5871	1741	0,64	7389	4778	1,06	8554	7109	1,48	9306	8611
0,23	5910	1819	0,65	7422	4843	1,07	8577	7154	1,49	9319	8638
0,24	5948	1897	0,66	7454	4907	1,08	8599	7199	1,50	9332	8664
0,25	5987	1974	0,67	7486	4971	1,09	8621	7243	1,51	9345	8690
0,26	6026	2051	0,68	7517	5035	1,10	8643	7287	1,52	9357	8715
0,27	6064	2128	0,69	7549	5098	1,11	8665	7330	1,53	9370	8740
0,28	6103	2205	0,70	7580	5161	1,12	8686	7373	1,54	9382	8764
0,29	6141	2282	0,71	7611	5223	1,13	8708	7415	1,55	9394	8789
0,30	6179	2358	0,72	7642	5285	1,14	8729	7457	1,56	9406	8812
0,31	6217	2434	0,73	7673	5346	1,15	8749	7499	1,57	9418	8836
0,32	6255	2510	0,74	7704	5407	1,16	8770	7540	1,58	9429	8859
0,33	9293	2586	0,75	7734	5467	1,17	8790	7580	1,59	9441	8882
0,34	6331	2661	0,76	7764	5527	1,18	8810	7620	1,60	9452	8904
0,35	6368	2737	0,77	7794	5587	1,19	8830	7660	1,61	9463	8926
0,36	6406	2812	0,78	7823	5646	1,20	8849	7699	1,62	9474	8948
0,37	6443	2886	0,79	7852	5705	1,21	8869	7737	1,63	9484	8969
0,38	6480	2961	0,80	7881	5763	1,22	8888	7775	1,64	9495	8990
0,39	6517	3035	0,81	7910	5821	1,23	8907	7813	1,65	9505	9011
0,40	6554	3108	0,82	7939	5878	1,24	8925	7850	1,66	9515	9031
0,41	6591	3182	0,83	7967	5935	1,25	8944	7887	1,67	9525	9051
0,42	6628	3255	0,84	7995	5991	1,26	8962	7923	1,68	9535	9070

Tafel 2 (Fortsetzung)

z	$\phi(z)$	$D(z)$	z	$\phi(z)$	$D(z)$	z	$\phi(z)$	$D(z)$
	0,	0,		0,	0,		0,	0,
1,69	9545	9090	2,13	9834	9668	2,57	9949	9898
1,70	9554	9109	2,14	9838	9675	2,58	9951	9901
1,71	9564	9127	2,15	9842	9684	2,59	9952	9904
1,72	9573	9146	2,16	9846	9692	2,60	9953	9907
1,73	9582	9164	2,17	9850	9700	2,61	9955	9909
1,74	9591	9181	2,18	9854	9707	2,62	9956	9912
1,75	9599	9199	2,19	9857	9715	2,63	9957	9915
1,76	9608	9216	2,20	9861	9722	2,64	9959	9917
1,77	9616	9233	2,21	9864	9729	2,65	9960	9920
1,78	9625	9249	2,22	9868	9736	2,66	9961	9922
1,79	9633	9265	2,23	9871	9743	2,67	9962	9924
1,80	9641	9281	2,24	9875	9749	2,68	9963	9926
1,81	9649	9297	2,25	9878	9756	2,69	9964	9929
1,82	9656	9312	2,26	9881	9762	2,70	9965	9931
1,83	9664	9328	2,27	9884	9768	2,71	9966	9933
1,84	9671	9342	2,28	9887	9774	2,72	9967	9935
1,85	9678	9357	2,29	9890	9780	2,73	9968	9937
1,86	9686	9371	2,30	9893	9786	2,74	9969	9939
1,87	9693	9385	2,31	9896	9791	2,75	9970	9940
1,88	9699	9399	2,32	9898	9797	2,76	9971	9942
1,89	9706	9412	2,33	9901	9802	2,77	9972	9944
1,90	9713	9426	2,34	9904	9807	2,78	9973	9946
1,91	9719	9439	2,35	9906	9812	2,79	9974	9947
1,92	9726	9451	2,36	9909	9817	2,80	9974	9949
1,93	9732	9464	2,37	9911	9822	2,81	9975	9950
1,94	9738	9476	2,38	9913	9827	2,82	9976	9952
1,95	9744	9488	2,39	9916	9832	2,83	9977	9953
1,96	9750	9500	2,40	9918	9836	2,84	9977	9955
1,97	9756	9512	2,41	9920	9840	2,85	9978	9956
1,98	9761	9623	2,42	9922	9845	2,86	9979	9958
1,99	9767	9534	2,43	9925	9849	2,87	9979	9959
2,00	9772	9545	2,44	9927	9853	2,88	9980	9960
2,01	9778	9556	2,45	9929	9857	2,89	9981	9961
2,02	9783	9566	2,46	9931	9861	2,90	9981	9963
2,03	9788	9576	2,47	9932	9865	2,91	9982	9964
2,04	9793	9586	2,48	9934	9869	2,92	9982	9965
2,05	9798	9596	2,49	9936	9872	2,93	9983	9966
2,06	9803	9606	2,50	9938	9876	2,94	9984	9967
2,07	9808	9615	2,51	9940	9879	2,95	9984	9968
2,08	9812	9625	2,52	9941	9883	2,96	9985	9969
2,09	9817	9634	2,53	9943	9886	2,97	9985	9970
2,10	9821	9643	2,54	9945	9889	2,98	9986	9971
2,11	9826	9651	2,55	9946	9892	2,99	9986	9972
2,12	9830	9660	2,56	9948	9895	3,00	9987	9973

Tafel 3 Kritische Werte der STUDENTschen t-Verteilung für verschiedene Signifikanzniveaus α und Freiheitsgrade FG (einseitige Fragestellung)
Quelle: KREYSZIG 1968, S. 405

Es gilt $F(t) = 1 - \alpha$, z. B. $F(6{,}31) = 0{,}95$ bei $FG = 1$. Bei zweiseitiger Fragestellung müssen die Signifikanzniveaus verdoppelt werden

	Signifikanzniveaus in %					
FG	10%	5%	2,5%	1%	0,5%	0,1%
1	3,08	6,31	12,7	31,8	63,7	318,3
2	1,89	2,92	4,30	6,97	9,93	22,3
3	1,64	2,35	3,18	4,54	5,84	10,2
4	1,53	2,13	2,78	3,75	4,60	7,17
5	1,48	2,02	2,57	3,37	4,03	5,89
6	1,44	1,94	2,45	3,14	3,71	5,21
7	1,42	1,90	2,37	3,00	3,50	4,79
8	1,40	1,86	2,31	2,90	3,36	4,50
9	1,38	1,83	2,26	2,82	3,25	4,30
10	1,37	1,81	2,23	2,76	3,17	4,14
11	1,36	1,80	2,20	2,72	3,11	4,03
12	1,36	1,78	2,18	2,68	3,06	3,93
13	1,35	1,77	2,16	2,65	3,01	3,85
14	1,35	1,76	2,15	2,62	2,98	3,79
15	1,34	1,75	2,13	2,60	2,95	3,73
16	1,34	1,75	2,12	2,58	2,92	3,69
17	1,33	1,74	2,11	2,57	2,90	3,65
18	1,33	1,73	2,10	2,55	2,88	3,61
19	1,33	1,73	2,09	2,54	2,86	3,58
20	1,33	1,73	2,09	2,53	2,85	3,55
22	1,32	1,72	2,07	2,51	2,82	3,51
24	1,32	1,71	2,06	2,49	2,80	3,47
26	1,32	1,71	2,06	2,48	2,78	3,44
28	1,31	1,70	2,05	2,47	2,76	3,41
30	1,31	1,70	2,04	2,46	2,75	3,39
40	1,30	1,68	2,02	2,42	2,70	3,31
50	1,30	1,68	2,01	2,40	2,68	3,26
100	1,29	1,66	1,98	2,37	2,63	3,17
∞	1,28	1,65	1,96	2,33	2,60	3,09

Tafel 4 Werte von x zu gegebenen Werten $F(x)$ der Verteilungsfunktion der Chi-Quadrat-Verteilung für verschiedene Freiheitsgrade FG
Quelle: KREYSZIG 1968, S. 402–403

Die kritischen Werte für das Signifikanzniveau $\alpha = 5\%$ finden sich bei einseitiger Fragestellung in der Spalte für $F(x) = 0{,}95$

	$F(x)$									
FG	0,01	0,05	0,10	0,50	0,75	0,90	0,95	0,975	0,99	0,999
1	0,00	0,00	0,02	0,45	1,32	2,71	3,84	5,02	6,63	10,83
2	0,02	0,10	0,21	1,39	2,77	4,61	5,99	7,38	9,21	13,82
3	0,11	0,35	0,58	2,37	4,11	6,25	7,81	9,35	11,34	16,27
4	0,30	0,71	1,06	3,36	5,39	7,78	9,49	11,14	13,28	18,47
5	0,55	1,15	1,61	4,35	6,63	9,24	11,07	12,83	15,09	20,52
6	0,87	1,64	2,20	5,35	7,84	10,64	12,59	14,45	16,81	22,46
7	1,24	2,17	2,83	6,35	9,04	12,02	14,07	16,01	18,48	24,32
8	1,65	2,73	3,49	7,34	10,22	13,36	15,51	17,53	20,09	26,13
9	2,09	3,33	4,17	8,34	11,39	14,68	16,92	19,02	21,67	27,88
10	2,56	3,94	4,87	9,34	12,55	15,99	18,31	20,48	23,21	29,59
11	3,05	4,57	5,58	10,34	13,70	17,28	19,68	21,92	24,73	31,26
12	3,57	5,23	6,30	11,34	14,85	18,55	21,03	23,34	26,22	32,91
13	4,11	5,89	7,04	12,34	15,98	19,81	22,36	24,74	27,69	34,53
14	4,55	6,57	7,79	13,34	17,12	21,06	23,68	26,12	29,14	36,12
15	5,23	7,26	8,55	14,34	18,25	22,31	25,00	27,49	30,58	37,70
16	5,81	7,96	9,31	15,34	19,37	23,54	26,30	28,85	32,00	39,25
17	6,41	8,67	10,09	16,34	20,49	24,77	27,59	30,19	33,41	40,79
18	7,01	9,39	10,86	17,34	21,60	25,99	28,87	31,53	34,81	42,31
19	7,63	10,12	11,65	18,34	22,72	27,20	30,14	32,85	36,19	43,82
20	8,26	10,85	12,44	19,34	23,83	28,41	31,41	34,17	37,57	45,32
21	8,9	11,6	13,2	20,3	24,9	29,6	32,7	35,5	38,9	46,8
22	9,5	12,3	14,0	21,3	26,0	30,8	33,9	36,8	40,3	49,3
23	10,2	13,1	14,8	22,3	27,1	32,0	35,2	38,1	41,6	49,7
24	10,9	13,8	15,7	23,3	28,2	33,2	36,4	39,4	43,0	51,2
25	11,5	14,6	16,5	24,3	29,3	34,4	37,7	40,6	44,3	52,6
26	12,2	15,4	17,3	25,3	30,4	35,6	38,9	41,9	45,6	54,1
27	12,9	16,2	18,1	26,3	31,5	36,7	40,1	43,2	47,0	55,5
28	13,6	16,9	18,9	27,3	32,6	37,9	41,3	44,5	48,3	56,9
29	14,3	17,7	19,8	28,3	33,7	39,1	42,6	45,7	49,6	58,3
30	15,0	18,5	20,6	29,3	34,8	40,3	43,8	47,0	50,9	59,7

Für $FG > 30$ ist $z = \sqrt{2\chi^2} - \sqrt{2\,FG - 1}$ annähernd standardnormalverteilt und kann zur Signifikanzprüfung benutzt werden.

Tafel 5 Kritische Werte der F-Verteilung für das Signifikanzniveau $\alpha = 5\%$ (einseitige Fragestellung) und für (m_1, m_2) Freiheitsgrade (m_1 = Freiheitsgrade der größeren Varianz)
Quelle: KREYSZIG 1968, S. 406–407

Die Zahlen sind gleich dem x mit $F(x) = 0{,}95$ der F-Verteilung. Beispiel: Bei (7,4) Freiheitsgraden ist $F = 0{,}95$ für $x = 6{,}09$

m_2	m_1 = 1	2	3	4	5	6	7	8
1	161	200	216	225	230	234	237	239
2	18,5	19,0	19,2	19,2	19,3	19,3	19,4	19,4
3	10,13	9,55	9,28	9,12	9,01	8,94	8,89	8,85
4	7,71	6,94	6,59	6,36	6,26	6,16	6,09	6,04
5	6,61	5,79	5,41	5,19	5,05	4,95	4,88	4,82
6	5,99	5,14	4,76	4,53	4,39	4,28	4,21	4,15
7	5,59	4,74	4,35	4,12	3,97	3,87	3,79	3,73
8	5,32	4,46	4,07	3,84	3,69	3,58	3,50	3,44
9	5,12	4,26	3,86	3,63	3,48	3,37	3,29	3,23
10	4,96	4,10	3,71	3,48	3,33	3,22	3,14	3,07
11	4,84	3,98	3,59	3,36	3,20	3,09	3,01	2,95
12	4,75	3,89	3,49	3,26	3,11	3,00	2,91	2,85
13	4,67	3,81	3,41	3,18	3,03	2,92	2,83	2,77
14	4,60	3,74	3,34	3,11	2,96	2,85	2,76	2,70
15	4,54	3,68	3,29	3,06	2,90	2,79	2,71	2,64
16	4,49	3,63	3,24	3,01	2,85	2,74	2,66	2,59
17	4,45	3,59	3,20	2,96	2,81	2,70	2,61	2,55
18	4,41	3,55	3,16	2,93	2,77	2,66	2,58	2,51
19	4,38	3,52	3,13	2,90	2,74	2,63	2,54	2,48
20	4,35	3,49	3,10	2,87	2,71	2,60	2,51	2,45
22	4,30	3,44	3,05	2,82	2,66	2,55	2,46	2,40
24	4,26	3,40	3,01	2,78	2,62	2,51	2,42	2,36
26	4,23	3,37	2,98	2,74	2,59	2,47	2,39	2,32
28	4,20	3,34	2,95	2,71	2,56	2,45	2,36	2,29
30	4,17	3,32	2,92	2,69	2,53	2,42	2,33	2,27
40	4,08	3,23	2,84	2,61	2,45	2,34	2,25	2,18
60	4,00	3,15	2,76	2,53	2,37	2,25	2,17	2,10
80	3,96	3,11	2,72	2,49	2,33	2,21	2,13	2,06
100	3,94	3,09	2,70	2,46	2,31	2,19	2,10	2,03
200	3,89	3,04	2,65	2,42	2,26	2,14	2,06	1,98
∞	3,84	3,00	2,60	2,37	2,21	2,10	2,01	1,94

m_2	m_1 = 9	10	15	20	30	50	100	∞
1	241	242	246	248	250	252	253	254
2	19,4	19,4	19,4	19,4	19,5	19,5	19,5	19,5
3	8,81	8,79	8,70	8,66	8,62	8,58	8,55	8,53
4	6,00	5,96	5,86	5,80	5,75	5,70	5,66	5,63
5	4,77	4,74	4,62	4,56	4,50	4,44	4,41	4,37
6	4,10	4,06	3,94	3,87	3,81	3,75	3,71	3,67
7	3,68	3,64	3,51	3,44	3,38	3,32	3,27	3,23
8	3,39	3,35	3,22	3,15	3,08	3,02	2,97	2,93
9	3,18	3,14	3,01	2,94	2,86	2,80	2,76	2,71
10	3,02	2,98	2,85	2,77	2,70	2,64	2,59	2,54
11	2,90	2,85	2,72	2,65	2,57	2,51	2,46	2,40
12	2,80	2,75	2,62	2,54	2,47	2,40	2,35	2,30
13	2,71	2,67	2,53	2,46	2,38	2,31	2,26	2,21
14	2,65	2,60	2,46	2,39	2,31	2,24	2,19	2,13
15	2,59	2,54	2,40	2,33	2,25	2,18	2,12	2,07
16	2,54	2,49	2,35	2,28	2,19	2,12	2,07	2,01

Fortsetzung nächste Seite

m_2	m_1 9	10	15	20	30	50	100	∞
17	2,49	2,45	2,31	2,23	2,15	2,08	2,02	1,96
18	2,46	2,41	2,27	2,19	2,11	2,04	1,98	1,92
19	2,42	2,38	2,23	2,16	2,07	2,00	1,94	1,88
20	2,39	2,35	2,20	2,12	2,04	1,97	1,91	1,84
22	2,34	2,30	2,15	2,07	1,98	1,91	1,85	1,78
24	2,30	2,25	2,11	2,03	1,94	1,86	1,80	1,73
26	2,27	2,22	2,07	1,99	1,90	1,82	1,76	1,69
28	2,24	2,19	2,04	1,96	1,87	1,79	1,73	1,65
30	2,21	2,16	2,01	1,93	1,84	1,76	1,70	1,62
40	2,12	2,08	1,92	1,84	1,74	1,66	1,59	1,51
60	2,04	1,99	1,84	1,75	1,65	1,56	1,48	1,39
80	2,00	1,95	1,79	1,70	1,60	1,51	1,43	1,32
100	1,97	1,93	1,77	1,68	1,57	1,48	1,39	1,28
200	1,93	1,88	1,72	1,62	1,52	1,41	1,32	1,19
∞	1,88	1,83	1,67	1,57	1,46	1,35	1,24	1,00

Tafel 6 Die kritischen Werte für U beim U-Test zu gegebenen Stichprobenumfängen n_1 und n_2 für das Signifikanzniveau $\alpha = 0{,}025 = 2{,}5\%$ (einseitige Fragestellung)
bzw. $\alpha = 0{,}05 = 5\ \%$ (zweiseitige Fragestellung)
Quelle: Sachs 1972, S. 232

$n_1\,(n_2)$	$n_2\,(n_1)$ 1	2	3	4	5	6	7	8	9	10	11	12	13	14	15	16	17	18	19	20
1	–																			
2	–	–																		
3	–	–	–																	
4	–	–	–	0																
5	–	–	0	1	2															
6	–	–	1	2	3	5														
7	–	–	1	3	5	6	8													
8	–	0	2	4	6	8	10	13												
9	–	0	2	4	7	10	12	15	17											
10	–	0	3	5	8	11	14	17	20	23										
11	–	0	3	6	9	13	16	19	23	26	30									
12	–	1	4	7	11	14	18	22	26	29	33	37								
13	–	1	4	8	12	16	20	24	28	33	37	41	45							
14	–	1	5	9	13	17	22	26	31	36	40	45	50	55						
15	–	1	5	10	14	19	24	29	34	39	44	49	54	59	64					
16	–	1	6	11	15	21	26	31	37	42	47	53	59	64	70	75				
17	–	2	6	11	17	22	28	34	39	45	51	57	63	69	75	81	87			
18	–	2	7	12	18	24	30	36	42	48	55	61	67	74	80	86	93	99		
19	–	2	7	13	19	25	32	38	45	52	58	65	72	78	85	92	99	106	113	
20	–	2	8	14	20	27	34	41	48	55	62	69	76	83	90	98	105	112	119	127

Tafel 7 Kritische Werte des Produktmoment-Korrelationskoeffizienten für verschiedene Signifikanzniveaus bei zweiseitiger Fragestellung
Quelle: Überla 1968, S. 366–367

Bei einseitiger Fragestellung müssen die Signifikanzniveaus halbiert werden. Bei negativen Korrelationskoeffizienten müssen die kritischen Werte mit einem negativen Vorzeichen versehen werden

	Signifikanzniveau in %			
FG	10%	5%	1%	0,1%
1	0,9877	0,9969	0,9999	1,0000
2	0,9000	0,9500	0,9900	0,9990
3	0,8064	0,8783	0,9587	0,9911
4	0,7293	0,8114	0,9172	0,9741
5	0,6694	0,7545	0,8745	0,9509
6	0,6215	0,7067	0,8343	0,9249
7	0,5822	0,6664	0,7977	0,8983
8	0,5494	0,6319	0,7646	0,8721
9	0,5214	0,6021	0,7348	0,8471
10	0,4973	0,5760	0,7079	0,8233
11	0,4762	0,5529	0,6835	0,8010
12	0,4575	0,5324	0,6614	0,7800
13	0,4409	0,5139	0,6411	0,7604
14	0,4259	0,4973	0,6226	0,7419
15	0,4124	0,4821	0,6055	0,7247
16	0,4000	0,4683	0,5897	0,7084
17	0,3887	0,4555	0,5751	0,6932
18	0,3783	0,4438	0,5614	0,6788
19	0,3687	0,4329	0,5487	0,6652
20	0,3598	0,4227	0,5368	0,6524
21	0,3515	0,4132	0,5256	0,6402
22	0,3438	0,4044	0,5151	0,6287
23	0,3365	0,3961	0,5052	0,6177
24	0,3297	0,3882	0,4958	0,6073
25	0,3233	0,3809	0,4869	0,5974
26	0,3172	0,3739	0,4785	0,5880
27	0,3115	0,3673	0,4705	0,5790
28	0,3061	0,3610	0,4629	0,5703
29	0,3009	0,3550	0,4556	0,5620
30	0,2960	0,3494	0,4487	0,5541
40	0,2573	0,3044	0,3932	0,4896
50	0,2306	0,2732	0,3541	0,4433
60	0,2108	0,2500	0,3248	0,4079
70	0,1954	0,2319	0,3017	0,3798
80	0,1829	0,2172	0,2830	0,3569
90	0,1726	0,2050	0,2673	0,3376
100	0,1638	0,1946	0,2540	0,3211
110	0,1562	0,1857	0,2425	0,3069
120	0,1496	0,1779	0,2324	0,2943
130	0,1438	0,1710	0,2235	0,2832
140	0,1386	0,1648	0,2155	0,2733
150	0,1339	0,1593	0,2083	0,2643
160	0,1297	0,1543	0,2019	0,2562
170	0,1258	0,1497	0,1959	0,2488
180	0,1223	0,1455	0,1905	0,2420
190	0,1191	0,1417	0,1855	0,2357
200	0,1161	0,1381	0,1809	0,2299

Tafel 8 Signifikanz des SPEARMANschen Rang-Korrelationskoeffizienten r_s
Quelle: GLASSER, G.J., und WINTER, R.F., 1961, S. 447

Die Signifikanzniveaus gelten für die einseitige Fragestellung. Bei zweiseitiger Fragestellung müssen die Signifikanzniveaus verdoppelt werden

	Signifikanzniveau α				
n	0,001	0,005	0,010	0,025	0,050
4	–	–	–	–	0,8000
5	–	–	0,9000	0,9000	0,8000
6	–	0,9429	0,8857	0,8286	0,7714
7	0,9643	0,8929	0,8571	0,7450	0,6786
8	0,9286	0,8571	0,8095	0,6905	0,5952
9	0,9000	0,8167	0,7667	0,6833	0,5833
10	0,8667	0,7818	0,7333	0,6364	0,5515
11	0,8455	0,7545	0,7000	0,6091	0,5273
12	0,8182	0,7273	0,6713	0,5804	0,4965
13	0,7912	0,6978	0,6429	0,5549	0,4780
14	0,7670	0,6747	0,6220	0,5341	0,4593
15	0,7464	0,6536	0,6000	0,5179	0,4429
16	0,7265	0,6324	0,5824	0,5000	0,4265
17	0,7083	0,6152	0,5637	0,4853	0,4118
18	0,6904	0,5975	0,5480	0,4716	0,3994
19	0,6737	0,5825	0,5333	0,4579	0,3895
20	0,6586	0,5684	0,5203	0,4451	0,3789
21	0,6455	0,5545	0,5078	0,4351	0,3688
22	0,6318	0,5426	0,4963	0,4241	0,3597
23	0,6186	0,5306	0,4852	0,4150	0,3518
24	0,6070	0,5200	0,4748	0,4061	0,3435
25	0,5962	0,5100	0,4654	0,3977	0,3362
26	0,5856	0,5002	0,4564	0,3894	0,3299
27	0,5757	0,4915	0,4481	0,3822	0,3236
28	0,5660	0,4828	0,4401	0,3749	0,3175
29	0,5567	0,4744	0,4320	0,3685	0,3113
30	0,5479	0,4665	0,4251	0,3620	0,3059

Sachverzeichnis